2020 年全国监理工程师资格考试历年
真题详解＋权威预测试卷

建设工程质量、投资、进度控制（第三版）

全国监理工程师资格考试研究中心　编写

中国建筑工业出版社

图书在版编目（CIP）数据

建设工程质量、投资、进度控制/全国监理工程师资格考试研究中心编写. —3 版. —北京：中国建筑工业出版社，2019.12

2020 年全国监理工程师资格考试历年真题详解＋权威预测试卷

ISBN 978-7-112-24696-0

Ⅰ.①建… Ⅱ.①全… Ⅲ.①建筑工程-质量管理-资格考试-习题集 ②基本建设投资-资格考试-习题集 ③建筑工程-施工进度计划-资格考试-习题集 Ⅳ.①TU712-44 ②F283-44

中国版本图书馆 CIP 数据核字(2020)第 011795 号

责任编辑：李笑然　牛　松　张国友
责任校对：焦　乐

2020 年全国监理工程师资格考试历年真题详解＋权威预测试卷
建设工程质量、投资、进度控制（第三版）
全国监理工程师资格考试研究中心　编写

*

中国建筑工业出版社出版、发行(北京海淀三里河路 9 号)

各地新华书店、建筑书店经销

北京红光制版公司制版

北京建筑工业印刷厂印刷

*

开本：787×1092 毫米　1/16　印张：20¾　字数：502 千字
2020 年 2 月第三版　2020 年 2 月第三次印刷
定价：**56.00** 元（含增值服务）
ISBN 978-7-112-24696-0
(35060)

前 言

监理工程师资格考试考的是什么？答案只有一个，那就是"理论联系实际"。然而很多考生都没有注意到这一点，只是一味地痴迷于各种"盲点""误区"，舍本逐末！只是一味地追求所谓的"名师讲解"，画饼充饥！只是一味地毫无选择地沉浸于"题海战术"，恰似盲人摸象一般，病急乱投医！当然难免费力不讨好的厄运。在认真总结众多考生的失败经验后，我们认为，监理工程师资格考试的重中之重就在于这个"理论联系实际"，并且从近几年的考试动向和考纲变化来看，我们的观点在事实上也得到了验证。

所谓"理论联系实际"简言之就是举一反三的能力，要掌握这种能力，前提条件和唯一捷径就是必须充分地把握教材和灵活地运用教材。除此之外，别无他途！具体而言，要做到"理论联系实际"，首先最基础的一点就是，考生必须抓准知识点，弄懂弄通教材，真正打一场"有准备之仗"；其次也是最重要的一点则是，考生必须精心选择题目进行实战演练，在实战演练的过程中加深对教材的理解，做到"知己知彼，百战不殆"，从而决胜考场。

为了更好地帮助考生培养这种"理论联系实际"的能力，同时节省考生本就紧迫的时间，使考生能够集中精力复习，为考试通关打下坚实的基础，我们组织相关专家编写了全国监理工程师资格考试历年真题详解＋权威预测试卷丛书，共分四册，分别是：

《建设工程监理基本理论与相关法规》

《建设工程合同管理》

《建设工程质量、投资、进度控制》

《建设工程监理案例分析》

每科目均包括最近四年真题和六套权威预测试卷。其中，四年真题已全部给出了详细深入的解析，方便考生从实际运用的角度加深对教材的把握和理解，同时也可以帮助考生快速适应考试难度，精准把握考试方向，深入领会命题思路和规律。权威预测试卷则紧跟近年的命题趋势，涵盖了各科目的考试重点和难点，能帮助考生夯实对重要知识点的掌握，从而快速把握教材和灵活运用教材，同时，提高实战能力，最终帮助考生在最短的时间内取得最好的成绩。

为了配合考生备考复习，我们配备了专家答疑团队，**开通了答疑 QQ 群：825871781（进群密码：助考服务）**，以便及时解答考生所提的问题。**扫描封面二维码**即可获赠考点必刷题、重难点知识归纳、考前冲刺试卷等增值服务。

为了使本丛书尽早面世，参与本丛书的策划、编写和出版的各方人员都付出了辛勤的劳动与汗水，在此对他们致以诚挚的谢意。

由于编写时间仓促，书中难免出现纰漏，恳请广大考生与相关专业的人员、专家提出宝贵的意见与建议，我们对您表示衷心的感谢。

目　　录

2016—2019 年度真题分值统计

考点			题型	2019 年	2018 年	2017 年	2016 年
建设工程质量控制	建设工程质量管理制度和责任体系	工程质量和工程质量控制	单项选择题		2	1	2
			多项选择题			2	2
		工程质量管理制度	单项选择题	1	2	1	1
			多项选择题	2	4	2	2
		工程参建各方的质量责任	单项选择题		1	2	1
			多项选择题	2		2	
	ISO 质量管理体系及卓越绩效管理模式	ISO 质量管理体系标准构成、质量管理原则及特征	单项选择题	1	1	1	1
			多项选择题				
		工程监理单位质量管理体系的建立与实施	单项选择题	1	1	1	1
			多项选择题	2	2	2	2
		工程项目质量控制系统的建立和实施	单项选择题	1			
			多项选择题				
		卓越绩效管理模式	单项选择题		1		1
			多项选择题				
	建设工程质量的统计分析和试验检测方法	质量统计分析	单项选择题	4	4	4	3
			多项选择题		2	2	2
		工程质量主要试验与检测方法	单项选择题	4	1		1
			多项选择题	4	2		2
	建设工程施工质量控制	工程施工质量控制的依据和工作程序	单项选择题		1	1	1
			多项选择题	2		2	2
		工程施工准备阶段的质量控制	单项选择题	6	2	4	6
			多项选择题	2	2	4	4
		工程施工过程质量控制	单项选择题	1	1	3	1
			多项选择题	4	6	2	2
	设备采购和监造质量控制	设备采购质量控制	单项选择题		1	3	1
			多项选择题		2	2	
		设备监造质量控制	单项选择题	1	1	1	1
			多项选择题	2			2
	工程施工质量验收	工程施工质量验收层次划分	单项选择题	1	1	1	1
			多项选择题	2	2	2	2
		工程施工质量验收程序和标准	单项选择题	6	4	2	3
			多项选择题	4	4	2	4
		工程施工质量验收时不符合要求的处理	单项选择题	1	1	1	
			多项选择题				

考点			题型	2019年	2018年	2017年	2016年
建设工程质量控制	建设工程质量缺陷及事故	工程质量缺陷	单项选择题	1	1	1	
			多项选择题			2	2
		工程质量事故	单项选择题	3	3	3	4
			多项选择题	4	4	4	2
	建设工程勘察设计、保修阶段质量管理	工程勘察设计阶段质量管理	单项选择题	2	1	1	2
			多项选择题	2	2	2	2
		工程保修阶段质量管理	单项选择题				
			多项选择题				
建设工程投资控制	建设工程投资控制概述	建设工程项目投资的概念和特点	单项选择题	1	1	1	1
			多项选择题				
		建设工程投资控制原理	单项选择题		1		1
			多项选择题			2	
		建设工程投资控制的主要任务	单项选择题				1
			多项选择题	2	2		
	建设工程投资构成	建设工程投资构成概述	单项选择题		1		
			多项选择题				
		建筑安装工程费用的组成与计算	单项选择题	4	2	2	3
			多项选择题	4	4	2	4
		设备、工器具购置费用的组成与计算	单项选择题	1	1	1	
			多项选择题			4	2
		工程建设其他费用、预备费、建设期利息、铺底流动资金的组成与计算	单项选择题	1	1		1
			多项选择题	2	2		
	建设工程设计阶段的投资控制	资金时间价值	单项选择题	1	2	1	2
			多项选择题				
		方案经济评价的主要方法	单项选择题	2	2	4	1
			多项选择题	2	2		
		设计方案评选	单项选择题				
			多项选择题				
		价值工程	单项选择题	1	1	1	1
			多项选择题	2	2	2	2
		设计概算的编制与审查	单项选择题			2	
			多项选择题	2		2	
		施工图预算的编制与审查	单项选择题	1		1	
			多项选择题		4		2
	建设工程招标阶段的投资控制	招标控制价编制	单项选择题	3	2	2	4
			多项选择题	2		2	2
		投标报价的审核	单项选择题		1	1	1
			多项选择题	2		2	4
		合同价款约定	单项选择题	2	1	4	1
			多项选择题		2		

考点			题型	2019年	2018年	2017年	2016年
建设工程投资控制	建设工程施工阶段的投资控制	施工阶段投资目标控制	单项选择题		2		2
			多项选择题				
		工程计量	单项选择题	1	1	1	
			多项选择题	2			2
		合同价款调整	单项选择题	3	2	2	3
			多项选择题			2	2
		工程变更价款的确定	单项选择题				
			多项选择题				
		施工索赔与现场签证	单项选择题	1			1
			多项选择题	4	6	4	
		合同价款期中支付	单项选择题			1	
			多项选择题				
		竣工结算与支付	单项选择题				
			多项选择题				
		投资偏差分析	单项选择题	1	2	1	1
			多项选择题			2	2
建设工程进度控制	建设工程进度控制概述	建设工程进度控制的概念	单项选择题	2	2	1	1
			多项选择题	2	4	2	4
		建设工程进度控制计划体系	单项选择题	1	1	1	1
			多项选择题	2		2	
		建设工程进度计划的表示方法和编制程序	单项选择题	1	1	1	1
			多项选择题	2			
	流水施工原理	基本概念	单项选择题	1	1	2	1
			多项选择题	2	2	2	2
		有节奏流水施工	单项选择题	1	2	2	1
			多项选择题			2	2
		非节奏流水施工	单项选择题	1			2
			多项选择题		2		
	网络计划技术	基本概念	单项选择题	1	1	1	1
			多项选择题				
		网络图的绘制	单项选择题			1	
			多项选择题	2	2		2
		网络计划时间参数的计算	单项选择题	5	5	5	4
			多项选择题	2	4	6	2
		双代号时标网络计划	单项选择题		1		
			多项选择题	2			2
		网络计划的优化	单项选择题	2	1	1	2
			多项选择题	2	2	2	

考点		题型	2019 年	2018 年	2017 年	2016 年
网络计划技术	单代号搭接网络计划和多级网络计划系统	单项选择题	1			1
		多项选择题				2
建设工程进度计划实施中的监测与调整	实际进度监测与调整的系统过程	单项选择题		1		1
		多项选择题				
	实际进度与计划进度的比较方法	单项选择题	1	1	1	1
		多项选择题	4	4	4	4
	进度计划实施中的调整方法	单项选择题	1	1	1	1
		多项选择题				
建设工程设计阶段进度控制	概述	单项选择题				
		多项选择题				
	设计阶段进度控制目标体系	单项选择题				
		多项选择题				
	设计进度控制措施	单项选择题	1	1	2	1
		多项选择题				
建设工程施工阶段进度控制	施工阶段进度控制目标的确定	单项选择题			1	1
		多项选择题		2		
	施工阶段进度控制的内容	单项选择题	2	2	1	1
		多项选择题	2		2	2
	施工进度计划的编制与审查	单项选择题			1	1
		多项选择题		2	2	2
	施工进度计划实施中的检查与调整	单项选择题	2		1	1
		多项选择题				
	工程延期	单项选择题	1	2		
		多项选择题	2			
	物资供应进度控制	单项选择题		1	1	1
		多项选择题				
合计		单项选择题	80	80	80	80
		多项选择题	80	80	80	80

2019 年度全国监理工程师资格考试试卷

一、单项选择题（共 80 题，每题 1 分。每题的备选项中，只有 1 个最符合题意）

1. 根据《建设工程监理规范》GB/T 50319—2013，第一次工地会议纪要由（　　）负责整理。

 A. 建设单位   B. 设计单位

 C. 施工项目部   D. 项目监理机构

2. 根据《建设工程监理规范》GB/T 50319—2013，下列施工控制测量成果及保护措施中，项目监理机构复核的内容不包括（　　）。

 A. 施工单位测量人员的资格证书 B. 施工平面控制网的测量成果

 C. 测量设备的养护记录   D. 控制桩的保护措施

3. 在工程施工过程中，检查施工现场工程建设各方主体的质量行为，是（　　）的主要任务。

 A. 建设单位   B. 监理单位

 C. 工程质量监督机构   D. 工程质量检测机构

4. 根据有关标准，对有抗震设防要求的主体结构，纵向受力钢筋的屈服强度实测值与强度标准值的比例不应大于（　　）。

 A. 1.30   B. 1.35

 C. 1.40   D. 1.45

5. ISO 质量管理体系提出的"持续改进"质量管理原则，其核心内容是（　　）。

 A. 需求的变化要求组织不断改进 B. 确立挑战性的改进目标

 C. 提高有效性和效率   D. 全员参与

6. ISO 质量管理体系运行中，体系要素管理到位的前提和保证是（　　）。

 A. 管理体系的适时管理   B. 管理体系的行为到位

 C. 管理体系的适中控制   D. 管理体系的识别能力

7. 关于样本中位数的说法，正确的是（　　）。

 A. 样本数为偶数时，中位数是数值大小排序后居中两数的平均值

B. 中位数反映了样本数据的分散状况

C. 中位数反映了中间数据的分布

D. 样本中位数是样本极差值的平均值

8. 关于抽样检验的说法，正确的是（　　）。

A. 计量抽样检验是对单位产品的质量采取计数抽样的方法

B. 一次抽样检验涉及 3 个参数，二次抽样检验涉及 5 个参数

C. 一次抽样检验和二次抽样检验均为计量抽样检验

D. 一次抽样检验和二次抽样检验均涉及 3 个参数，即批量、样本数和合格判定数

9. 在采用排列图法分析工程质量问题时，按累计频率划分进行质量影响因素分类，次要因素对应的累计频率区间为（　　）。

A. 70%～80%   B. 80%～90%

C. 80%～100%   D. 90%～100%

10. 在工程质量统计分析时，应用控制图观察分析生产状态，应判定为工序异常的是（　　）。

A. 连续七点链

B. 排列点连续 6 点下降

C. 排列点在连续 11 点中有 6 点连续同侧

D. 排列点连续 5 点上升

11. 下列方法中，不属于混凝土结构实体强度检测方法的是（　　）。

A. 超声回弹综合法   B. 取芯法

C. 回弹仪法   D. 超声波对测法

12. 根据《建设工程监理规范》GB/T 50319—2013，项目监理机构应将已审核签认的施工组织设计报送（　　）。

A. 工程质量监督机构   B. 建设单位

C. 监理单位   D. 施工单位

13. 关于钢绞线进场复验的说法，正确的是（　　）。

A. 同一规格的钢绞线每批不得大于 6t

B. 检验试验必须进行现场抽样

C. 力学性能的抽样检验需进行反复弯曲试验

D. 抽样检验时，应从每批钢绞线中任选 3 盘取样送检

14. 在施工单位提交的下列报审表、报验表中，专业监理工程师签署意见后，总监理工程师还应签署审核意见的是（　　）。

A. 分包单位资格报审表　　　　　　B. 施工控制测量成果报验表

C. 分项工程质量报验表　　　　　　D. 工程材料、构配件、设备报审表

15. 工程施工工期应自（　　）中载明的开工日期起计算。

A. 工程开工报审表　　　　　　　　B. 施工组织设计报审表

C. 施工控制测量成果报验表　　　　D. 工程开工令

16. 根据《建设工程监理规范》GB/T 50319—2013，项目监理机构应根据工程特点和
（　　），确定旁站的关键部位和关键工序。

A. 监理规划　　　　　　　　　　　B. 监理细则

C. 施工单位报送的施工组织设计　　D. 监理合同

17. 根据《建设工程监理规范》GB/T 50319—2013，下列施工单位报审表中，需要总
监理工程师签字并加盖执业印章的是（　　）。

A. 监理通知回复单　　　　　　　　B. 施工组织设计报审表

C. 分部工程报验表　　　　　　　　D. 工程复工报审表

18. 在混凝土矿物掺合料中，不能改善混凝土工作性的活性粉体材料是（　　）。

A. 硅灰　　　　　　　　　　　　　B. 矿渣粉

C. 硅粉　　　　　　　　　　　　　D. 粉煤灰

19. 根据《建设工程监理规范》GB/T 50319—2013，下列工程资料中，需要建设单位
签署审批意见的是（　　）。

A. 监理规划

B. 施工组织设计

C. 工程暂停令

D. 超过一定规模的危险性较大的分部分项工程专项施工方案

20. 监理单位对制造周期长的设备制造过程，质量控制可采用的方式是（　　）。

A. 驻厂监造　　　　　　　　　　　B. 巡回监控

C. 定点监控　　　　　　　　　　　D. 目标监控

21. 根据《建筑工程施工质量验收统一标准》GB 50300—2013，涉及安全、节能、环
境保护等项目的专项验收要求，应由（　　）组织专家论证。

A. 建设单位　　　　　　　　　　　B. 监理单位

C. 设计单位　　　　　　　　　　　D. 施工单位

22. 隐蔽工程为检验批时，隐蔽工程应由（　　）组织进行验收。

A. 专业监理工程师　　　　　　　　B. 总监理工程师

C. 施工单位项目负责人   D. 建设单位项目负责人

23. 根据《建筑工程施工质量验收统一标准》GB 50300—2013，分部工程质量验收应由（　　）组织。

    A. 专业监理工程师   B. 总监理工程师

    C. 施工单位项目负责人   D. 建设单位项目负责人

24. 根据《建筑工程施工质量验收统一标准》GB 50300—2013，单位工程完工后，（　　）组织对工程质量进行竣工预验收。

    A. 专业监理工程师   B. 总监理工程师

    C. 施工单位项目负责人   D. 建设单位项目负责人

25. 根据《建筑工程施工质量验收统一标准》GB 50300—2013，单位工程质量竣工验收记录表中验收结论由（　　）填写。

    A. 建设单位   B. 监理单位

    C. 施工单位   D. 设计单位

26. 工程施工质量验收的小单位是（　　）。

    A. 分项工程   B. 检验批

    C. 分部工程   D. 单项工程

27. 下列可能导致工程质量缺陷的因素中，属于施工管理不到位的是（　　）。

    A. 超常低价中标   B. 内力分析有误

    C. 图纸未经会审   D. 盲目套用图纸

28. 工程施工过程中发生质量事故造成 8 人死亡、50 人重伤、6000 万元直接经济损失，该事故等级属于（　　）。

    A. 一般事故   B. 较大事故

    C. 重大事故   D. 特别重大事故

29. 工程施工过程中发生质量事故，项目监理机构应及时签发（　　）。

    A. 工作联系单   B. 监理通知单

    C. 工程暂停令   D. 监理口头指令

30. 因施工原因发生工程质量事故，涉及结构安全处理的重大技术处理方案，一般由（　　）提出。

    A. 施工单位   B. 项目监理机构

    C. 原设计单位   D. 法定检测机构

31. 工程勘察阶段，监理单位质量控制最重要的工作是审核与评定（　　）。
   A. 勘察方案　　　　　　　　　　B. 勘察合同
   C. 勘察任务书　　　　　　　　　D. 勘察成果

32. 工程设计阶段，监理单位协助建设单位组织施工图设计评审时，评审的重点是（　　）。
   A. 设计深度是否符合规定　　　　B. 施工进度能否实现
   C. 经济评价是否合理　　　　　　D. 设计标准是否符合预定要求

33. 某新建学校项目由教学楼、行政楼等构成，按建设工程项目的划分层次，行政楼属于（　　）。
   A. 专业工程　　　　　　　　　　B. 单项工程
   C. 单位工程　　　　　　　　　　D. 分项工程

34. 下列费用中，属于建筑安装工程规费的是（　　）。
   A. 教育费附加　　　　　　　　　B. 地方教育附加
   C. 职工教育经费　　　　　　　　D. 住房公积金

35. 按照有关标准规定，对建筑以及材料、构件和建筑安装物进行一般鉴定、检验所发生的费用在（　　）中列支。
   A. 建筑安装工程材料费　　　　　B. 建筑安装工程企业管理费
   C. 建筑安装工程规费　　　　　　D. 工程建设其他费用

36. 某招标工程，分部分项工程费为 41000 万元（其中定额人工费占 15%），措施项目费以分部分项工程费的 2.5% 计算，暂列金额 800 万元，规费以定额人工费为基础计算，规费费率为 8%，税率为 9%。则该工程的招标控制价为（　　）万元。
   A. 46343.530　　　　　　　　　B. 47143.530
   C. 47215.530　　　　　　　　　D. 47247.794

37. 某进口设备，装运港船上交货价（FOB）为 50 万美元，到岸价（CIF）为 51 万美元，关税税率为 10%，增值税税率为 13%，美元的银行外汇牌价为：1 美元＝6.72 元人民币，则该进口设备的增值税为人民币（　　）万元。
   A. 43.680　　　　　　　　　　　C. 48.048
   B. 44.554　　　　　　　　　　　D. 49.009

38. 某新建项目，建设期 2 年，第 1 年向银行借款 2000 万元，第 2 年向银行借款 3000 万元，年利率为 6%，则该项目估算的建设期利息为（　　）万元。
   A. 213.6　　　　　　　　　　　B. 247.2
   C. 273.6　　　　　　　　　　　D. 427.2

39. 某施工机械预算价格为 30 万元，残值率为 2‰，折旧年限为 10 年，年平均工作 225 个台班，采用平均折旧法计算，则该施工机械的台班折旧费为(   )元。

    A. 130.67   B. 133.33

    C. 1306.67   D. 1333.33

40. 某银行给企业贷款 100 万元，年利率为 4‰，贷款年限 3 年，到期后企业一次性还本付息，利息按复利每半年计息一次，到期后企业应支付给银行的利息为(   )万元。

    A. 12.000   B. 12.616

    C. 24.000   D. 24.973

41. 下列方案经济评价指标中，属于偿债能力评价指标的是(   )。

    A. 净年值   B. 利息备付率

    C. 内部收益率   D. 总投资收益率

42. 某建设项目，静态投资 3460 万元，建设期贷款利息 60 万元，涨价预备费 80 万元，流动资金 800 万元。则该项目的建设投资为(   )万元。

    A. 3520   B. 3540

    C. 3600   D. 4400

43. 关于净现值指标的说法，正确的是(   )。

    A. 该指标能够直观地反映项目在运营期内各年的经营成果

    B. 该指标可直接用于不同寿命期互斥方案的比选

    C. 该指标小于零时，项目在经济上可行

    D. 该指标大于等于零时，项目在经济上可行

44. 某项目应用价值工程原理进行方案择优，各方案的功能系数和单方造价见下表，则最优方案为(   )。

方案	甲	乙	丙	丁
功能系数	0.202	0.286	0.249	0.263
单方造价（元/m²）	2840	2460	2300	2700

    A. 甲方案   B. 乙方案

    C. 丙方案   D. 丁方案

45. 能较快发现问题，审查速度快，但问题出现的原因还需继续审查的施工图预算审查方法是(   )。

    A. 对比审查法   B. 逐项审查法

    C. 标准预算审查法   D. 筛选审查法

46. 关于工程量清单的说法，正确的是(   )。
A. 招标文件中工程量清单的准确性和完整性由工程量清单编制单位负责
B. 招标文件中分项工程项目清单的项目名称一般以工程实体名称命名
C. 招标文件中分部分项工程量清单的项目编码前 10 位按现行计量规范的规定设置
D. 投标人不得对招标文件中的措施项目清单进行调整

47. 下列招标文件所列的工程量清单中，不可调整的闭口清单是(   )。
A. 分部分项工程量清单
B. 能计量的措施项目清单
C. 不能计量的措施项目清单
D. 其他项目清单

48. 某工程施工过程中发生了一项未在合同中约定的零星工作，增加费用 2 万元，此费用应列入工程的(   )中。
A. 暂列金额
B. 暂估价
C. 计日工
D. 总承包服务费

49. 某工程的工作内容和技术经济指标非常明确，工期 10 个月，预计施工期间通货膨胀率低，则该工程较适合采用的合同计价方式是(   )。
A. 固定总价合同
B. 可调总价合同
C. 固定单价合同
D. 可调单价合同

50. 采用成本加奖罚合同，当实际成本大于预期成本时，承包人可以得到(   )。
A. 工程成本、酬金和预先约定的奖金
B. 工程成本和预先约定的奖金，不能得到酬金
C. 工程成本，但不能得到酬金和预先约定的奖金
D. 工程成本和酬金，但也可能会处予一笔罚金

51. 根据《建设工程施工合同（示范文本）》GF—2017—0201，监理人应在收到承包人提交的工程量报告后(   )d 内完成对承包人提交的工程量报表的审核并报送发包人。
A. 7
B. 14
C. 21
D. 28

52. 根据《建设工程工程量清单计价规范》GB 50500—2013，当承包人投标报价中材料单价低于基准单价时，施工期间材料单价跌幅以(   )为基础，超过合同约定的风险幅度值时，其超过部分按实调整。
A. 基准单价
B. 投标报价
C. 定额单价
D. 招标控制价

53. 某工程在施工过程中，因不可抗力造成如下损失：（1）在建工程损失 10 万元；（2）承包人受伤人员医药费和补偿金 2 万元；（3）施工机具损坏损失 1 万元；（4）工程清

理和修复费用 0.5 万元。承包人及时向项目监理机构提出了索赔申请，共索赔 13.5 万元。根据《建设工程施工合同（示范文本）》GF—2017—0201，项目监理机构应批准的索赔金额为(　　)万元。

  A. 10.0   B. 10.5

  C. 12.5   D. 13.5

54. 已签约合同价中的暂列金额由(　　)负责掌握使用。

  A. 承包人   B. 监理人

  C. 贷款人   D. 发包人

55. 承包人在施工中遇到了一个有经验的承包人也难以预测的不利物质条件，导致承包人成本增加和工期延误，则承包人可索赔(　　)。

  A. 增加的成本，延误的工期和相应利润

  B. 延误的工期，不能索赔增加的成本和相应利润

  C. 增加的成本，不能索赔延误的工期和相应利润

  D. 增加的成本和延误的工期，不能索赔相应利润

56. 某土方工程，月计划工程量 2800m³，预算单价 25 元/m³；到月末时已完成工程量 3000m³，实际单价 26 元/m³。对该项工作采用赢得值法进行偏差分析的说法，正确的是(　　)。

  A. 已完成工作实际费用为 75000 元

  B. 投资绩效指标＞1，表明项目运行超出预算投资

  C. 进度绩效指标＜1，表明实际进度比计划进度拖后

  D. 投资偏差为－3000 元，表明项目运行超出预算投资

57. 在工程项目实施阶段，项目监理机构及时为承包商办理工程预付款，属于项目监理机构在进度目标控制过程中采取的(　　)。

  A. 组织措施   B. 技术措施

  C. 经济措施   D. 合同措施

58. 在建设工程实施阶段进度控制的主要任务中，属于施工阶段的任务是(　　)。

  A. 编制工程项目总进度计划

  B. 进行环境及施工现场条件的调查和分析

  C. 编制详细的出图计划，并控制其执行

  D. 编制单位工程施工进度计划，并控制其执行

59. 在施工单位的进度计划系统中，依据(　　)确定施工作业所必需的劳动力、施工机具和材料供应计划。

  A. 施工总进度计划   B. 单位工程施工进度计划

C. 施工准备工作计划　　　　　　　　　　D. 分部分项工程进度计划

60. 与横道计划相比，网络计划的主要特点包括(　　)。
A. 形象、直观、易于编制　　　　　　　　B. 表达各项工作之间的逻辑关系不准确
C. 不能明确工程进度控制中的工作重点　D. 可以明确各项工作的机动时间

61. 非节奏流水施工具有的特点是(　　)。
A. 各施工过程在各施工段的流水节拍相等
B. 相邻施工过程的流水步距相等
C. 专业工作队数等于施工过程数
D. 各专业工作队在施工段之间没有空闲时间

62. 某分部工程有 3 个施工过程，分为 4 个施工段组织加快的成倍节拍流水施工，各施工过程流水节拍分别是 6d、6d、9d，则该分部工程的流水施工工期是(　　)d。
A. 24　　　　　　　　　　　　　　　　　B. 30
C. 36　　　　　　　　　　　　　　　　　D. 54

63. 在有足够工作面和资源的前提下，施工工期最短的施工组织方式是(　　)。
A. 依次施工　　　　　　　　　　　　　　B. 搭接施工
C. 平行施工　　　　　　　　　　　　　　D. 流水施工

64. 双代号网络计划中虚工作的含义是指(　　)。
A. 相邻工作间的逻辑关系，只消耗时间
B. 相邻工作间的逻辑关系，只消耗资源
C. 相邻工作间的逻辑关系，消耗资源和时间
D. 相邻工作间的逻辑关系，不消耗资源和时间

65. 根据网络计划时间参数计算得到的工期称之为(　　)。
A. 计划工期　　　　　　　　　　　　　　B. 计算工期
C. 要求工期　　　　　　　　　　　　　　D. 合理工期

66. 网络计划中，工作总时差是本工作可以利用的机动时间，但其前提是(　　)。
A. 不影响紧后工作最迟开始　　　　　　B. 不影响紧后工作最早开始
C. 不影响紧后工作最早完成　　　　　　D. 不影响后续工作最早完成

67. 某工程网络计划如下图所示（时间单位：d），图中工作 E 的最早完成时间和最迟完成时间分别是(　　)d。

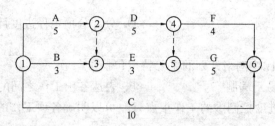

A. 8 和 10   B. 5 和 7

C. 7 和 10   D. 5 和 8

68. 某工程网络计划如下图所示（时间单位：d），图中工作 D 的自由时差和总时差分别是（   ）d。

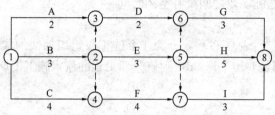

A. 0 和 3   B. 1 和 0

C. 1 和 1   D. 1 和 3

69. 某工程的网络计划如下图所示（时间单位：d），图中工作 B 和 E 之间、工作 C 和 E 之间的时间间隔分别是（   ）d。

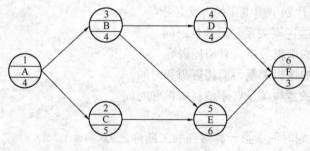

A. 1 和 0   B. 5 和 4

C. 0 和 0   D. 4 和 4

70. 当网络计划的计算工期大于要求工期时，为满足工期要求，可采用的调整方法是压缩（   ）的工作的持续时间。

A. 持续时间最长   B. 自由时差为零

C. 总时差为零   D. 时间间隔最小

71. 单代号搭接网络计划中，关键线路的特点是线路上的（   ）。

A. 关键工作总时差之和最大   B. 工作时距之和最小

C. 相邻工作无混合搭接关系   D. 相邻工作时间间隔为零

72. 工程总费用由直接费和间接费组成，随着工期的缩短，直接费和间接费的变化规律是（　　）。

A. 直接费减少，间接费增加　　　　B. 直接费和间接费均增加

C. 直接费增加，间接费减少　　　　D. 直接费和间接费均减少

73. 某工作实施过程中的 S 曲线如下图所示，图中 a 和 b 两点的进度偏差状态是（　　）。

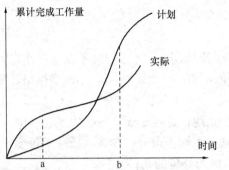

A. a 点进度拖后和 b 点进度拖后　　B. a 点进度拖后和 b 点进度超前

C. a 点进度超前和 b 点进度拖后　　D. a 点进度超前和 b 点进度超前

74. 某工程进度计划执行过程中，发现某工作出现了进度偏差，经分析该偏差仅对后续工作有影响而对总工期无影响。则该偏差值应（　　）。

A. 大于总时差，小于自由时差　　　B. 大于总时差，大于自由时差

C. 小于总时差，小于自由时差　　　D. 小于总时差，大于自由时差

75. 在建设工程设计阶段，会对进度造成影响的因素之一是（　　）。

A. 可行性研究　　　　　　　　　　B. 建设意图及要求

C. 工程材料供货洽谈　　　　　　　D. 设计合同洽谈

76. 监理工程师在审查施工进度计划的过程中发现问题，应采取的措施之一是（　　）。

A. 向承包单位提出整改通知书　　　B. 向建设单位提出指令单

C. 向承包单位提出工程暂停令　　　D. 向建设单位提出建议书

77. 项目监理机构发布工程开工令的依据是（　　）。

A. 施工承包合同约定　　　　　　　B. 工程开工的准备情况

C. 批准的施工总进度计划　　　　　D. 施工图纸的准备情况

78. 调整施工进度计划时，为了缩短某些工作的持续时间，可采取的技术措施之一是（　　）。

A. 增加施工机械的数量　　　　　　B. 实行包干加奖励

C. 改善外部配合条件　　　　　　　　D. 采用更先进的施工机械

79. 当施工单位发生进度拖延且又未按监理工程师的指令改变延期状态时，监理工程师可以采取的手段是（　　）。
A. 中止施工承包合同　　　　　　　　B. 拒绝签署付款凭证
C. 向施工单位发出工程暂停令　　　　D. 调整施工计划工期

80. 通过缩短某些工作的持续时间对施工进度计划进行调整的方法，其主要特点是（　　）。
A. 增加网络计划中的关键线路　　　　B. 不改变工作之间的先后顺序关系
C. 增加工作之间的时间间隔　　　　　D. 不改变网络计划中的非关键线路

二、多项选择题（共40题，每题2分。每题的备选项中，有2个或2个以上符合题意，至少有1个错项。错选，本题不得分；少选，所选的每个选项得0.5分）

81. 工程竣工验收时，应当具备的条件有（　　）。
A. 上级部门的批准文件
B. 完整的技术档案与施工管理资料
C. 工程竣工验收备案表
D. 勘察、设计、施工、监理等单位分别签署的质量合格文件
E. 施工单位签署的工程保修书

82. 勘察单位对其编制的勘察文件质量负责，应履行的主要职责有（　　）。
A. 审查基础工程施工方案
B. 参与施工验槽
C. 解决工程施工中的勘察问题
D. 提出因勘察原因造成质量事故的技术处理方案
E. 提出因设计原因造成质量事故的技术处理方案

83. 根据质量管理体系标准要求，监理单位质量管理体系文件由（　　）组成。
A. 规范与标准　　　　　　　　　　　B. 设计文件与图纸
C. 质量手册　　　　　　　　　　　　D. 程序文件
E. 作业文件

84. 在钢材进场时，应按相关标准进行检验，检验的主要内容包括（　　）。
A. 产品合格证　　　　　　　　　　　B. 运输通行证
C. 出厂检验报告　　　　　　　　　　D. 货物单据
E. 进场复验报告

85. 在对进场水泥检验时，应判定为不合格的情况有（　　）。

A. 包装标志的水泥品种、强度等级、厂家名称等不全的

B. 出厂超过三个月时间的

C. 强度低于标准相应强度等级规定指标的

D. 混合材料掺加量超过最高限量的

E. 终凝时间不符合相应产品标准的

86. 工程采用新工艺、新技术、新材料时，应满足的要求包括（　　）。

A. 完成了相应试验并有相关质量指标　　B. 有权威性的技术鉴定书

C. 制定了质量标准和工艺规程　　D. 符合现行强制性标准规定

E. 有类似工程的应用

87. 分包工程开工前，项目监理机构应审核施工单位报送的《分包单位资格报审表》及有关资料，对分包单位资格审核的基本内容包括（　　）。

A. 分包单位资质及其业绩

B. 分包单位专职管理人员和特种作业人员资格证书

C. 安全生产许可文件

D. 施工单位对分包单位的管理制度

E. 分包单位施工规划

88. 在工程施工中，总监理工程师应及时签发工程暂停令的情形有（　　）。

A. 建设单位要求暂停施工经论证没必要暂停的

B. 施工单位未按审查通过的工程设计文件施工的

C. 施工单位拒绝项目监理机构管理的

D. 施工单位违反工程建设强制性标准的

E. 施工单位存在重大质量、安全事故隐患的

89. 对施工单位提出的工程变更，总监理工程师应履行的职责有（　　）。

A. 组织专业监理工程师审查变更申请并提出审查意见

B. 提交原设计单位修改工程设计文件

C. 组织专业监理工程师对变更费用及工期影响作出评估

D. 组织相关单位共同协商变更费用及工期变化

E. 组织会签工程变更单

90. 设备制造过程质量状况记录资料的主要内容有（　　）。

A. 设备制造单位质量管理检查资料　　B. 设备制造依据及工艺资料

C. 设备制造材料的质量记录　　D. 设备制造过程的检查验收资料

E. 设备订货的合同文件

91. 根据《建筑工程施工质量验收统一标准》GB 50300—2013，分项工程可按（　　）

划分。
- A. 施工工艺
- B. 设备类别
- C. 专业性质
- D. 施工程序
- E. 主要工种

92. 工程施工过程中，检验批现场验收检查的原始记录应由（   ）共同签署。
- A. 建设单位项目负责人
- B. 施工单位项目技术负责人
- C. 施工单位专业质量检查员
- D. 专业监理工程师
- E. 施工单位专业工长

93. 根据《建筑工程施工质量验收统一标准》GB 50300—2013，分部工程质量验收合格的规定包括（   ）。
- A. 主控项目的质量均应验收合格
- B. 所含主要分项工程的质量验收合格
- C. 有关环境保护抽样检验结果符合规定
- D. 观感质量应符合要求
- E. 质量控制资料应完整

94. 工程施工过程中，质量事故处理的基本要求有（   ）。
- A. 安全可靠，不留隐患
- B. 满足工程的功能和使用要求
- C. 技术可行，经济合理
- D. 满足建设单位的要求
- E. 造型美观，节能环保

95. 工程施工过程中，质量事故处理方案的类型有（   ）。
- A. 修补处理
- B. 返工处理
- C. 补强处理
- D. 不做处理
- E. 检测处理

96. 根据《建设工程监理规范》GB/T 50319—2013，如提供设计阶段相关服务，监理单位应审查设计成果并提出评估报告，其评估报告的主要内容有（   ）。
- A. 设计工作概况
- B. 设计深度的符合情况
- C. 设计任务书的完成情况
- D. 有关部门的备案情况
- E. 存在的问题及建议

97. 项目监理机构在施工阶段投资控制的主要工作有（   ）。
- A. 进行工程计量
- B. 对完成工程量进行偏差分析
- C. 审核竣工结算款
- D. 审核竣工决算款
- E. 处理费用索赔

98. 下列费用中，属于建筑安装工程人工费的有（   ）。
- A. 特殊地区施工津贴
- B. 劳动保护费

C. 社会保险费 D. 职工福利费

E. 支付给个人的物价补贴

99. 下列费用中，属于建筑安装工程施工机具使用费的有（　　）。

A. 施工机械临时故障排除所需的费用 B. 机上司机的人工费

C. 财产保险费 D. 仪器仪表使用费

E. 施工机械大修理费

100. 取得国有土地使用费包括（　　）。

A. 土地使用权出让金 B. 青苗补偿费

C. 城市建设配套费 D. 拆迁补偿费

E. 临时安置补助费

101. 关于投资回收期的说法，正确的有（　　）。

A. 静态投资回收期就是方案累计现值等于零时的时间（年份）

B. 静态投资回收期是在不考虑资金时间价值的条件下，以项目的净收益回收其全部投资所需要的时间

C. 静态投资回收期可以从项目投产年开始算起，但应予以注明

D. 静态投资回收期可以从项目建设年开始算起，但应予以注明

E. 动态投资回收期一般比静态投资回收期短

102. 在价值工程的应用中，可用于方案创造的方法有（　　）。

A. 因素分析法 B. 头脑风暴法

C. 强制确定法 D. 哥顿法

E. 德尔菲法

103. 建筑工程概算编制的基本方法有（　　）。

A. 实物量法 B. 扩大单价法

C. 概算指标法 D. 估算指标法

E. 预算单价法

104. 关于投标报价的说法，正确的有（　　）。

A. 投标报价中的某些分项工程报价可高于对应项目的招标控制价

B. 招标文件中工程量清单项目特征描述与设计图纸不符时，投标人应以图纸的项目特征描述为准，确定投标报价的综合单价

C. 措施项目中的安全文明施工费不得作为投标报价中的竞争性费用

D. 投标人不得更改投标文件中工程量清单所列的暂列金额

E. 计日工的报价应按工程造价管理机构公布的单价计算

105. 根据《建设工程工程量清单计价规范》GB 50500—2013，其他项目清单中的暂估价包括（   ）。

A. 人工暂估价 　　　　　　　　　　B. 材料暂估价

C. 工程设备暂估价 　　　　　　　　D. 专业工程暂估价

E. 非专业工程暂估价

106. 下列工程量中，监理理人应予计量的有（   ）。

A. 发包人设计变更增加的工程量

B. 承包人原因施工质量超出合同要求增加的工程量

C. 承包人超出设计图纸要求增加的工程量

D. 监理人对隐蔽工程重新检查，经检验证明工程质量符合合同要求而增加的工程量

E. 承包人原因导致返工的工程量

107. 下列导致承包人成本增加和工期延误的索赔事件中，根据 FIDIC《施工合同条件》1999 年第一版，发包人可以给予承包人补偿工期、成本和利润的事件有（   ）。

A. 现场发现化石、硬币或有价值的文物

B. 法规改变

C. 文件有缺陷或技术性错误

D. 发包人未能提供现场

E. 延误的图纸或指示

108. 下列费用中，承包人可以获得补偿的有（   ）。

A. 异常恶劣气候导致的人员窝工费

B. 发包人责任导致工效降低所增加的人工费用

C. 法定人工费增长增加的费用

D. 发包人责任导致的施工机械窝工费

E. 发包人责任引起工程延误导致的材料价格上涨费

109. 关于建设工程网络计划技术特征的说法，正确的有（   ）。

A. 计划评审技术（PERD）、图示评审技术（GERT）、风险评审技术（VERT）、关键线路法（CPM）均属于非确定型网络计划

B. 网络计划能够明确表达各项工作之间的逻辑关系

C. 通过网络计划时间参数的计算，可以找出关键线路和关键工作

D. 通过网络计划时间参数的计算，可以明确各项工作的机动时间

E. 网络计划可以利用电子计算机进行计算、优化和调整

110. 在对建设工程实施全过程监理的情况下，监理单位总进度计划的编制依据有（   ）。

A. 施工单位的施工总进度计划 　　　　B. 工程项目建设总进度计划

C. 设计单位的设计总进度计划 D. 工程项目可行性研究报告

E. 工程项目前期工作计划

111. 下列各类参数中，属于流水施工参数的有（　　）。

A. 工艺参数 B. 定额参数

C. 空间参数 D. 时间参数

E. 机械参数

112. 下列建设工程进度影响因素中，属于业主因素的有（　　）。

A. 提供的场地不能满足工程正常需要 B. 施工计划安排不周密导致相关作业脱节

C. 临时停水、停电、断路 D. 不能及时向施工承包单位付款

E. 外单位临近工程施工干扰

113. 某工程网络图如下图所示，根据网络图的绘图规则，图中存在的错误有（　　）。

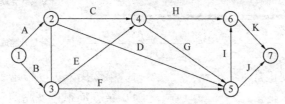

A. 存在循环回路 B. 存在无箭头的连线

C. 箭线交叉处理有误 D. 存在多起点节点

E. 节点编号有误

114. 某工程进度计划如下图所示（时间单位：d），图中的正确信息有（　　）。

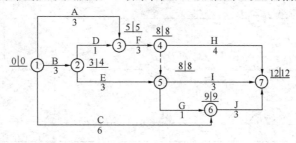

A. 关键节点组成的线路 1—3—4—5—7 为关键线路

B. 关键线路有两条

C. 工作 E 的自由时差为 2d

D. 工作 E 的总时差为 2d

E. 开始节点和结束节点为关键节点的工作 A、工作 C 为关键工作

115. 关于双代号时标网络计划特点的说法，正确的有（　　）。

A. 无虚箭线的线路为关键线路

B. 无波形线的线路为关键线路

C. 波形线的长度为相邻工作之间的时间间隔

D. 工作的总时差等于本工作至终点线路上波形线长度之和

E. 工作的最早开始时间等于工作开始节点对应的时标刻度值

116. 网络计划的工期优化过程中，压缩关键工作的持续时间应优先选择（　　）的工作。

A. 有充足备用资源　　　　　　　　B. 对质量影响较大

C. 所需增加费用最少　　　　　　　D. 持续时间最长

E. 紧后工作最少

117. 某项工作的计划进度、实际进度横道图如下图所示，检查时间为第6周末，图中正确的信息有（　　）。

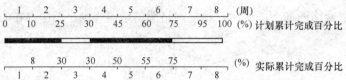

A. 第1周末进度正常　　　　　　　B. 第2周末进度拖延5%

C. 第3周没有作业　　　　　　　　D. 第5周末进度超前5%

E. 检查日的进度正常

118. 某双代号时标网络计划执行过程中的实际进度前锋线如下图所示，计划工期为12周，图中正确的信息有（　　）。

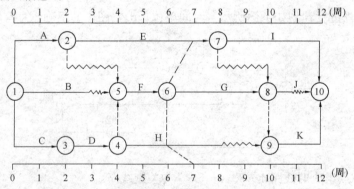

A. 工作E进度正常，不影响总工期

B. 工作G进度拖延1周，影响总工期1周

C. 工作H进度拖延1周，影响总工期1周

D. 工作I最早开始时间调后1周，计算工期不变

E. 根据第7周末的检查结果，压缩工作K的持续时间1周，计划工期不变

119. 下列导致工程拖期的原因或情形，监理工程师按合同规定可以批准工程延期的

有（　　）。

A. 异常恶劣的气候条件

B. 属于承包单位自身以外的原因

C. 工程拖期事件发生在非关键线路上，且延长的时间未超过总时差

D. 工程拖期的时间超过其相应的总时差，且由分包单位原因引起

E. 监理工程师对已隐蔽的工程进行剥离检查，经检查合格而拖期的时间

120. 项目监理机构对施工进度计划审核的主要内容有（　　）。

A. 施工进度计划应符合施工合同中工期的约定

B. 对施工进度计划执行情况的检查应符合动态要求

C. 施工顺序的安排应符合施工工艺要求

D. 施工人员、工程材料、施工机械等资源供应计划应满足施工进度计划的需要

E. 施工进度计划应符合建设单位提供的资金、施工图纸等施工条件

2019 年度全国监理工程师资格考试试卷参考答案及解析

一、单项选择题

1. D	2. C	3. C	4. A	5. C
6. D	7. A	8. B	9. B	10. A
11. D	12. B	13. D	14. A	15. D
16. C	17. B	18. C	19. D	20. B
21. A	22. A	23. B	24. B	25. B
26. B	27. C	28. C	29. C	30. C
31. D	32. A	33. C	34. D	35. B
36. C	37. D	38. C	39. A	40. B
41. B	42. C	43. D	44. B	45. D
46. B	47. C	48. C	49. D	50. D
51. A	52. B	53. B	54. D	55. D
56. D	57. C	58. D	59. B	60. D
61. C	62. B	63. C	64. D	65. B
66. A	67. A	68. D	69. A	70. C
71. D	72. C	73. C	74. D	75. B
76. A	77. B	78. D	79. B	80. B

【解析】

1. D。本题考核的是会议纪要的整理。所有的监理例会纪要由项目监理机构负责整理。

2. C。本题考核的是施工控制测量成果的查验。专业监理工程师应检查、复核施工单位报送的施工控制测量成果及保护措施，签署意见，并应对施工单位在施工过程中报送的施工测量放线成果进行查验。施工控制测量成果及保护措施的检查、复核，包括：（1）施工单位测量人员的资格证书及测量设备检定证书；（2）施工平面控制网、高程控制网和临时水准点的测量成果及控制桩的保护措施。

3. C。本题考核的是工程质量监督机构的主要任务。工程质量监督机构的主要任务：(1) 根据政府主管部门的委托，受理建设工程项目的质量监督；(2) 制定质量监督工作方案。确定负责该项工程的质量监督工程师和助理质量监督师；(3) 检查施工现场工程建设各方主体的质量行为；(4) 检查建设工程实体质量；(5) 监督工程质量验收；(6) 向委托部门报送工程质量监督报告；(7) 对预制建筑构件和商品混凝土的质量进行监督；(8) 政府主管部门委托的工程质量监督管理的其他工作。

4. A。本题考核的是进场材料的复验。对有抗震设防要求的结构，其纵向受力钢筋应符合下列规定：(1) 钢筋的抗拉强度实测值与屈服强度实测值的比值不应小于 1.25；(2) 钢筋的屈服强度实测值与强度标准值的比值不应大于 1.30；(3) 钢筋的最大力下总伸长率不应小于 9%。

5. C。本题考核的是质量管理原则。持续改进的核心是提高有效性和效率，实现质量目标；组织持续改进管理的重点应关注变化或更新所产生结果的有效性和效率。

6. D。本题考核的是质量管理体系有效运行要求。质量管理体系的有效运行可以概括为全面贯彻、行为到位、适时管理、适中控制、有效识别、与时俱进。质量管理体系要素管理到位的前提和保证是管理体系的识别能力、鉴别能力和解决能力。过程方法是控制论在质量管理体系中的运用。

7. A。本题考核的是样本中位数。样本中位数是将样本数据按数值大小有序排列后，位置居中的数值。当样本数 n 为奇数时，数列居中的一位数即为中位数；当样本数 n 为偶数时，取居中两个数的平均值作为中位数。极差是反映其分散状况的特征值。

8. B。本题考核的是抽样检验。计量抽样检验是定量地检验从批量中随机抽取的样本，利用样本特性值数据计算相应统计量，并与判定标准比较，以判断其是否合格。计数抽样检验是对单位产品的质量采取计数的方法来衡量，计数抽样检验方案又可分为：一次抽样检验、二次抽样检验、多次抽样检验等。一次抽样检验涉及三个参数 (N, n, C)。而二次抽样检验则包括五个参数，即：(N, n_1, n_2, C_1, C_2)。

9. B。本题考核的是排列图法的应用。排列图法是利用排列图寻找影响质量主次因素的一种有效方法。实际应用中，通常按累计频率划分为 (0～80%)、(80%～90%)、(90%～100%) 三部分，与其对应的影响因素分别为 A、B、C 三类。A 类为主要因素，B 类为次要因素，C 类为一般因素。

10. A。本题考核的是控制图的分析。点子排列没有缺陷，是指点子的排列是随机的，而没有出现异常现象。这里的异常现象是指点子排列出现了"链""多次同侧""趋势或倾向""周期性变动""接近控制界限"等情况。链是指点子连续出现在中心线一侧的现象。出现五点链，应注意生产过程发展状况。出现六点链，应开始调查原因。出现七点链，应判定工序异常，需采取处理措施。

11. D。本题考核的是混凝土结构的检测。混凝土结构实体检测方法包括回弹仪法、超声回弹综合法和取芯法。回弹仪法适于检测一般建筑构件、桥梁及各种混凝土构件（板、梁、柱、桥架）的强度。超声回弹综合法根据实测声速值和回弹值综合推定混凝土强度的方法。取芯法是利用专用钻机，从结构混凝土中钻取芯样以检测混凝土强度或观察混凝土内部质量的方法。现浇混凝土板厚度检测常用超声波对测法。

12. B。本题考核的是施工组织设计的报审的程序。施工组织设计的报审应遵循下列程序及要求：（1）施工单位编制的施工组织设计经施工单位技术负责人审核签认后，与施工组织设计报审表一并报送项目监理机构。（2）总监理工程师应及时组织专业监理工程师进行审查，需要修改的，由总监理工程师签发书面意见退回修改；符合要求的，由总监理工程师签认。（3）已签认的施工组织设计由项目监理机构报送建设单位。（4）施工组织设计在实施过程中，施工单位如需做较大的变更，应经总监理工程师审查同意。

13. D。本题考核的是钢绞线进场复验。每批钢绞线应由同一钢号、同一规格、同一生产工艺的钢绞线组成，并不得大于60t。钢绞线应逐盘进行表面质量、直径偏差和捻距的外观检查。力学性能的抽样检验应从每批钢绞线中任选3盘取样送检。屈服强度和松弛试验应由厂方提供质量证明书或试验报告单。

14. A。本题考核的是报验表的审查。项目监理机构收到施工单位报送的施工控制测量成果报验表后，由专业监理工程师审查。专业监理工程师对施工单位所报资料逐项进行审查，符合要求后签认分项工程报审、报验表及质量验收记录。工程材料、构配件、设备报审表也是由专业监理工程师审核。

15. D。本题考核的是开工令载明的事项。总监理工程师应组织专业监理工程师审查施工单位报送的工程开工报审表及相关资料，总监理工程师应组织专业监理工程师审查施工单位报送的开工报审表及相关资料，并对开工应具备的条件进行逐项审查，具备条件时，应由总监理工程师签署审查意见，并应报建设单位批准后，总监理工程师签发工程开工令。总监理工程师应在开工日期7d前向施工单位发出工程开工令。工期自总监理工程师发出的工程开工令中载明的开工日期起计算。

16. C。本题考核的是旁站工作的程序。旁站是指项目监理机构对工程的关键部位或关键工序的施工质量进行的监督活动。旁站工作程序：（1）开工前，项目监理机构应根据工程特点和施工单位报送的施工组织设计，确定旁站的关键部位、关键工序，并书面通知施工单位；（2）施工单位在需要实施旁站的关键部位、关键工序进行施工前书面通知项目监理机构；（3）接到施工单位书面通知后，项目监理机构应安排旁站人员实施旁站。

17. B。本题考核的是施工组织设计报审表。需要总监理工程师签字的就需要加盖执业印章。其他三种报审表不需要总监理工程师签字。

18. C。本题考核的是矿物掺合料的特性。矿物掺合料是指在混凝土制备过程中掺入的，与硅酸盐水泥共同组成胶凝材料，以硅、铝、钙等一种或多种氧化物为主要成分，是具有规定细度和凝结性能、能改善混凝土拌合物工作性能和混凝土强度的活性粉体材料，如：（1）改善混凝土的工作性：流动性、黏聚性、坍落度损失（粉煤灰、硅灰、矿渣粉）。（2）改善混凝土的稳定性：水化热、收缩变形、抗裂性能（粉煤灰、矿渣粉）。（3）改善混凝土的耐久性：抗渗性、抗冻性、抗氯离子渗透（硅粉、矿渣粉）。（4）改善混凝土的抗蚀性：化学侵蚀、AAR等（粉煤灰、矿渣粉、硅灰）。

19. D。本题考核的是需要建设单位签署审批意见的资料。监理规划应在签订委托监理合同及收到设计文件后由总监理工程师组织专业监理工程师编制，完成后必须经监理单位技术负责人审核批准，并应在召开第一次工地会议前报送建设单位。项目监理机构审查承包单位报送的施工组织设计，符合要求时，应由总监理工程师签认后报建设单位。工程暂停令由总监理工程师签发，总监理工程师签发工程暂停令应事先征得建设单位同意。超过一定规模的危险性较大的分部分项工程专项施工方案需要建设单位签署审批意见。

20. B。本题考核的是设备制造的质量控制方式。对于特别重要设备，监理单位可以采取驻厂监造的方式。对某些设备（如制造周期长的设备），则可采用巡回监控的方式。大部分设备可以采取定点监控的方式。

21. A。本题考核的是工程施工质量验收基本规定。当专业验收规范对工程中的验收项目未作出相应规定时，应由建设单位组织监理、设计、施工等相关单位制定专项验收要求。涉及安全、节能、环境保护等项目的专项验收要求应由建设单位组织专家论证。专项验收要求应符合设计意图，包括分项工程及检验批的划分、抽样方案、验收方法、判定指标等内容，监理、设计、施工等单位可参与制定。

22. A。本题考核的是隐蔽工程的验收。如隐蔽工程为检验批时，隐蔽工程应由专业监理工程师组织施工单位项目专业质量检查员、专业工长等进行验收。施工单位应对隐蔽工程质量进行自检，对存在的问题自行整改处理，合格后填写隐蔽工程报审、报验表及隐蔽工程质量验收记录，并将相关资料报送项目监理机构申请验收。专业监理工程师对施工单位所报资料进行审查，并组织相关人员到现场进行实体检查、验收。对验收不合格的，专业监理工程师应要求施工单位进行整改，自检合格后予以复验；对验收合格的，专业监理工程师应签认隐蔽工程报审、报验表及质量验收记录，准许进行下道工序施工。

23. B。本题考核的是分部工程质量验收。分部工程应由总监理工程师组织施工单位项目负责人和项目技术负责人等进行验收。勘察、设计单位项目负责人和施工单位技术、质量部门负责人应参加地基与基础分部工程的验收。

24. B。本题考核的是竣工预验收。单位工程完工后，施工单位应依据验收规范、设计图纸等组织有关人员进行自检，对存在的问题自行整改处理，合格后填写单位工程竣工验收报审表，并将相关竣工资料报送项目监理机构申请预验收。总监理工程师应组织各专业监理工程师审查施工单位报送的相关竣工资料，并对工程质量进行竣工预验收。

25. B。本题考核的是单位工程质量竣工验收、检查记录的填写。单位工程质量竣工验收记录中的验收记录由施工单位填写，验收结论由监理单位填写；综合验收结论由参加验收各方共同商定，由建设单位填写，并应对工程质量是否符合设计和规范要求及总体质量水平作出评价。

26. B。本题考核的是检验批的验收。检验批是工程施工质量验收的最小单位，是分项工程、分部工程、单位工程质量验收的基础。检验批应由专业监理工程师组织施工单位项目专业质量检查员、专业工长等进行验收。

27. C。本题考核的是导致工程质量缺陷的因素。常见的因素主要有十方面，其中，施工与管理不到位因素主要体现在：不按图施工或未经设计单位同意擅自修改设计。例如，将铰接做成刚接，将简支梁做成连续梁，导致结构破坏；挡土墙不按图设滤水层、排水孔，导致压力增大、墙体破坏或倾覆；不按有关的施工规范和操作规程施工，浇筑混凝土时振捣不良，造成薄弱部位；砖砌体砌筑上下通缝，灰浆不饱满等均能导致砖墙破坏。施工组织管理紊乱，不熟悉图纸，盲目施工；施工方案考虑不周，施工顺序颠倒；图纸未经会审，仓促施工；技术交底不清，违章作业；疏于检查、验收等。

28. C。本题考核的是工程质量事故的等级。工程质量事故分为4个等级：（1）特别重大事故，是指造成30人以上死亡，或者100人以上重伤，或者1亿元以上直接经济损失的事故；（2）重大事故，是指造成10人以上30人以下死亡，或者50人以上100人以下重伤，或者5000万元以上1亿元以下直接经济损失的事故；（3）较大事故，是指造成3人以上10人以下死亡，或者10人以上50人以下重伤，或者1000万元以上5000万元以下直接经济损失的事故；（4）一般事故，是指造成3人以下死亡，或者10人以下重伤，或者100万元以上1000万元以下直接经济损失的事故。该等级划分所称的"以上"包括本数，所称的"以下"不包括本数。

对于这类型的题目，我们先分别判断每个条件所对应的事故等级，最后选择等级最高的作为本题的正确答案。

29.C。本题考核的是工程质量事故处理程序。工程质量事故发生后，总监理工程师应签发《工程暂停令》，要求暂停质量事故部位和与其有关联部位的施工，要求施工单位采取必要的措施，防止事故扩大并保护好现场。同时，要求质量事故发生单位迅速按类别和等级向相应的主管部门上报。

30.C。本题考核的是工程质量事故处理程序。质量事故技术处理方案一般由施工单位提出，经原设计单位同意签认，并报建设单位批准。对于涉及结构安全和加固处理等的重大技术处理方案，一般由原设计单位提出。必要时，应要求相关单位组织专家论证，以确保处理方案可靠、可行、保证结构安全和使用功能。

31.D。本题考核的是工程勘察成果的审查要点。监理工程师对勘察成果的审核与评定是勘察阶段质量控制最重要的工作。审核与评定包括程序性审查和技术性审查。

32.A。本题考核的是施工图设计评审。施工图设计评审的内容包括：对工程对象物的尺寸、布置、选材、构造、相互关系、施工及安装质量要求的详细设计图和说明，这也是设计阶段质量控制的一个重点。评审的重点是：使用功能是否满足质量目标和标准，设计文件是否齐全、完整，设计深度是否符合规定。

33.C。本题考核的是建设工程项目的划分。单位工程是指具备独立施工条件并能形成独立使用功能的建筑物或构筑物。对于建筑工程，单位工程应按下列原则划分：（1）具备独立施工条件并能形成独立使用功能的建筑物或构筑物为一个单位工程。如一所学校中的一栋教学楼、办公楼、传达室，某城市的广播电视塔等。（2）对于规模较大的单位工程，可将其能形成独立使用功能的部分划分为一个子单位工程。

34.D。本题考核的是建筑安装工程规费的组成。规费是指按国家法律、法规规定，由省级政府和省级有关权力部门规定必须缴纳或计取的费用。包括：（1）社会保险费（养老保险费、失业保险费、医疗保险费、生育保险费、工伤保险费）；（2）住房公积金。

35.B。本题考核的是检验试验费的列支。检验试验费是指施工企业按照有关标准规定，对建筑以及材料、构件和建筑安装物进行一般鉴定、检查所发生的费用，包括自设试验室进行试验所耗用的材料等费用。不包括新结构、新材料的试验费，对构件做破坏性试验及其他特殊要求检验试验的费用和建设单位委托检测机构进行检测的费用，对此类检测发生的费用，由建设单位在工程建设其他费用中列支。但对施工企业提供的具有合格证明的材料进行检测其结果不合格的，该检测费用由施工企业支付。

36.C。本题考核的是建筑安装工程的计价程序。计算过程：分部分项工程费＝41000万元；措施项目费＝41000×2.5%＝1025万元；其他项目费＝800万元；规费＝41000×

$15\% \times 8\% = 492$ 万元；税金 $=(41000+1025+800+492)\times9\%=3898.530$ 万元；该工程的招标控制价 $=41000+1025+800+492+3898.530=47215.530$ 万元。

37. D。本题考核的是增值税的计算。计算过程：进口关税 $=(51\times6.72)\times10\%=34.272$ 万元；该进口设备的增值税 $=(51\times6.72+34.272)\times13\%=49.009$ 万元。

38. C。本题考核的是建设期利息的计算。计算过程：第1年建设期利息 $=1/2\times2000\times6\%=60$ 万元；第2年建设期利息 $=(2000+60+1/2\times3000)\times6\%=213.6$ 万元；该项目估算的建设期利息 $=60+213.6=273.6$ 万元。

39. A。本题考核的是台班折旧费的计算。耐用总台班数 $=$ 折旧年限 $\times$ 年工作台班 $=10$ 年 $\times225$ 台班/年 $=2250$ 台班；台班折旧费 $=$ 机械预算价格 $\times(1-$ 残值率$)/$ 耐用总台班数 $=300000\times(1-2\%)/2250=130.67$ 元。

40. B。本题考核的是利息的计算。因为是按复利每半年计息一次，所以我们首先要实际利率，也就是半年利率。半年实际利率 $=4\%/2=2\%$。3年后复本利和 $=100\times(1+2\%)^{2\times3}=112.612$ 万元；到期后企业应支付给银行的利息 $=112.612-100=12.612$ 万元。这是按周期实际利率来计算的方法。还有一种方法是按年实际利率来计算：年实际利率 $=(1+4\%/2)^2-1=4.04\%$。3年后复本利和 $=100\times(1+4.04\%)^3=112.612$ 万元；到期后企业应支付给银行的利息 $=112.612-100=12.612$ 万元。

41. B。本题考核的是偿债能力评价指标。考生根据下图来解答，一定要分清楚。

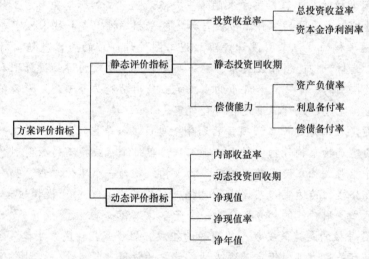

方案经济评价指标体系

42. C。本题考核的是建设投资的计算。该项目的建设投资 $=3460+60+80=3600$ 万元。

43. D。本题考核的是净现值。净现值的评价准则：（1）当方案的 $NPV\geq0$ 时，说明该方案能满足基准收益率要求的盈利水平，故在经济上是可行的；（2）当方案的 $NPV<0$ 时，说明该方案不能满足基准收益率要求的盈利水平，故在经济上是不可行的。净现值不能反映项目投资中单位投资的使用效率，不能直接说明在项目运营期各年的经营成果。能够直接以全额表示项目的盈利水平。在互斥方案评价时，净现值必须慎重考虑互斥方案的寿命，如果互斥方案寿命不等，必须构造一个相同的分析期限，才能进行方案比选。

44. B。本题考核的是价值工程原理。首先我们来计算各方案的成本系数：甲方案成本系数＝2840/（2840＋2460＋2300＋2700）＝0.276；乙方案成本系数＝2460/（2840＋2460＋2300＋2700）＝0.239；丙方案成本系数＝2300/（2840＋2460＋2300＋2700）＝0.223；丁方案成本系数＝2700/（2840＋2460＋2300＋2700）＝0.262；计算到这里我们应该验算一下计算正确与否，我们把这四个系数连加，如果为1，说明我们的计算正确。接下来计算各方案的价值系数：甲方案价值系数＝0.202/0.276＝0.732；乙方案价值系数＝0.286/0.239＝1.197；丙方案价值系数＝0.249/0.223＝1.117；丁方案价值系数＝0.263/0.262＝1.003。在四个方案中选择价值系数最大者为最优方案，即乙方案为最优方案。

45. D。本题考核的是施工图预算审查方法。对比审查法是当工程条件相同时，用已完工程的预算或未完但已经过审查修正的工程预算对比审查拟建工程的同类工程预算的一种方法。逐项审查法的优点是全面、细致，审查质量高、效果好；缺点是工作量大，时间较长。标准预算审查法的优点是时间短、效果好、易定案。其缺点是适用范围小，仅适用于采用标准图纸的工程。筛选审查法的优点是简单易懂，便于掌握，审查速度快，便于发现问题。但问题出现的原因尚需继续审查。该方法适用于审查住宅工程或不具备全面审查条件的工程。

46. B。本题考核的是工程量清单。招标文件中工程量清单的准确性和完整性由招标人负责。招标文件中分部分项工程量清单的项目编码前9位按现行计量规范的规定设置。投标人可以对招标文件中的措施项目清单进行调整。

47. A。本题考核的是分部分项工程项目清单。分部分项工程项目清单为不可调整的闭口清单。在投标阶段，投标人对招标文件提供的分部分项工程项目清单必须逐一计价，对清单所列内容不允许进行任何更改变动。投标人如果认为清单内容有不妥或遗漏，只能通过质疑的方式由清单编制人作统一的修改更正。清单编制人应将修正后的工程量清单发往所有投标人。

48. C。本题考核的是计日工。计日工是为了解决现场发生的零星工作的计价而设立的。计日工适用的零星工作一般是指合同约定之外的或者因变更而产生的、工程量清单中没有相应项目的额外工作，尤其是那些时间不允许事先商定价格的额外工作。

49. A。本题考核的是合同计价方式的选择。固定总价合同的适用范围：（1）工程范围清楚明确，工程图纸完整、详细、清楚，报价的工程量应准确而不是估计数字。（2）工程量小、工期短，在工程过程中环境因素（特别是物价）变化小，工程条件稳定。（3）工程结构、技术简单，风险小，报价估算方便。（4）投标期相对宽裕，承包商可以详细作现场调查，复核工程量，分析招标文件，拟定计划。（5）合同条件完备，双方的权利和义务关系十分清楚。

50. D。本题考核的是成本加奖罚计价方式。采用成本加奖罚合同，在合同实施后，根据工程实际成本的发生情况，承包商得到的金额分以下几种情况：（1）实际成本＝预期成本：承包商得到实际发生的工程成本，同时获得酬金。（2）实际成本＜预期成本：承包商得到实际发生的工程成本，获得酬金，并根据成本节约额的多少，得到预先约定的奖金。（3）实际成本＞预期成本：承包方可得到实际成本和酬金，但视实际成本高出预期成本的情况，被处以一笔罚金。

51. A。本题考核的是计量支付程序。《建设工程施工合同（示范文本）》中约定的计量支付程序如下：（1）承包人应于每月向监理人报送上月已完成的工程量报告，并附具进度付款申请单、已完成工程量报表和有关资料。（2）监理人应在收到承包人提交的工程量报告后7d内完成对承包人提交的工程量报表的审核并报送发包人，以确定当月实际完成的工程量。（3）监理人未在收到承包人提交的工程量报表后的7d内完成复核的，承包人提交的工程量报告中的工程量视为承包人实际完成的工程量。

52. B。本题考核的是采用造价信息进行价格调整。材料、工程设备价格变化的价款调整按照发包人提供的主要材料和工程设备一览表，发承包双方约定的风险范围按以下规定进行：

（1）当承包人投标报价中材料单价低于基准单价：施工期间材料单价涨幅以基准单价为基础超过合同约定的风险幅度值时，或材料单价跌幅以投标报价为基础超过合同约定的风险幅度值时，其超过部分按实调整。

（2）当承包人投标报价中材料单价高于基准单价：施工期间材料单价跌幅以基准单价为基础超过合同约定的风险幅度值时，材料单价涨幅以投标报价为基础超过合同约定的风险幅度值时，其超过部分按实调整。

（3）当承包人投标报价中材料单价等于基准单价：施工期间材料单价涨、跌幅以基准单价为基础超过合同约定的风险幅度值时，其超过部分按实调整。

53. B。本题考核的是不可抗力发生后的补偿原则。项目监理机构应批准的索赔金额＝10＋0.5＝10.5万元。

54. D。本题考核的是暂列金额的使用。暂列金额是指招标人在工程量清单中暂定并包括在合同价款中的一笔款项。用于工程合同签订时尚未确定或者不可预见的所需材料、工程设备、服务的采购，施工中可能发生的工程变更、合同约定调整因素出现时的合同价款调整以及发生的索赔、现场签证确认等的费用。已签约合同价中的暂列金额由发包人掌握使用。发包人按照合同的规定做出支付后，如有剩余，则暂列金额余额归发包人所有。

55. D。本题考核的是索赔条款。考生一定要注意："一个有经验的承包人也难以预测的"这是前提条件。

56. D。本题考核的是施工偏差分析。已完成工作实际投资＝已完成工作量×实际单价＝3000×26＝78000元，已完工作预算投资＝已完成工作量×预算单价＝3000×25＝75000元，计划工作预算投资＝计划工作量×预算单价＝2800×25＝70000元；投资偏差＝已完工作预算投资－已完工作实际投资＝75000－78000＝－3000元，表示项目运行超出预算投资。投资绩效指数＝已完工作预投资/已完工作实际投资＝75000/78000＝0.96＜1，表示超支，即实际投资高于预算投资；进度绩效指数＝已完工作预算投资/计划工作预算投资＝75000/70000＝1.07＞1，表示进度提前，即实际进度比计划进度快。

57. C。本题考核的是进度控制的措施。进度控制的经济措施主要包括：（1）及时办理工程预付款及工程进度款支付手续；（2）对应急赶工给予优厚的赶工费用；（3）对工期提前给予奖励；（4）对工程延误收取误期损失赔偿金。

58. D。本题考核的是建设工程实施阶段进度控制的主要任务。选项A和B是设计准备阶段的主要任务。选项C是设计阶段的主要任务。

59. B。本题考核的是施工单位的进度计划系统。施工总进度计划是根据施工部署中施工方案和工程项目的开展程序，对全工地所有单位工程做出时间上的安排。施工准备工作计划是为落实各项施工准备工作，加强检查和监督，应根据各项施工准备工作的内容、时间和人员而编制。分部分项工程进度计划是针对工程量较大或施工技术比较复杂的分部分项工程，在依据工程具体情况所制定的施工方案基础上，对其各施工过程所做出的时间安排。

60. D。本题考核的是网络计划的特点。选项 A 是横道计划的优点。选项 B 和 C 表达的正好与其特点相反。

61. C。本题考核的是非节奏流水施工具有的特点。各施工过程在各施工段的流水节拍不全相等；相邻施工过程的流水步距不尽相等；各专业工作队能够在施工段上连续作业，但有的施工段之间可能有空闲时间。

62. B。本题考核的是流水施工工期的计算。计算专业工作队数目首先应计算流水步距，流水步距等于流水节拍的最大公约数，即：$K=\min[6, 6, 9]=3$；专业工作队数目＝流水节拍/流水步距＝6/3+6/3+9/3=7。则流水施工工期＝$(4+7-1)×3=30d$。

63. C。本题考核的是组织施工的方式。如果有足够工作面和资源的前提下，施工工期从短到长的顺序是平行施工、流水施工、依次施工。

64. D。本题考核的是虚工作的含义。虚工作主要用来表示相邻两项工作之间的逻辑关系。但有时为了避免两项同时开始、同时进行的工作具有相同的开始节点和完成节点，也需要用虚工作加以区分。

65. B。本题考核的是工期的概念。计划工期是指根据要求工期和计算工期所确定的作为实施目标的工期。计算工期是根据网络计划时间参数计算而得到的工期。要求工期是任务委托人所提出的指令性工期。合理工期是建设项目在正常的建设条件、合理的施工工艺和管理，建设过程中对人力、财务、物务资源合理有效地利用，使项目的投资方和各参建单位均获得满意的经济效益的工期。

66. A。本题考核的是总时差。工作的总时差是指在不影响总工期的前提下，本工作可以利用的机动时间。不影响总工期的意思就是不能影响到紧后工作的最迟开始时间。

67. A。本题考核的是双代号网络计划时间参数的计算。工作 E 的最早完成时间＝$5+3=8d$。工作 E 的最迟完成时间＝$5+5=10d$。

68. D。本题考核的是双代号网络计划时间参数的计算。工作 D 的自由时差＝$[(3+3)-(3+2)]=1d$。工作 D 的总时差＝$11-3-2-3=3d$。

69. A。本题考核的是单代号网络计划时间参数的计算。相邻两项工作之间的时间间隔 $LAG_{i, j}$ 是指其紧后工作的最早开始时间与本工作最早完成时间的差值。

最早完成时间 EF_i 等于本工作的最早开始时间与其持续时间之和。

其他工作的最早时间 ES_i 等于其紧前工作最早完成时间的最大值。

本题的计算过程如下：

(1) $ES_A=0$，$EF_A=0+4=4$。

(2) $ES_B=0$，$EF_B=4+4=8$。

(3) $ES_C=0$，$EF_C=4+5=9$。

(4) $ES_D=0$，$EF_D=8+4=12$。

(5) $ES_E = \max \{EF_B, EF_C\} = \max \{8, 9\} = 9$, $EF_D = 9 + 6 = 15$。

由此可知，$LAG_{B,E} = ES_E - EF_B = 9 - 8 = 1$；$LAG_{C,E} = ES_E - EF_C = 9 - 9 = 0$。

70. C。本题考核的是工期优化。工期优化是指网络计划的计算工期不满足要求工期时，通过压缩关键工作的持续时间以满足要求工期目标的过程。不管在什么情况下，总时差为零的工作一定是关键工作。

71. D。本题考核的是单代号搭接网络计划的关键线路。从搭接网络计划的终点节点开始，逆着箭线方向依次找出相邻两项工作之间时间间隔为零的线路就是关键线路。关键线路上的工作即为关键工作，关键工作的总时差最小。

72. C。本题考核的是工程总费用和工期的关系。工程总费用由直接费和间接费组成。直接费由人工费、材料费、施工机具使用费、措施费及现场经费等组成。施工方案不同，直接费也就不同；如果施工方案一定，工期不同，直接费也不同。直接费会随着工期的缩短而增加。间接费包括企业经营管理自用，一般会随着工期的缩短而减少。

73. C。本题考核的是实际进度与计划进度的比较。同一时间，工作的实际进度曲线在计划进度曲线之上，说明进度超前；反之，进度拖后。

74. D。本题考核的是分析进度偏差对后续工作及总工期的影响。如果工作的进度偏差大于该工作的总时差，则此进度偏差必将影响其后续工作和总工期；如果工作的进度偏差未超过该工作的总时差，则此进度偏差不影响总工期。如果工作的进度偏差大于该工作的自由时差，则此进度偏差将对其后续工作产生影响；如果工作的进度偏差未超过该工作的自由时差，则此进度偏差不影响后续工作。

75. B。本题考核的是设计进度影响的因素。在工程设计过程中，影响其进度的因素主要有以下几个方面：(1) 建设意图及要求改变的影响；(2) 设计审批时间的影响；(3) 设计各专业之间协调配合的影响；(4) 工程变更的影响；(5) 材料代用、设备选用失误的影响。

76. A。本题考核的是施工进度控制。如果监理工程师在审查施工进度计划的过程中发现问题，应及时向承包单位提出书面修改意见（也称整改通知书），并协助承包单位修改。其中重大问题应及时向业主汇报。编制和实施施工进度计划是承包单位的责任。监理工程师对施工进度计划的审查或批准，并不解除承包单位对施工进度计划的任何责任和义务。对监理工程师来讲，其审查施工进度计划的主要目的是为了防止承包单位计划不当，以及为承包单位保证实现合同规定的进度目标提供帮助。

77. B。本题考核的是工程开工令的发布。监理工程师应根据承包单位和业主双方关于工程开工的准备情况，选择合适的时机发布工程开工令。从发布工程开工令之日算起，加上合同工期后即为工程竣工日期。如果开工令发布拖延，就等于推迟了竣工时间，甚至可能引起承包单位的索赔。

78. D。本题考核的是调整施工进度计划的技术措施。选项 A 属于组织措施。选项 B 属于经济措施。选项 C 属于其他配套措施。

79. B。本题考核的是工程延误的处理。当承包单位的施工活动不能使监理工程师满意时，监理工程师有权拒绝承包单位的支付申请。因此，当承包单位的施工进度拖后且又不采取积极措施时，监理工程师可以采取拒绝签署付款凭证的手段制约承包单位。

80. B。本题考核的是施工进度计划的调整。缩短某些工作的持续时间的特点是不改变工作之间的先后顺序关系，通过缩短网络计划中关键线路上工作的持续时间来缩短工期。这时，通常需要采取一定的措施来达到目的。

二、多项选择题

81. BDE	82. BCD	83. CDE	84. ACE	85. ACDE
86. ABC	87. ABC	88. BCDE	89. ACDE	90. ABC
91. ABE	92. CDE	93. CDE	94. ABC	95. ABD
96. ABCE	97. ABCE	98. AE	99. ABDE	100. ACDE
101. BCD	102. BDE	103. BC	104. ACD	105. BCD
106. AD	107. CDE	108. BCDE	109. BCDE	110. BDE
111. ACD	112. AD	113. BC	114. BCD	115. BCE
116. AC	117. CE	118. ABE	119. ABE	120. ACD

【解析】

81. BDE。本题考核的是工程竣工验收应当具备的条件。《建设工程质量管理条例》规定，建设工程竣工验收应当具备下列条件：（1）完成建设工程设计和合同约定的各项内容。（2）有完整的技术档案和施工管理资料。（3）有工程使用的主要建筑材料、建筑构配件和设备的进场试验报告。（4）有勘察、设计、施工、工程监理等单位分别签署的质量合格文件。（5）有施工单位签署的工程保修书。

82. BCD。本题考核的是勘察单位的主要职责。勘察单位应履行的主要职责：参与施工验槽，及时解决工程设计和施工中与勘察工作有关的问题；参与建设工程质量事故的分析，对因勘察原因造成的质量事故，提出相应的技术处理方案。选项 A 属于监理单位的职责；选项 E 属于设计单位的职责。

83. CDE。本题考核的是监理单位质量管理体系文件的组成。根据质量管理体系标准的要求，工程监理单位的质量管理体系文件由三个层次的文件构成。第一层次：质量手册；第二层次：程序文件；第三层次：作业文件。质量手册是监理单位内部质量管理的纲领性文件和行动准则。程序文件是质量手册的支持性文件。作业文件是程序文件的支持性文件。

84. ACE。本题考核的是钢材进场的检验。钢材进场时，应按国家相关标准的规定抽取试件进行力学性能和重量偏差检验，检验结果必须符合有关标准的规定。检验方法：检查产品合格证、出厂检验报告和进场复验报告。

85. ACDE。本题考核的是水泥检验被判定为不合格的情况。水泥检验被判定为不合格的情况：（1）凡水泥中氧化镁、三氧化硫、初凝时间、安定性中的任一项不符合相应产品标准规定时，均为废品。（2）凡水泥的细度、终凝时间、不溶物和烧失量中的任一项不符合相应产品标准规定或混合材料掺加量超过最高限量或强度低于商品强度等级时，为不合格品。（3）水泥包装标志中水泥品种、强度等级、生产厂家名称和出厂编号不全的，属于不合格品。（4）强度低于标准相应强度等级规定指标视为不合格品。对于强度低于相应标准的不合格品水泥，可按实际复验结果降级使用。

86. ABC。本题考核的是新工艺、新技术、新材料的应用。凡采用新工艺、新技术、新材料的工程，事先应进行试验，并应有权威性技术部门的技术鉴定书及有关的质量数据、指标，在此基础上制定相应的质量标准和施工工艺规程，以此作为判断与控制质量的依据。如果拟采用的新工艺、新技术、新材料,不符合现行强制性标准规定的,应当由拟采用单位提请建设单位组织专题技术论证,报批准标准的建设行政主管部门或者国务院有关主管部门审定。

87. ABC。本题考核的是项目监理机构对分包单位资格审核的内容。分包单位资格审核应包括的基本内容:(1)营业执照、企业资质等级证书;(2)安全生产许可文件;(3)类似工程业绩;(4)专职管理人员和特种作业人员的资格。

88. BCDE。本题考核的是工程暂停令的签发。项目监理机构发现下列情形之一时,总监理工程师应及时签发工程暂停令:(1)建设单位要求暂停施工且工程需要暂停施工的;(2)施工单位未经批准擅自施工或拒绝项目监理机构管理的;(3)施工单位未按审查通过的工程设计文件施工的;(4)施工单位违反工程建设强制性标准的;(5)施工存在重大质量、安全事故隐患或发生质量、安全事故的。

89. ACDE。本题考核的是工程变更。对于施工单位提出的工程变更,项目监理机构可按下列程序处理:(1)总监理工程师组织专业监理工程师审查施工单位提出的工程变更申请,提出审查意见。对涉及工程设计文件修改的工程变更,应由建设单位转交原设计单位修改工程设计文件。必要时,项目监理机构应建议建设单位组织设计、施工等单位召开论证工程设计文件修改方案的专题会议。(2)总监理工程师组织专业监理工程师对工程变更费用及工期影响作出评估。(3)总监理工程师组织建设单位、施工单位等共同协商确定工程变更费用及工期变化,会签工程变更单。(4)项目监理机构根据批准的工程变更文件监督施工单位实施工程变更。

90. ABC。本题考核的是设备制造过程质量状况记录资料的主要内容。质量记录资料是设备制造过程质量状况的记录,不但是设备出厂验收的内容,对今后的设备使用及维修也有意义。质量记录资料包括:(1)设备制造单位质量管理检查资料;(2)设备制造依据及工艺资料;(3)设备制造材料的质量记录;(4)零部件加工检查验收资料。

91. ABE。本题考核的是分项工程的划分依据。分项工程是分部工程的组成部分。分项工程可按主要工种、材料、施工工艺、设备类别进行划分。如建筑工程的主体结构分部工程中,混凝土结构子分部工程划分为模板、钢筋、混凝土、预应力、现浇结构、装配式结构等分项工程。

92. CDE。本题考核的是检验批质量验收。检验批质量验收记录填写时应具有现场验收检查原始记录,该原始记录应由专业监理工程师和施工单位专业质量检查员、专业工长共同签署,并在单位工程竣工验收前存档备查,保证该记录的可追溯性。现场验收检查原始记录的格式可由施工、监理等单位确定,包括检查项目、检查位置、检查结果等内容。

93. CDE。本题考核的是分部工程质量验收合格的规定。分部工程质量验收合格应符合下列规定:(1)所含分项工程的质量均应验收合格;(2)质量控制资料应完整;(3)有关安全、节能、环境保护和主要使用功能的抽样检验结果应符合相应规定;(4)观感质量应符合要求。选项B错在"主要",应该是"全部"。

94. ABC。本题考核的是质量事故处理的基本要求。工程质量事故处理的基本方法包括工程质量事故处理方案的确定及工程质量事故处理后的鉴定验收。其一般处理原则是:正确确定事故性质;正确确定处理范围。其处理基本要求是:安全可靠,不留隐患;满建筑物的功能和使用要求；技术可行，经济合理。

95. ABD。本题考核的是质量事故处理方案的类型。工程质量事故处理方案的确定，要以分析事故调查报告中事故原因为基础，结合实地勘查成果，并尽量满足建设单位的要求。因同类和同一性质的事故常可以选择不同的处理方案，在确定处理方案时，应审核其是否遵循一般处理原则和要求。尽管质量事故的技术处理方案多种多样，但根据质量事故的情况可归纳为三种类型的处理方案，即：修补处理、返工处理和不做处理。

96. ABCE。本题考核的是设计成果评估报告。工程监理单位审查设计单位提交的设计成果，并提出评估报告。评估报告应包括下列主要内容：（1）设计工作概况；（2）设计深度与设计标准的符合情况；（3）设计任务书的完成情况；（4）有关部门审查意见的落实情况；（5）存在的问题及建议。

97. ABCE。本题考核的是项目监理机构在施工阶段投资控制的主要工作。我国项目监理机构在施工阶段投资控制中的主要工作：（1）进行工程计量和付款签证；（2）对完成工程量进行偏差分析；（3）审核竣工结算款；（4）处理施工单位提出的工程变更费用；（5）处理费用索赔。

98. AE。本题考核的是人工费的组成。考生要与企业管理费的组成进行区别。人工费是指按工资总额构成规定，支付给从事建筑安装工程施工的生产工人和附属生产单位工人的各项费用。内容包括：（1）计时工资或计件工资；（2）奖金，如节约奖、劳动竞赛奖等；（3）津贴补贴，如：支付给个人的津贴、支付给个人的物价补贴、流动施工津贴、特殊地区施工津贴、高温（寒）作业临时津贴、高空津贴等；（4）加班加点工资；（5）特殊情况下支付的工资，因病、工伤、产假、计划生育假、婚丧假、事假、探亲假、定期休假、停工学习、执行国家或社会义务等原因支付的工资。

99. ABDE。本题考核的是建筑安装工程施工机具使用费的组成。本题很容易少选选项D。施工机具使用费是指施工作业所发生的施工机械、仪器仪表使用费或其租赁费。内容包括：（1）折旧费。（2）大修理费。（3）经常修理费：各级保养和临时故障排除所需的费用。包括为保障机械正常运转所需替换设备与随机配备工具附具的摊销和维护费用，机械运转中日常保养所需润滑与擦拭的材料费用及机械停滞期间的维护和保养费用等。（4）安拆费及场外运费。（5）机上司机（司炉）和其他操作人员的人工费。（6）燃料动力费：在运转作业中所消耗的各种燃料及水、电等。（7）税费：应缴纳的车船使用税、保险费及年检费等。（8）仪器仪表使用费：是指工程施工所需使用的仪器仪表的摊销及维修费用。

100. ACDE。本题考核的是取得国有土地使用费的组成。本题的错误选项是农用土地征用费的组成，考生一定要区别。农用土地征用费由土地补偿费、安置补助费、土地投资补偿费、土地管理费、耕地占用税等组成，并按被征用土地的原用途给予补偿。征用耕地的补偿费用包括土地补偿费、安置补助费以及地上附着物和青苗的补偿费。取得国有土地使用费包括：土地使用权出让金、城市建设配套费、拆迁补偿与临时安置补助费等。

101. BCD。本题考核的是投资回收期。投资回收期是反映方案实施以后回收全部投资并获取收益能力的重要指标，分为静态投资回收期和动态投资回收期。动态投资回收期就是方案累计现值等于零时的时间（年份）。因此选项A错误。若考虑资金时间价值，用折现法计算出的动态投资回收期，要比静态投资回收期长些。因此选项E错误。

102. BDE。本题考核的是方案创造的方法。方案创造的理论依据是功能载体具有可替代性，比较常用的方法有：（1）头脑风暴法；（2）哥顿法；（3）专家意见法（德尔菲法）；（4）专家检查法。价值工程对象选择的不同方法适宜于不同的价值工程对象，常用的方法有：（1）因素分析法（经验分析法）；（2）ABC 分析法（重点选择法或不均匀分布定律法）；（3）强制确定法；（4）百分比分析法；（5）价值指数法。这两类方法在命题是会互为干扰项。

103. BC。本题考核的是建筑工程概算编制的基本方法。采用扩大单价法编制建筑工程概算比较准确，但计算较繁琐。由于设计深度不够等原因，对一般附属、辅助和服务工程等项目，以及住宅和文化福利工程项目或投资比较小、比较简单的工程项目，可采用概算指标法编制概算。

104. ACD。本题考核的是投标报价的审核。投标报价的原则有：投标人的投标报价高于招标控制价的应予废标。因为单价是由投标人确定的，可能会高于对应项目的招标控制价，只要总价不超招标控制价就可以。因此选项 A 正确。招标文件中工程量清单项目特征描述与设计图纸不符时，投标人应以工程量清单项目特征描述为准，确定投标报价的综合单价。因此选项 B 错误。选项 C 和 D 是《建设工程工程量清单计价规范》中的规定。计日工的报价是由投标人自主确定。因此选项 E 错误。

105. BCD。本题考核的是暂估价。暂估价包括材料暂估价、工程设备暂估价和专业工程暂估价。暂估价中的材料、工程设备暂估单价应根据工程造价信息或参照市场价格估算，列出明细表；专业工程暂估价应分不同专业，按有关计价规定估算，列出明细表。

106. AD。本题考核的是工程计量的规定。因承包人原因造成的超出合同工程范围施工或返工的工程量，发包人不予计量。

107. CDE。本题考核的是索赔的条款。选项 A 和 B 可以索赔工期、成本。

108. BCDE。本题考核的是索赔费用的组成。选项 A 只可以补偿工期，不可以补偿费用。以下是可以得到费用补偿的：（1）法定人工费增长以及非承包人责任工程延误导致的人员窝工费和工资上涨费等；（2）由于非承包人责任工程延误导致的材料价格上涨和超期储存费用；（3）由于发包人或监理工程师原因导致机械、仪器仪表停工的窝工费。

109. BCDE。本题考核的是工程网络计划技术特征。选项 A 错误，关键线路法（CPM）不属于非确定型网络计划。

110. BDE。本题考核的是监理单位总进度计划的编制依据。在对建设工程实施全过程监理的情况下，监理总进度计划是依据工程项目可行性研究报告、工程项目前期工作计划和工程项目建设总进度计划编制的，其目的是对建设工程进度控制总目标进行规划，明确建设工程前期准备、设计、施工、动用前准备及项目动用等各个阶段的进度安排。

111. ACD。本题考核的是流水施工参数的类型。工艺参数主要是用以表达流水施工在施工工艺方面进展状态的参数，通常包括施工过程和流水强度两个参数。空间参数是表达流水施工在空间布置上开展状态的参数，通常包括工作面和施工段。时间参数是表达流水施工在时间安排上所处状态的参数，主要包括流水节拍、流水步距和流水施工工期等。

112. AD。本题考核的是影响建设工程进度的因素。在工程建设过程中，常见的影响因素中业主因素有：业主使用要求改变而进行设计变更；应提供的施工场地条件不能及时提供；所提供的场地不能满足工程正常需要；不能及时向施工承包单位或材料供应商付款等。选项 B 属于组织管理因素。选项 C 和 E 属于社会环境因素。

113. BC。本题考核的是网络图的绘图规则。②与③之间没有箭头。应尽量避免网络图中工作箭线的交叉。当交叉不可避免时，可以采用过桥法或指向法处理。

114. BCD。本题考核的是双代号网络计划的时间参数。关键线路为 1—3—4—7 和 1—3—4—5—6—7 两条。工作 E 的自由时差＝[8−(3+3)]＝2d。工作 E 的总时差＝8−6＝2d。工作 C 不是关键工作。

115. BCE。本题考核的是双代号时标网络计划。时标网络计划中的关键线路可从网络计划的终点节点开始，逆着箭线方向进行判定。凡自始至终不出现波形线的线路即为关键线路。因为不出现波形线，就说明在这条线路上相邻两项工作之间的时间间隔全部为零，也就是在计算工期等于计划工期的前提下，这些工作的总时差和自由时差全部为零。工作的自由时差就是该工作箭线中波形线的水平投影长度。

116. AC。本题考核的是工期优化。选择压缩对象时宜在关键工作中考虑下列因素：(1) 缩短持续时间对质量和安全影响不大的工作；(2) 有充足备用资源的工作；(3) 缩短持续时间所需增加的费用最少的工作。

117. CE。本题考核的是横道图比较法。第 1 周末实际累计完成了 8%，而计划累计需要完成 10%，拖后了 2%。第 2 周末实际累计完成了 30%，而计划累计需要完成 25%，超前了 5%。第 3 周末实际累计完成了 30%，与第 2 周末实际累计完成的百分比相同，说明第 3 周没有作业。第 5 周末实际累计完成了 55%，而计划累计需要完成 60%，拖后了 5%。第 6 周末实际累计完成了 75%，而计划累计需要完成 75%，进度正常。

118. ABE。本题考核的是实际进度前锋线。工作 E 已经工作了 5 周，说明进度正常，不影响总工期。故选项 A 正确。工作 G 本应该在第 7 周末计划工作 1 周，但实际还未开始工作，进度拖延 1 周；工作 G 为关键工作，因此，会影响总工期 1 周。故选项 B 正确。工作 H 虽然拖延 1 周，但有 2 周的总时差，因此不会影响总工期。故选项 C 错误。由于工作 E 进度正常，工作 I 最早开始时间不会改变，计算工期由于工作 G 进度拖延会拖延。故选项 D 错误。由于工作 G 进度拖延 1 周，通过压缩工作 G 或工作 K 的持续时间 1 周，计划工期会不变。故选项 E 正确。

119. ABE。本题考核的是申报工程延期的条件。由于以下原因导致工程拖期，承包单位有权提出延长工期的申请，监理工程师应按合同规定，批准工程延期时间：(1) 监理工程师发出工程变更指令而导致工程量增加；(2) 合同所涉及的任何可能造成工程延期的原因，如延期交图、工程暂停、对合格工程的剥离检查及不利的外界条件等；(3) 异常恶劣的气候条件；(4) 由业主造成的任何延误、干扰或障碍，如未及时提供施工场地、未及时付款等；(5) 除承包单位自身以外的其他任何原因。

120. ACD。本题考核的是项目监理机构对施工进度计划的审核。监理工程师对施工进度计划审核的内容主要有：

(1) 进度安排是否符合工程项目建设总进度计划中总目标和分目标的要求，是否符合施工合同中开工、竣工日期的规定。

(2) 施工总进度计划中的项目是否有遗漏，分期施工是否满足分批动用的需要和配套动用的要求。

(3) 施工顺序的安排是否符合施工工艺的要求。

（4）劳动力、材料、构配件、设备及施工机具、水、电等生产要素的供应计划是否能保证施工进度计划的实现，供应是否均衡，需求高峰期是否有足够能力实现计划供应。

（5）总包、分包单位分别编制的各项单位工程施工进度计划之间是否相协调，专业分工与计划衔接是否明确合理。

（6）对于业主负责提供的施工条件（包括资金、施工图纸、施工场地、采供的物资等），在施工进度计划中安排得是否明确、合理，是否有造成因业主违约而导致工程延期和费用索赔的可能存在。

2018 年度全国监理工程师资格考试试卷

一、单项选择题 (共 80 题，每题 1 分。每题的备选项中，只有 1 个最符合题意)

1. 下列工程建设阶段，决定工程质量关键环节的是( )阶段。
A. 项目可行性研究   B. 项目决策
C. 工程设计   D. 工程竣工验收

2. 建筑工程施工质量控制波动大的原因是( )。
A. 有规范化的生产工艺   B. 有成套的生产设备
C. 有固定的生产流水线   D. 建筑生产的单件性

3. 关于施工图设计文件审查的说法，正确的是( )。
A. 审查机构对勘察成果、施工图设计文件的审查，并不改变勘察、设计单位的质量责任
B. 审查机构应由设计单位选择
C. 审查不合格的，审查机构应当将施工图退还设计单位
D. 施工单位应当将施工图送审查机构审查

4. 下列工程质量监督机构的主要任务中，属于对建设参与各方主体质量行为监督的是( )。
A. 监督检查建设工程主体结构的施工质量
B. 监督检查用于工程的主要建筑材料的质量
C. 监督工程竣工验收的组织形式及验收程序是否符合有关规定
D. 检查质量管理体系和质量责任制的落实情况

5. 根据《建设工程质量管理条例》规定，属于建设单位质量责任的是( )。
A. 保证设计文件符合工程建设强制性标准
B. 向施工企业提供准确的地下管线资料
C. 在领取施工许可证后，按照国家有关规定办理工程质量监督手续
D. 委托施工企业办理工程施工许可证

6. 关于质量管理原则的说法，错误的是( )。
A. 以产品为关注焦点   B. 持续改进
C. 与供方互利   D. 管理的系统方法

7. 指导监理工作开展的技术性文件是（   ）。

A. 质量手册
B. 质量方针
C. 作业文件
D. 程序文件

8. 对已同意覆盖的工程隐蔽部位质量有疑问的，项目监理机构应（   ）。

A. 要求施工单位报送经设计单位认可的处理方案
B. 要求施工单位组织专题论证
C. 对隐蔽工程进行跟踪检查
D. 要求施工单位对该隐蔽部位进行钻孔探测或揭开进行重新检验

9. 卓越绩效标准作为质量管理奖的评审标准，强调（   ）。

A. 关键顾客的偏好
B. "大质量"观
C. 标准化
D. 过程创新

10. 下列样本数据特征值中，描述数据离散趋势的是（   ）。

A. 算术平均数
B. 变异系数
C. 众数
D. 中位数

11. 从批量为 N 的交验产品中随机抽取 n 件进行检验，并且预先规定一个合格判定数 C。如果发现 n 中有 d 件不合格品，判定该批产品合格的条件是（   ）。

A. $C>10$
B. $d>C$
C. $0<d\leqslant10$
D. $d\leqslant C$

12. 在质量控制过程中，运用排列图法可以（   ）。

A. 掌握质量特性分布规律
B. 划分调查分析的类别和层次
C. 分析造成质量问题的薄弱环节
D. 评价生产过程能力

13. 关于下列直方图的分布位置与质量控制标准的上下限范围的比较分析，下列说法正确的是（   ）。

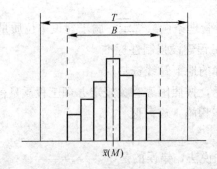

A. 说明加工过于精细，不经济

B. 说明生产过程处于正常的稳定状态

C. 说明生产过程能力不足

D. 说明已出现不合格品

14. 对设计等级为甲级，或地质条件复杂、成桩可靠性低的灌注桩，进行低应变动检测，抽检数量不得少于(　　)根。

A. 5　　　　　　　　　　　　　B. 10

C. 15　　　　　　　　　　　　D. 20

15. 下列文件，不能作为项目监理机构施工质量控制依据的是(　　)。

A. 部门规章与规范性文件　　　B. 会议纪要

C. 工程合同文件　　　　　　　D. 技术规程

16. 工程施工过程中，对已进场但检验不合格的工程材料，项目监理机构应要求施工单位(　　)。

A. 停工整改并封存不合格材料

B. 征求设计单位对不合格材料的使用意见

C. 限期将不合格材料撤出施工现场

D. 征求检测机构对不合格材料的使用意见

17. 用于工程的进口设备进场后，应由(　　)组织相关单位进行联合检查验收。

A. 建设单位　　　　　　　　　B. 项目监理机构

C. 施工单位　　　　　　　　　D. 设备供应单位

18. 根据《建设工程监理规范》GB/T 50319—2013，总监理工程师应签发工程暂停令的情形是(　　)。

A. 施工存在质量事故隐患

B. 施工单位未按施工方案施工

C. 施工单位未按审查通过的工程设计文件施工

D. 施工不当造成工程质量缺陷

19. 采购设备时，根据设计文件要求编制的设备采购方案应由(　　)批准后方可实施。

A. 施工单位　　　　　　　　　B. 设计单位

C. 项目监理机构　　　　　　　D. 建设单位

20. 项目监理机构对特别重要设备的制造过程质量控制可采取(　　)方式。

A. 驻厂监造　　　　　　　　　B. 定点监造

C. 巡回监造　　　　　　　　　　　　D. 目标监造

21. 根据《建筑工程施工质量验收统一标准》GB 50300—2013，分项工程应按（　　）划分。

A. 工程量、施工程序　　　　　　　　B. 主要工种、施工工艺
C. 工程部位、施工特点　　　　　　　D. 专业性质、楼层

22. 根据《建筑工程施工质量验收统一标准》GB 50300—2013，符合专业验收规范规定适当调整试验数量的实施方案，需报（　　）审核确认。

A. 建设单位　　　　　　　　　　　　B. 施工单位
C. 项目监理机构　　　　　　　　　　D. 设计单位

23. 根据《建筑工程施工质量验收统一标准》GB 50300—2013，对于采用计数抽样的检验批一般项目的验收，合格点率应符合（　　）的规定。

A. 质量验收统一标准　　　　　　　　B. 工程技术规程
C. 建设工程监理规范　　　　　　　　D. 专业验收规范

24. 根据《建筑工程施工质量验收统一标准》GB 50300—2013，电梯工程质量验收应由（　　）组织。

A. 安装单位技术负责人　　　　　　　B. 总监理工程师
C. 施工单位项目负责人　　　　　　　D. 专业监理工程师

25. 根据《建设工程监理规范》GB/T 50319—2013，单位工程完工后，工程竣工预验收应由（　　）组织相关人员进行。

A. 总监理工程师　　　　　　　　　　B. 建设单位项目负责人
C. 总监理工程师代表　　　　　　　　D. 施工单位项目负责人

26. 下列可能导致工程质量缺陷的因素中，属于违背基本建设程序的是（　　）。
A. 未按有关施工规范施工　　　　　　B. 计算简图与实际受力情况不符
C. 图纸技术交底不清　　　　　　　　D. 不经竣工验收就交付使用

27. 工程施工质量验收时，经加固处理的分部工程施工技术处理方案要求予以验收的前提是（　　）。

A. 不影响安全和使用功能　　　　　　B. 不造成永久性影响
C. 不改变结构外形尺寸　　　　　　　D. 不影响基本使用功能

28. 某工程施工过程中发生质量事故造成 5 人死亡、直接经济损失 5000 万元，该事故属于（　　）事故。

A. 一般　　　　　　　　　　　　　　B. 较大

C. 重大   D. 特别重大

29. 关于项目监理机构处理工程质量事故的说法，正确的是(   )。
A. 签发监理通知单，要求施工单位及时处理
B. 签发工程暂停令，暂停与其关联部位的施工
C. 签发监理报告，向政府主管部门报告
D. 签发工作联系单，要求施工单位及时处理

30. 为确保涉及结构使用安全质量事故的处理效果，需由项目监理机构组织进行的工作是(   )。
A. 检验鉴定   B. 定期观测
C. 专家论证   D. 定期评估

31. 工程监理单位勘察质量管理的主要工作包括(   )。
A. 起草勘察合同   B. 编制工程勘察任务书
C. 深化设计的协调管理   D. 审查勘察方案

32. 建设工程项目投资是指(   )。
A. 建筑安装工程费、设备及工器具购置费、工程建设其他费用之和
B. 直接用于工程建造、设备购置及其安装的建设投资
C. 进行某项工程建设花费的全部费用
D. 生产性设备及配套工程安装所需的全部费用

33. 关于项目监理机构在施工阶段投资控制措施的说法，正确的是(   )。
A. 实际支出值与计划目标值的比较属于技术措施
B. 编制本阶段投资控制工作计划属于组织措施
C. 审核承包人编制的施工组织设计属于组织措施
D. 做好工程施工记录属于技术措施

34. 根据世界银行对建设工程投资的规定，下列费用应计入项目间接建设成本的是(   )。
A. 场地费用   B. 仪器仪表费
C. 不可预见准备金   D. 开工试车费

35. 根据现行建筑安装工程费用项目组成的规定，工程施工中所使用的仪器仪表维修费应计入(   )。
A. 工具用具使用费   B. 施工机具使用费
C. 工程设备费   D. 固定资产使用费

36. 某建筑施工材料采购原价为 150 元/t，运杂费为 30 元/t，运输损耗率为 0.5%，采购保管费率为 2%，则该材料的单价为( )元/t。

　　A. 184.52　　　　　　　　　　B. 183.75

　　C. 153.77　　　　　　　　　　D. 123.01

37. 已知某进口设备到岸价为 1000 万元，银行财务费、外贸手续费合计为 35 万元。关税、消费税和增值税税率分别为 22%、10%、17%，则该进口设备抵岸价为( )万元。

　　A. 1592.40　　　　　　　　　　B. 1597.96

　　C. 1621.01　　　　　　　　　　D. 1641.51

38. 下列费用项目中，应列入与未来企业生产经营有关的其他费用的是( )。

　　A. 生产职工培训费　　　　　　　B. 工程招标费

　　C. 城市建设配套费　　　　　　　D. 环境影响评价费

39. 某项借款，年名义利率为 10%，按季度计息，则每季度的实际利率为( )。

　　A. 5%　　　　　　　　　　　　B. 2.5%

　　C. 0.833%　　　　　　　　　　D. 0.0274%

40. 某公司计划在 5 年内每年年末投资 300 万元。年利率为 6%，按复利计息，则第 5 年末可一次性回收的本利和为( )万元。

　　A. 1556.41　　　　　　　　　　B. 1253.22

　　C. 1691.13　　　　　　　　　　D. 1595.40

41. 下列投资方案经济效果评价指标中，属于静态评价指标的是( )。

　　A. 资本金净利润率　　　　　　　B. 净现值率

　　C. 内部收益率　　　　　　　　　D. 净年值

42. 已知某技术方案的净现金流量（见下表）。若 $i_c = 10\%$，则该技术方案的净现值为( )万元。

计算期（年）	1	2	3	4	5	6
净现金流量（万元）	−300	−200	300	700	700	700

　　A. 1399.56　　　　　　　　　　B. 1426.83

　　C. 1034.27　　　　　　　　　　D. 1095.25

43. 应用价值工程进行功能评价时，如果评价对象的价值指数 $V_1 > 1$，则说明( )。

　　A. 功能现实成本与实现功能所必需的最低成本大致相当

B. 现实成本偏低，也可能存在过剩功能

C. 评价对象的功能水平应提高

D. 功能现实成本大于功能评价值

44. 下列单项工程综合概算中，属于单位建筑工程概算的是（　　）。

A. 机械设备及安装工程概算　　　　B. 工具、器具购置费概算

C. 电气照明工程概算　　　　　　　D. 生产家具购置费概算

45. 编制设备安装工程概算时，当初步设计的设备清单不完备，或仅有成套设备的重量时，适宜采用的概算编制方法是（　　）。

A. 概算定额法　　　　　　　　　　B. 扩大单价法

C. 类似工程预算法　　　　　　　　D. 概算指标法

46. 根据《建设工程工程量清单计价规范》GB 50500—2013 编制的工程量清单中，某分部分项工程的项目编码为 010505001015，则"001"的含义是（　　）。

A. 分项工程项目名称顺序码　　　　B. 清单项目名称顺序码

C. 分部工程顺序码　　　　　　　　D. 专业工程顺序码

47. 根据《建设工程工程量清单计价规范》GB 50500—2013，关于招标控制价的编制要求，下列说法正确的是（　　）。

A. 招标控制价应由招标投标管理部门编制

B. 招标文件提供了暂估单价材料的，按暂估的单价计入综合单价

C. 暂估价中专业工程金额应按招标工程量清单列出的单价计入综合单价

D. 招标控制价可以在公布后上浮或下调

48. 投标人投标报价时应依据（　　）确定清单项目的综合单价。

A. 设计规范　　　　　　　　　　　B. 招标文件中的施工图纸说明

C. 预算定额　　　　　　　　　　　D. 招标工程量清单项目的特征描述

49. 下列工程项目中，宜采用成本加酬金合同的是（　　）。

A. 工作任务和范围明确的工程项目

B. 工程结构和技术简单的工程项目

C. 抢救、抢险工程

D. 工程量一时不能明确、具体地予以规定的工程

50. 采用估算工程量单价合同结算工程借款的主要依据是（　　）。

A. 工程标底计算所依据的工程量　　B. 实际完成的工程量

C. 投标报价中填报的工程量　　　　D. 工程量清单中的工程量

51. 绘制时间—投资累计曲线，计算单位时间投资后紧接着应进行的工作是（   ）。

A. 确定工程项目进度计划
B. 计算计划累计完成的投资额
C. 绘制 S 形曲线
D. 编制进度计划的横道图

52. 根据《建设工程工程量清单计价规范》GB 50500—2013，关于工程计量的说法，正确的是（   ）。

A. 发包人在没有通知承包人的情况下到现场计量，计量结果也是有效的
B. 发包人没有在预定的时间去现场计量，而是在方便的时候进行计量
C. 单价合同的工程量必须以承包人完成合同工程应予计量的工程量确定
D. 总价合同的工程量必须以原始的施工图纸为依据计量

53. 根据《建设工程工程量清单计价规范》GB 50500—2013，工程发包时，招标人应当依据相关工程的工期定额合理计算工期。压缩工期天数超过定额工期（   ）时，应当在招标文件中明示增加赶工费用。

A. 5%
B. 10%
C. 15%
D. 20%

54. 某工程在施工过程中，因不可抗力造成损失，承包人及时向项目监理机构提出了索赔申请，并附有相关证明材料，要求补偿的经济损失如下：（1）在建工程损失 30 万元；（2）承包人的施工机械设备损坏损失 5 万元；（3）承包人受伤人员医药费和补偿金 4.5 万元；（4）工程清理修复费用 2 万元。根据《建设工程施工合同（示范文本）》GF—2017—0201，项目监理机构应当批准的补偿金额为（   ）万元。

A. 32.0
B. 36.5
C. 37.0
D. 41.5

55. 某工程施工至 2018 年 3 月底，经统计分析：已完工作预算投资 580 万元，已完工作实际投资 570 万元，计划工作预算投资 600 万元，该工程此时的进度偏差为（   ）万元。

A. −30
B. −20
C. −10
D. 10

56. 某工程施工至 2017 年 12 月底，经统计分析：已完工作预算投资 480 万元，已完工作实际投资 510 万元，计划工作预算投资 450 万元，该工程此时的投资绩效指数为（   ）。

A. 0.88
B. 0.94
C. 1.06
D. 1.07

57. 为确保建设工程进度控制目标的实现，项目监理机构可采取的技术措施是（   ）。

A. 建立工程进度信息沟通网络
B. 审查承包商提交的进度计划

C. 及时办理工程进度款支付手续　　　　D. 建立实际进度检查分析制度

58. 按照建设项目总进度目标论证的工作步骤，项目结构分析后紧接着需要进行的工作是（　　）。

A. 调查研究和收集资料　　　　　　　B. 项目的工作编码

C. 编制各层进度计划　　　　　　　　D. 进度计划系统的结构分析

59. 在建设单位的计划系统中，根据初步设计中确定的建设工期和工艺流程，具体安排单位工程的开工日期和竣工日期的计划是（　　）。

A. 工程项目进度平衡表　　　　　　　B. 工程项目总进度计划

C. 工程项目年度计划　　　　　　　　D. 工程项目前期工作计划

60. 利用横道图表示建设工程进度计划的缺点是（　　）。

A. 不能反映各项工作的持续时间　　　B. 不能反映建设工程所需资源量

C. 不能反映工作的机动时间　　　　　D. 不能反映工作之间的相互搭接关系

61. 组织流水施工时，相邻两个施工过程（或专业工作队）相继开始施工的最小间隔时间称为（　　）。

A. 施工段　　　　　　　　　　　　　B. 流水步距

C. 流水强度　　　　　　　　　　　　D. 流水节拍

62. 建设工程组织流水施工时，固定节拍流水施工和加快的成本节拍流水施工共同的特点是（　　）。

A. 相邻专业工作队之间的流水步距相等，且施工段之间没有空闲时间

B. 相邻专业工作队之间的流水步距相等，且等于流水节拍

C. 专业工作队数等于施工过程数

D. 所有施工过程在各个施工段上的流水节拍均相等

63. 某分部工程有 3 个施工过程，各分为 4 个流水节拍相等的施工段，各施工过程的流水节拍分别为 8d、6d、4d。如果组织加快的成倍节拍流水施工，则专业工作队数和流水施工工期分别为（　　）。

A. 6 个，22d　　　　　　　　　　　B. 7 个，24d

C. 8 个，22d　　　　　　　　　　　D. 9 个，24d

64. 双代号网络图中，虚工作主要用来表示（　　）。

A. 相邻两项工作之间的时间间隔　　　B. 相邻两项工作之间的逻辑关系

C. 相邻两项工作之间的自由时差　　　D. 相邻两项工作之间的组织关系

65. 某工程双代号网络计划如下图所示（单位：d），则工作 F 的自由时差为（　　）d。

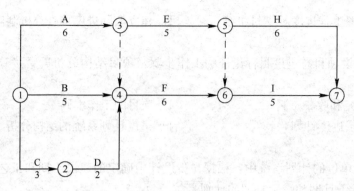

A. 0   B. 1

C. 2   D. 3

66. 关于关键工作的说法，正确的是(　　)。

A. 总时差为零的工作为关键工作

B. 自由时差最小的工作为关键工作

C. 最迟完成时间与最早完成时间的差值最小的工作为关键工作

D. 工作持续时间最长的工作为关键工作

67. 某双代号网络计划中，工作 M 有两项紧后工作 O 和 P，工作 O、P 的持续时间分别为 13d、8d，工作 O、P 的最迟完成时间分别为第 20 天、第 12 天，则工作 M 的最迟完成的时间是第(　　)天。

A. 6   B. 4

C. 8   D. 7

68. 单代号网络计划中，相邻两项工作之间的时间间隔等于(　　)。

A. 紧后工作的最迟完成时间和本工作的最早完成时间之差

B. 紧后工作的最早完成时间和本工作的最早开始时间之差

C. 紧后工作的最早开始时间与本工作的最早开始时间的差值

D. 紧后工作的最早开始时间与本工作的最早完成时间的差值

69. 某单代号网络计划如下图所示（时间单位：月），其计算工期是(　　)个月。

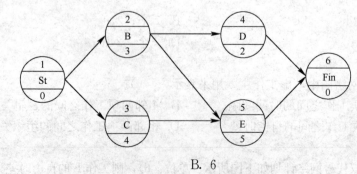

A. 5   B. 6

C. 8   D. 9

70. 某双代号时标网络计划中，工作的总时差等于(　　)。

A. 紧后工作的总时差加本工作与该紧后工作之间的时间间隔所得之和的最小值

B. 本工作的最早完成时间与紧后工作之间的时间间隔之和的最大值

C. 本工作与其紧后工作之间时间间隔的最小值

D. 计划工期与本工作最迟完成时间之差

71. 网络计划工期成本优化的基础是(　　)。

A. 保证工程总成本最低

B. 分析直接费用率最小的关键工作的逻辑关系

C. 分析网络计划中各项工作的直接费与持续时间之间的关系

D. 按照各项工作的最早开始时间安排进度计划

72. 下列工作中，属于建设工程进度监测系统过程中工作内容的是(　　)。

A. 分析进度偏差产生的原因

B. 实际进度数据的加工处理

C. 确定后续工作和总工期的限制条件

D. 分析进度偏差对后续工作的影响

73. 某分项工程月计划工程累计曲线（单位：万 m³）如下图所示，该工程 1~4 月份实际工程量分别为 6 万 m³、7 万 m³、8 万 m³ 和 15 万 m³，则通过比较获得的正确结论是(　　)。

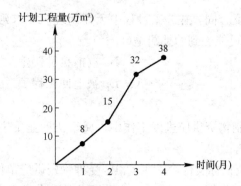

A. 第 1 月实际工程量比计划工程量超额 2 万 m³

B. 第 2 月实际工程量比计划工程量超额 2 万 m³

C. 第 3 月实际工程量比计划工程量拖欠 2 万 m³

D. 4 月底累计实际工程量比计划工程量拖欠 2 万 m³

74. 当实际进度偏差影响总工期时，通过改变某些工作的逻辑关系来调整进度计划的具体做法是(　　)。

A. 将顺序进行的工作改为搭接进行

B. 增加劳动量来缩短某些工作的持续时间

C. 提高某些工作的劳动效率

D. 组织有节奏的流水施工

75. 项目监理机构控制设计进度时，在设计工作开始之前应审查设计单位编制的（　　）。

A. 进度计划的合理性和可行性

B. 技术经济定额的合理性和可行性

C. 设计准备工作计划的完整性

D. 材料设备供应计划的合理性

76. 施工进度控制工作细则是对（　　）中有关进度控制内容的进一步深化和补充。

A. 施工总进度计划

B. 单位工程施工进度计划

C. 建设工程监理规划

D. 建设工程监理大纲

77. 项目监理机构应对承包单位申报的已完分项工程量进行核实，在（　　）后签发工程进度款支付凭证。

A. 与建设单位代表协商

B. 监理员现场计量

C. 质量监理人员检查验收

D. 与承包单位协商

78. 施工进度计划执行过程中，只有当某项工作因非承包商原因造成持续时间延长超过该工作（　　）而影响工期时，项目监理机构才能批准工程延期。

A. 自由时差

B. 总时差

C. 紧后工作的最早开始时间

D. 紧后工作的最早完成时间

79. 承包单位严重违反合同，在施工过程中无任何理由要求延长工期，又无视项目监理机构的书面警告等，则可能受到的处罚是（　　）。

A. 赔偿误期损失

B. 被拒签付款凭证

C. 被取消承包资格

D. 被追回工程预付款

80. 项目监理机构控制物资供应进度工作中，属于协助业主进行物资供应决策的工作内容是（　　）。

A. 组织编制物资供应招标文件

B. 受理物资供应单位的投标文件

C. 组织编制物资供应计划

D. 提出物资供应分包合同清单

二、多项选择题（共 40 题，每题 2 分。每题的备选项中，有 2 个或 2 个以上符合题意，至少有 1 个错项。错选，本题不得分；少选，所选的每个选项得 0.5 分）

81. 政府建设主管部门建立的工程质量管理制度有（　　）。

A. 施工图设计文件审查制度

B. 工程施工许可制度

C. 工程质量保修制度

D. 工程质量监督制度

E. 工程质量评定制度

82. 根据《建设工程质量管理条例》，在正常使用条件下，关于建设工程最低保修期限的说法，正确的有（　　）。

A. 地基基础工程为设计文件规定的合理使用年限

B. 屋面防水工程为设计文件规定的合理使用年限

C. 供热与供冷系统为 2 个供暖期、供冷期

D. 有防水要求的卫生间为 5 年

E. 电气管线和设备安装工程为 2 年

83. 工程监理企业质量管理体系管理评审的目的有（　　）。

A. 对现行质量目标的环境适应性做出评价

B. 发现质量管理体系持续改进的机会

C. 对现行质量管理体系能否适应质量方针做出评价

D. 修改质量管理体系文件使其更加完整有效

E. 对现行质量管理体系的环境适应性做出评价

84. 下列钢筋力学性能指标中，属于拉伸试验检验指标的有（　　）。

A. 屈服强度　　　　　　　　　　　B. 伸长率

C. 抗拉强度　　　　　　　　　　　D. 可焊性能

E. 弯曲性能

85. 工程质量统计分析中，应用控制图分析判断生产过程是否处于稳定状态，可判断生产过程为异常的情形有（　　）。

A. 点子几乎全部落在控制界线内　　　B. 中心线一侧出现 7 点链

C. 中心线两侧有 5 点连续上升　　　　D. 点子排列显示周期性变化

E. 连续 11 点中有 10 点在同侧

86. 项目监理机构对进场工程原材料外观质量进行检查的主要内容有（　　）。

A. 外观尺寸　　　　　　　　　　　B. 规格

C. 型号　　　　　　　　　　　　　D. 产品标志

E. 工艺性能

87. 根据《建设工程监理规范》GB/T 50319—2013，项目监理机构针对工程施工质量进行巡视的内容有（　　）。

A. 按设计文件、工程建设标准施工的情况

B. 工程施工质量专题会议召开情况

C. 使用工程材料、构配件的合格情况

D. 特种作业人员持证上岗情况

E. 施工现场管理人员到位情况

88. 项目监理机构对关键部位的施工质量进行旁站时，主要职责有（　　）。

A. 检查施工单位现场质检人员到岗情况

B. 现场监督关键部位的施工方案执行情况

C. 现场监督关键部位的工程建设强制性标准执行情况

D. 现场监督施工单位技术交流

E. 检查进场材料采购管理制度

89. 关于工程材料见证取样的说法，正确的有（　　）。

A. 检测实验室应具有相应资质

B. 见证取样人员应经培训考核合格

C. 项目监理机构应将见证人员报送质量监督机构备案

D. 项目监理机构应按规定制订检测试验计划

E. 实施取样前施工单位应通知见证人员到场见证

90. 对施工单位提交的设备采购方案，项目监理机构审查的内容有（　　）。

A. 采购的基本原则

B. 依据的设计图纸

C. 采购合同条款

D. 依据的质量标准

E. 检查和验收程序

91. 根据《建筑工程施工质量验收统一标准》GB 50300—2013，当分部工程较大时，可按（　　）将分部工程划分为若干子分部工程。

A. 专业性质

B. 施工工艺

C. 施工程序

D. 材料种类

E. 施工特点

92. 根据《建筑工程施工质量验收统一标准》GB 50300—2013，参加主体结构工程质量验收的人员有（　　）。

A. 施工单位项目负责人

B. 勘察单位项目负责人

C. 总监理工程师

D. 设计单位项目负责人

E. 施工单位技术负责人

93. 根据《建筑工程施工质量验收统一标准》GB 50300—2013，分项工程质量验收合格的条件有（　　）。

A. 主控项目的质量均应检验合格

B. 一般项目的质量均应检验合格

C. 所含检验批的质量应验收合格

D. 所含检验批的质量验收记录应完整

E. 观感质量应符合相应要求

94. 工程施工过程中，处理质量事故的依据有（　　）。

A. 相关法律法规

B. 有关合同文件

C. 质量事故实况资料　　　　　　　　　D. 有关工程定额

E. 有关工程设计文件

95. 工程施工过程中，质量事故处理方案的辅助决策方法有(　　)。

A. 实验验证　　　　　　　　　　　　　B. 定期观测

C. 方案比较　　　　　　　　　　　　　D. 专家论证

E. 检查验收

96. 监理单位在工程勘察阶段提供相关服务时，向建设单位提交的工程勘察成果评估报告中应包括的内容有(　　)。

A. 勘察报告编制深度　　　　　　　　　B. 勘察任务书的完成情况

C. 与勘察标准的符合情况　　　　　　　D. 勘察人员资格和业绩情况

E. 勘察工作概况

97. 下列工作中，属于工程监理单位提供相关服务的工作内容有(　　)。

A. 审查设计单位提出的设计概算

B. 审查设计单位提出的新材料备用情况

C. 处理施工单位提出的工程变更费用

D. 处理施工单位提出的费用索赔

E. 调查使用单位提出的工程质量缺陷的原因

98. 下列用于生产工人的费用中，属于建筑安装工程费人工费的有(　　)。

A. 劳动保护费　　　　　　　　　　　　B. 流动施工补贴

C. 劳动竞赛奖金　　　　　　　　　　　D. 加班工资

E. 工会经费

99. 下列费用中，属于建筑安装工程费中措施项目费的有(　　)。

A. 大型机械安拆费　　　　　　　　　　B. 工程定位复测费

C. 工程排污费　　　　　　　　　　　　D. 环境保护费

E. 临时设施费

100. 下列费用中，属于工程建设其他费用的有(　　)。

A. 进口设备检验鉴定费　　　　　　　　B. 施工单位临时设施费

C. 建设单位临时设施费　　　　　　　　D. 环境影响评价费

E. 进口设备银行手续费

101. 下列投资方案经济评价指标中，属于动态评价指标的有(　　)。

A. 内部收益率　　　　　　　　　　　　B. 资本金净利润率

C. 资产负债率　　　　　　　　　　　　D. 净现值率

E. 总投资收益率

102. 下列价值工程对象的选择方法中，属于非强制确定方法的有（   ）。
A. 应用数理统计分析的方法
B. 考虑各种因素凭借经验集体研究确定的方法
C. 以功能重要程度来选择的方法
D. 寻求价值较低对象的方法
E. 按某种费用对某项技术经济指标影响程度来选择的方法

103. 编制施工图预算的过程中，图纸的主要审核内容有（   ）。
A. 审核图纸间相关尺寸是否有误
B. 审核图纸是否有设计更改通知书
C. 审核材料表上的规格是否与图纸相符
D. 审核图纸是否已经施工单位确认
E. 审核图纸与现行计量规范是否相符

104. 审查施工图预算的方法有（   ）。
A. 标准预算审查法   B. 预算指标审查法
C. 预算单价审查法   D. 对比审查法
E. 分组计算审查法

105. 关于固定总价合同特征的说法，正确的有（   ）。
A. 合同总价一笔包死，无特殊情况不作调整
B. 合同执行过程中，工程量与招标时不一致的，总价可作调整
C. 合同执行过程中，材料价格上涨，总价可作调整
D. 合同执行过程中，人工工资变动，总价不作调整
E. 固定总价合同的投标价格一般偏高

106. 根据 FIDIC《施工合同条件》，承包人仅能索赔增加的成本和延误的工期，不能索赔利润的情形有（   ）。
A. 不能预见的物质条件
B. 工程变更
C. 暂停施工
D. 因工程师数据差错造成放线错误
E. 增加额外试验

107. 下列费用中，承包人可以提出索赔的有（   ）。
A. 承包人为保证混凝土质量选用高标号水泥而增加的材料费
B. 非承包人责任的工程延期导致的材料价格上涨费

C. 冬雨期施工增加的材料费

D. 由于设计变更增加的材料费

E. 材料二次搬运费

108. 根据《标准施工招标文件》，承包人可同时索赔增加的成本、延误的工期和相应利润的情形有( )。

A. 发包人提供的工程设备不符合合同要求

B. 异常恶劣的气候条件

C. 监理人重新检查隐蔽工程后发现工程质量符合合同要求

D. 发包人原因造成工期延误

E. 施工过程中发现文物

109. 下列建设工程进度影响因素中，属于组织管理因素的有( )。

A. 业主使用要求改变而变更设计

B. 向有关部门提出各种审批手续的延误

C. 计划安排不周密导致停工待料

D. 施工图纸供应不及时和不配套

E. 有关方拖欠资金

110. 下列建设工程进度控制任务中，属于设计准备阶段进度控制任务的有( )。

A. 编制工程项目总进度计划

B. 编制详细的出图计划

C. 进行工期目标和进度控制决策

D. 进行环境及施工现场条件的调查和分析

E. 编制工程年、季、月实施计划

111. 建设工程组织平行施工的特点有( )。

A. 能够充分利用工作面进行施工

B. 单位时间内投入的资源量较为均衡

C. 不利于资源供应的组织

D. 施工现场的组织管理比较简单

E. 不利于提高劳动生产率

112. 建设工程组织非节奏流水施工的特点有( )。

A. 各专业工作队不能在施工段上连续作业

B. 相邻施工过程的流水步距不尽相等

C. 各施工段的流水节拍相等

D. 专业工作队数等于施工过程数

E. 施工段之间没有空闲时间

113. 某工程双代号网络计划如下图所示，其绘图错误的有( )。

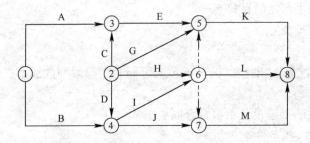

A. 多个起点节点
B. 节点编号有误
C. 存在循环回路
D. 工作代号重复
E. 多个终点节点

114. 某工程双代号网络计划中各个节点的最早时间和最迟时间如下图所示，图中表明( )。

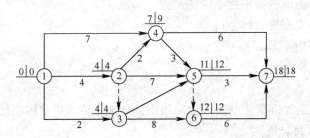

A. 工作1—3为关键工作
B. 工作2—4的总时差为2
C. 工作2—5的总时差为1
D. 工作3—6为关键工作
E. 工作5—7的自由时差为4

115. 工程网络计划中，关键线路是指( )的线路。
A. 单代号搭接网络计划中时间间隔全部为零
B. 双代号时标网络计划中没有波形线
C. 双代号网络计划中没有虚工作
D. 双代号网络计划中工作持续时间总和最大
E. 单代号网络计划中由关键工作组成

116. 工程网络计划的优化是指寻求( )的过程。
A. 工程总成本不变条件下资源需用量最少
B. 工程总成本最低时的工期安排
C. 资源有限条件下最短工期安排
D. 工期不变条件下资源均衡安排
E. 工期固定条件下资源强度最小

117. 某工程双代号时标网络计划执行到第 5 周和第 11 周时，检查其实际进度前锋线如下图所示，由图可以得出的正确结论有（　　）。

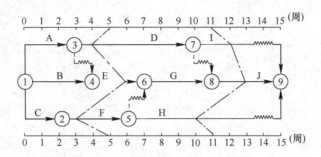

A. 第 5 周检查时，工作 D 拖后 1 周，不影响总工期

B. 第 5 周检查时，工作 E 提前 1 周，影响总工期

C. 第 5 周检查时，工作 F 拖后 2 周，不影响总工期

D. 第 11 周检查时，工作 J 提前 2 周，影响总工期

E. 第 11 周检查时，工作 H 拖后 1 周，不影响总工期

118. 某分项工程的计划进度与 1—6 月检查的实际进度如下图所示，从图中资料可知正确的有（　　）。

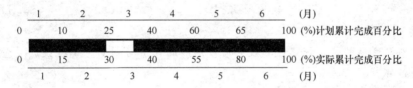

A. 第 1 月实际进度拖后 5%　　　　B. 第 2 月实际进度超前 5%

C. 第 3 月实际进度与计划进度相同　D. 第 4 月实际进度拖后 5%

E. 第 5 月底实际进度累计拖后 5%

119. 制定科学、合理的施工进度控制目标的主要依据有（　　）。

A. 施工图设计工作时间　　　　　B. 类似工程项目实际进度

C. 工期定额　　　　　　　　　　D. 工程难易程度

E. 工程条件的落实情况

120. 在施工总进度计划的编制过程中，确定各单位工程的开、竣工时间和相互搭接关系时主要应考虑的内容有（　　）。

A. 尽量使整个工期范围内劳动力供应达到均衡

B. 尽量延缓施工困难较多的建设工程

C. 能够使主要工种和主要施工机械连续施工

D. 保证施工顺序与竣工验收顺序相吻合

E. 注意季节性气候条件对施工顺序的影响

2018年度全国监理工程师资格考试试卷参考答案及解析

一、单项选择题

1. C	2. D	3. A	4. D	5. B
6. A	7. C	8. D	9. B	10. B
11. D	12. C	13. A	14. D	15. B
16. C	17. B	18. C	19. D	20. A
21. B	22. C	23. D	24. B	25. B
26. D	27. A	28. C	29. B	30. A
31. D	32. C	33. B	34. D	35. B
36. A	37. C	38. A	39. B	40. C
41. A	42. D	43. B	44. C	45. D
46. A	47. B	48. C	49. B	50. B
51. B	52. C	53. D	54. A	55. B
56. B	57. B	58. C	59. B	60. C
61. B	62. A	63. D	64. B	65. A
66. C	67. B	68. D	69. D	70. A
71. C	72. B	73. D	74. A	75. A
76. B	77. C	78. B	79. C	80. D

【解析】

1. C。本题考核的是工程建设阶段对质量形成的作用与影响。工程设计质量是决定工程质量的关键环节。

2. D。本题考核的是工程质量的特点。工程质量的特点之一就是质量波动大。由于建筑生产的单件性、流动性，不像一般工业产品的生产那样有固定的生产流水线、规范化的生产工艺和完善的检测技术、成套的生产设备和稳定的生产环境，所以工程质量容易产生波动且波动大。同时由于影响工程质量的偶然性因素和系统性因素比较多，其中任一因素发生变动，都会使工程质量产生波动。如材料规格品种使用错误、施工方法不当、操作未按规程进行、机械设备过度磨损或出现故障、设计计算失误等，都会引发质量波动，产生系统因素的质量变异，造成工程质量事故。

3. A。本题考核的是施工图设计文件审查。选项 B 错误，建设单位可以自主选择审查机构，但审查机构不得与所审查项目的建设单位、勘察设计单位有隶属关系或者其他利害关系。选项 C 错误，审查不合格的，审查机构应当将施工图退回建设单位并书面说明不合格原因。选项 D 错误，建设单位应当将施工图送审查机构审查。

4. D。本题考核的是工程质量监督机构的主要任务。选项 A、B 属于检查建设工程实体质量。选项 C 属于监督工程质量验收。

5. B。本题考核的是建设单位的质量责任。选项 A 属于设计单位的质量责任。选项 C、D 错误，建设单位在工程开工前，负责施工图设计文件的审查、负责办理工程施工许可证和工程质量监督手续，负责组织设计和施工单位认真进行设计交底。

6. A。本题考核的是质量管理原则。质量管理原则包括：以顾客为关注焦点；领导作用；全员参与；过程方法；管理的系统方法；持续改进；基于事实的决策方法；与供方互利的关系。

7. C。本题考核的是质量管理体系文件的构成。作业文件是指导监理工作开展的技术性文件。质量手册是监理单位内部质量管理的纲领性文件和行动准则，应阐明监理单位的质量方针和质量目标，并描述其质量管理体系的文件。程序文件是质量手册的支持性文件。

8. D。本题考核的是工程质量检验制度。对已同意覆盖的工程隐蔽部位质量有疑问的，或发现施工单位私自覆盖工程隐蔽部位的，项目监理机构应要求施工单位对该隐蔽部位进行钻孔探测或揭开或其他方法进行重新检验。

9. B。本题考核的是卓越绩效管理模式的实质。卓越绩效管理模式的实质包括：强调"大质量"观；关注竞争力提升；提供了先进的管理方法；聚焦与结果；是一个成熟度标准。

10. B。本题考核的是描述数据离散趋势的特征值。选项 A、C、D 均是描述数据集中趋势的特征值。

11. D。本题考核的是一次抽样检验。一次抽样检验是最简单的计数检验方案，通常用 (N, n, C) 表示。即从批量为 N 的交验产品中随机抽取 n 件进行检验，并且预先规定一个合格判定数 C。如果发现 n 中有 d 件不合格品，当 $d \leqslant C$ 时，则判定该批产品合格；当 $d > C$ 时，则判定该批产品不合格。

12. C。本题考核的是排列图法的应用。排列图可以形象、直观地反映主次因素。其主要应用有：（1）按不合格点的内容分类，可以分析出造成质量问题的薄弱环节。（2）按生产作业分类，可以找出生产不合格品最多的关键过程。（3）按生产班组或单位分类，可以分析比较各单位技术水平和质量管理水平。（4）将采取提高质量措施前后的排列图对比，可以分析措施是否有效。（5）此外还可以用于成本费用分析、安全问题分析等。

13. A。本题考核的是直方图的观察与分析。仔细观察题目中的直方图可知，B 在 T 中间，实际数据分布与质量控制标准相比，两侧余地太大，说明加工过程过于精细，不经济。因此，

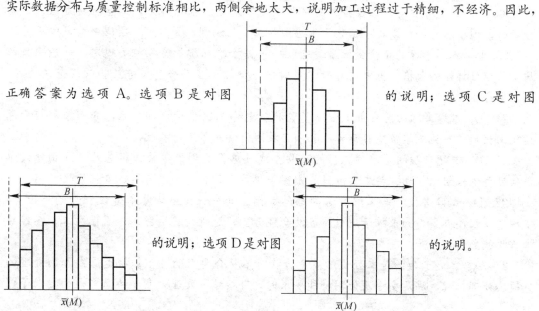

正确答案为选项 A。选项 B 是对图　　　　　　　的说明；选项 C 是对图　　　　　的说明；选项 D 是对图　　　　　的说明。

14. D。本题考核的是桩基承载力试验。设计等级为甲级，或地质条件复杂，成桩可靠性低的灌注桩，抽检数量不应少于总桩数的30%，且不得少于20根。

15. B。本题考核的是工程施工质量控制的依据。工程施工质量控制的依据包括：（1）工程合同文件；（2）工程勘察设计文件；（3）有关质量管理方面的法律法规、部门规章与规范性文件；（4）质量标准与技术规范（规程）。

16. C。本题考核的是工程材料检验制度。项目监理机构对已进场经检验不合格的工程材料、构配件、设备，应要求施工单位限期将其撤出施工现场。

17. B。本题考核的是工程材料、构配件、设备质量控制的要点。对于进口材料、构配件和设备，专业监理工程师应要求施工单位报送进口商检证明文件，并会同建设单位、施工单位、供货单位等相关单位有关人员按合同约定进行联合检查验收。联合检查由施工单位提出申请，项目监理机构组织，建设单位主持。

18. C。本题考核的是工程暂停令的签发。项目监理机构发现下列情形之一时，总监理工程师应及时签发工程暂停令：（1）建设单位要求暂停施工且工程需要暂停施工的；（2）施工单位未经批准擅自施工或拒绝项目监理机构管理的；（3）施工单位未按审查通过的工程设计文件施工的；（4）施工单位违反工程建设强制性标准的；（5）施工存在重大质量、安全事故隐患或发生质量、安全事故的。

19. D。本题考核的是设备采购方案的编制。设备采购方案要根据建设项目的总体计划和相关设计文件的要求编制，使采购的设备符合设计文件要求。设备采购方案最终应获得建设单位的批准。

20. A。本题考核的是设备制造的质量控制方式。对于特别重要的设备，监理单位可以采取驻厂监造的方式；对某些设备（如制造周期长的设备），则可采用巡回监控的方式；大部分设备可以采取定点监控的方式。

21. B。本题考核的是分项工程的划分。分项工程可按主要工种、材料、施工工艺、设备类别进行划分。

22. C。本题考核的是工程施工质量验收基本规定。根据规定，调整抽样复验、试验数量时，调整后的抽样复验、试验方案应由施工单位编制，并报项目监理机构审核确认。

23. D。本题考核的是检验批质量验收。根据检验批质量验收相关规定，一般项目的质量需经抽样检验合格。当采用计数抽样时，合格点率应符合有关专业验收规范的规定，且不得存在严重缺陷。

24. B。本题考核的是分部工程质量验收。电梯工程属于分部工程，分部工程应由总监理工程师组织施工单位项目负责人和项目技术负责人等进行验收。

25. B。本题考核的是单位工程的验收。建设单位收到工程竣工报告后，应由建设单位项目负责人组织监理、施工、设计、勘察等单位项目负责人进行单位工程验收。

26. D。本题考核的是工程质量缺陷的成因。其中属于违背基本建设程序的例子有：不按建设程序办事，如未搞清地质情况就仓促开工；边设计、边施工；无图施工；不经竣工验收就交付使用等。

27. A。本题考核的是工程施工质量验收时不符合要求的处理。经返修或加固处理的分项、分部工程，满足安全及使用功能要求时，可按技术处理方案和协商文件的要求予以验收。

28．C。本题考核的是工程质量事故等级划分。重大事故，是指造成 10 人以上 30 人以下死亡，或者 50 人以上 100 人以下重伤，或者 5000 万元以上 1 亿元以下直接经济损失的事故。该等级划分所称的"以上"包括本数，所称的"以下"不包括本数。题目中直接经济损失为 5000 万元，故为重大事故。

29．B。本题考核的是工程质量事故处理程序。工程质量事故发生后，总监理工程师应签发《工程暂停令》，要求暂停质量事故部位和与其有关联部位的施工，要求施工单位采取必要的措施，防止事故扩大并保护好现场。同时，要求质量事故发生单位迅速按类别和等级向相应的主管部门上报。

30．A。本题考核的是工程质量事故处理的鉴定验收。为确保工程质量事故的处理效果，凡涉及结构承载力等使用安全和其他重要性能的处理工作，常需做必要的试验和检验鉴定工作。

31．D。本题考核的是工程监理单位勘察质量管理的主要工作。选项 A 错误，监理单位勘察质量管理的工作不包括起草勘察合同。选项 B 错误，监理单位只是参与编制工程勘察任务书。选项 C 属于工程设计质量管理的主要工作内容。

32．C。本题考核的是建设工程项目投资的概念。建设工程项目投资是指进行某项工程建设花费的全部费用。

33．B。本题考核的是项目监理机构在施工阶段投资控制的具体措施。选项 A 属于经济措施。选项 C 属于技术措施。选项 D 属于合同措施。

34．D。本题考核的是项目间接建设成本。选项 A、B 属于项目直接成本；选项 C 属于应急费用。

35．B。本题考核的是施工机具使用费的构成。施工机具使用费是指施工作业所发生的施工机械、仪器仪表使用费或其租赁费。

36．A。本题考核的是材料单价的计算。材料单价＝{（材料原价＋运杂费）×[1＋运输损耗率（%）]}×[1＋采购保管费率（%）]＝（150＋30）×（1＋0.5%）×（1＋2%）＝184.52 万元。

37．C。本题考核的是进口设备抵岸价的计算。关税＝到岸价×进口关税税率＝1000×22%＝220 万元；消费税＝$\dfrac{\text{到岸价×人民币外汇牌价＋关税}}{1-\text{消费税率}}$×消费税率＝$\dfrac{1000+220}{1-10\%}$×10%＝135.56 万元；增值税＝（到岸价＋关税＋消费税）×增值税税率＝（1000＋220＋135.56）×17%＝230.45 万元。到岸价＝货价（离岸价）＋国外运费＋国外运输保险费。进口设备抵岸价＝货价（离岸价）＋国外运费＋国外运输保险费＋银行财务费＋外贸手续费＋关税＋消费税＋进口环节增值税＝1000＋35＋220＋135.56＋230.45＝1621.01 万元。

38．A。本题考核的是与未来企业生产经营有关的其他费用。选项 A 属于与未来企业生产经营有关的其他费用中的生产准备费。选项 B 属于与项目建设有关的其他费用中的建设单位经费。选项 C 属于土地使用费。选项 D 属于与项目建设有关的其他费用。

39．B。本题考核的是实际利率和名义利率的计算。年名义利率 10%，按季度计息，则季度实际利率为 10%÷4＝2.5%。

40．C。本题考核的是终值的计算。根据公式 $F＝A\dfrac{(1+i)^n-1}{i}$，则第 5 年末可一次性回收的本利和$=300\times\dfrac{(1+6\%)^5-1}{6\%}=1691.13$ 万元。

41. A。本题考核的是方案经济效果评价指标体系。静态评价指标包括总投资收益率、资本金净利润率、静态投资回收期、资产负债率、利息备付率、偿债备付率。选项 B、C、D 属于动态评价指标。

42. D。本题考核的是净现值的计算。根据公式：$NPV=\sum\limits_{t=0}^{n}(CI-CO)_t(1+i_c)^{-t}$，该技术方案的净现值$=-300\times(1+10\%)^1-200\times(1+10\%)^2+300\times(1+10\%)^3+700\times(1+10\%)^4+700\times(1+10\%)^5+700\times(1+10\%)^6=-272.73-165.29+225.39+478.11+434.64+395.13=1095.25$ 万元。

43. B。本题考核的是功能评价。$V_1>1$，评价对象的成本比重小于其功能比重。出现这种情况的原因可能有三种：第一，由于现实成本偏低，不能满足评价对象实现其应具有的功能的要求，致使对象功能偏低，这种情况应列为改进对象，改进方向是增加成本；第二，对象目前具有的功能已经超过其应该具有的水平，也即存在过剩功能，这种情况也应列为改进对象，改进方向是降低功能水平；第三，对象在技术、经济等方面具有某些特征，在客观上存在着功能很重要而消耗的成本却很少的情况，这种情况一般不列为改进对象。

44. C。本题考核的是单项工程综合概算。单项工程综合概算的组成如下图所示：

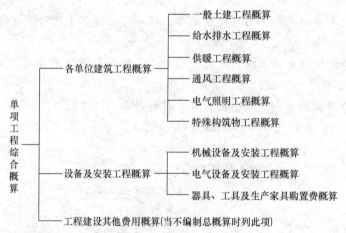

45. B。本题考核的是设备安装工程概算编制的基本方法。当初步设计的设备清单不完备，或仅有成套设备的重量时，可采用主体设备、成套设备或工艺线的综合扩大安装单价编制概算。

46. A。本题考核的是分部分项工程项目清单中的项目编码。在十二位数字中，一至二位为专业工程码；三至四位为附录分类顺序码；五至六位为分部工程顺序码；七、八、九位为分项工程项目名称顺序码；十至十二位为清单项目名称顺序码。

47. B。本题考核的是招标控制价的编制。选项 A 错误，招标控制价应由具有编制能力的招标人或受其委托具有相应资质的工程造价咨询人编制和复核。选项 C 错误，暂估价中的材料、工程设备单价、控制价应按招标工程量清单列出的单价计入综合单价。暂估价中专业工程金额应按招标工程量清单中列出的金额填写。选项 D 错误，招标人应在招标文件中如实公布招标控制价，不得对所编制的招标控制价进行上浮或下调。

48. D。本题考核的是投标报价审核方法。投标人投标报价时应依据招标工程量清单项目的特征描述确定清单项目的综合单价。

49. C。本题考核的是成本加酬金合同的适用情况。成本加酬金合同计价方式主要适用于以下情况：（1）招标投标阶段工程范围无法界定，缺少工程的详细说明，无法准确估价。（2）工程特别复杂，工程技术、结构方案不能预先确定。故这类合同经常被用于一些带研究、开发性质的工程项目中。（3）时间特别紧急，要求尽快开工的工程。如抢救，抢险工程。（4）发包方与承包方之间有着高度的信任，承包方在某些方面具有独特的技术、特长或经验。

50. B。本题考核的是估算工程量单价合同。采用估算工程量单价合同，最后的工程结算价应按照实际完成的工程量来计算，即按合同中的分部分项工程单价和实际工程量，计算得出工程结算和支付的工程总价格。

51. B。本题考核的是时间—投资累计曲线的绘制步骤。时间—投资累计曲线的绘制步骤如下：（1）确定工程项目进度计划，编制进度计划的横道图。（2）根据单位时间内完成的实物工程量或投入的人力、物力和财力，计算单位时间（月或旬）的投资，在时标网络图上按时间编制投资支出计划。（3）计算规定时间 t 计划累计完成的投资额。（4）按各规定时间的 Q_t 值，绘制 S 形曲线。

52. C。本题考核的是工程计量。选项 A、B 错误，发包人认为需要进行现场计量核实时，应在计量前 24h 通知承包人，承包人应为计量提供便利条件并派人参加。双方均同意核实结果时，应在上述记录上签字确认。承包人收到通知后不派人参加计量，视为认可发包人的计量核实结果。选项 D 错误，采用经审定批准的施工图纸及其预算方式发包形成的总价合同，除按照工程变更规定的工程量增减外，总价合同各项目的工程量应为承包人用于结算的最终工程量。此外，总价合同约定的项目计量应以合同工程经审定批准的施工图纸为依据，发承包双方应在合同中约定工程计量的形象目标或事件节点进行计量。

53. D。本题考核的是合同价款调整。工程发包时，招标人应当依据相关工程的工期定额合理计算工期，压缩的工期天数不得超过定额工期的 20%，将其量化。超过者，应在招标文件中明示增加赶工费用。

54. A。本题考核的是不可抗力。合同工程本身的损害、因工程损害导致第三方人员伤亡和财产损失以及运至施工场地用于施工的材料和待安装的设备的损害，由发包人承担；工程所需清理、修复费用，应由发包人承担。发包人、承包人人员伤亡由其所在单位负责，并承担相应费用；承包人的施工机械设备损坏及停工损失，应由承包人承担。因此补偿金额为 30+2=32 万元。

55. B。本题考核的是赢得值法评价指标中进度偏差的计算方法。进度偏差（SV）＝已完工作预算投资（BCWP）－计划工作预算投资（BCWS），故正确答案为 580－600＝－20 万元。

56. B。本题考核的是投资绩效指数的计算方法。投资绩效指数（CPI）＝已完工作预算投资（BCWP）/已完工作实际投资（ACWP）。故正确答案为 480/510＝0.94。

57. B。本题考核的是进度控制的措施和主要任务。进度控制的技术措施主要包括：

（1）审查承包商提交的进度计划，使承包商能在合理的状态下施工；（2）编制进度控制工作细则，指导监理人员实施进度控制；（3）采用网络计划技术及其他科学适用的计划方法，并结合电子计算机的应用，对建设工程进度实施动态控制。

58．D。本题考核的是总进度目标论证的工作步骤。建设项目总进度目标论证的工作步骤如下：（1）调查研究和收集资料；（2）项目结构分析；（3）进度计划系统的结构分析；（4）项目的工作编码；（5）编制各层进度计划；（6）协调各层进度计划的关系，编制总进度计划；（7）若所编制的总进度计划不符合项目的进度目标，则设法调整；（8）若经过多次调整，进度目标无法实现，则报告项目决策者。

59．B。本题考核的是工程项目总进度计划。工程项目总进度计划根据初步设计中确定的建设工期和工艺流程，具体安排单位工程的开工日期和竣工日期。

60．C。本题考核的是利用横道图表示工程进度计划的缺点。利用横道图表示工程进度计划，存在下列缺点：（1）不能明确地反映出各项工作之间错综复杂的相互关系；（2）不能明确地反映出影响工期的关键工作和关键线路；（3）不能反映出工作所具有的机动时间；（4）不能反映工程费用与工期之间的关系，因而不便于缩短工期和降低工程成本。

61．B。本题考核的是流水步距的概念。流水步距是指组织流水施工时，相邻两个施工过程（或专业工作队）相继开始施工的最小间隔时间。

62．A。本题考核的是固定节拍流水施工和加快的成倍节拍流水施工的特点。固定节拍流水施工的特点：（1）所有施工过程在各个施工段上的流水节拍均相等；（2）相邻施工过程的流水步距相等，且等于流水节拍；（3）专业工作队数等于施工过程数，即每一个施工过程成立一个专业工作队，由该队完成相应施工过程所有施工段上的任务；（4）各个专业工作队在各施工段上能够连续作业，施工段之间没有空闲时间。加快的成倍节拍流水施工的特点：（1）同一施工过程在其各个施工段上的流水节拍均相等，不同施工过程的流水节拍不等，但其值为倍数关系；（2）相邻专业工作队的流水步距相等，且等于流水节拍的最大公约数（K）；（3）专业工作队数大于施工过程数，即有的施工过程只成立一个专业工作队，而对于流水节拍大的施工过程，可按其倍数增加相应专业工作队数目；（4）各个专业工作队在施工段上能够连续作业，施工段之间没有空闲时间。

63．D。本题考核的是专业工作对数和流水施工工期的计算。流水步距等于流水节拍的最大公约数，$K=\min[8,6,4]=2d$；确定专业工作队数 $b_j=t_j/K=8/2+6/2+4/2=9$ 个；流水施工工期 $=(4+9-1)\times2=24d$。

64．B。本题考核的是虚工作的作用。在双代号网络图中，有时存在虚箭线，虚箭线不代表实际工作，称为虚工作。虚工作既不消耗时间，也不消耗资源。虚工作主要用来表示相邻两项工作之间的逻辑关系。

65．A。本题考核的是双代号网络计划时间参数的计算。对于有紧后工作的工作，其自由时差等于本工作之紧后工作最早开始时间减本工作最早完成时间所得之差的最小值。计算工作F的自由时差要先求得工作I的最早开始时间及工作F的最早完成时间。工作F的最早开始时间为第6天，工作F的最早完成时间为 $6+6=12$，即第12天。工作I的最早开始时间为 $6+6=12$，即第12天，则工作F的自由时差 $=12-12=0$。

66．C。本题考核的是关键线路与关键工作的确定。在网络计划中，最迟完成时间与最早完成时间的差值最小的工作就是关键工作。在网络计划中，最迟开始时间与最早开始时间的差值最小的工作就是关键工作。当网络计划的计划工期与计算工期相同时，总时差为零的工作是关键工作。

67. B。本题考核的是双代号网络计划中时间参数的计算。工作 O 的最迟开始时间为 $20-13=7$，即第 7 天；工作 P 的最迟开始时间为 $12-8=4$，即第 4 天。则工作 M 的最迟完成时间$=\min\{4,7\}=4$，即第 4 天。

68. D。本题考核的是相邻两项工作之间时间间隔的计算。相邻两项工作之间的时间间隔是指其紧后工作的最早开始时间与本工作最早完成时间的差值。

69. D。本题考核的是单代号网络计划计算工期的计算。网络计划的计算工期等于其终点节点所代表的工作的最早完成时间。$T_c=EF_{Fin}=9$ 个月。

70. A。本题考核的是双代号时标网络计划中时间参数的计算。以终点节点为完成节点的工作，其总时差应等于计划工期与本工作最早完成时间之差。其他工作的总时差等于其紧后工作的总时差加本工作与该紧后工作之间的时间间隔所得之和的最小值。

71. C。本题考核的是网络计划工期成本优化的基础。由于网络计划的工期取决于关键工作的持续时间，为了进行工期成本优化，必须分析网络计划中各项工作的直接费与持续时间之间的关系，这是网络计划工期成本优化的基础。

72. B。本题考核的是进度监测的系统过程。进度监测的系统过程如下：（1）进度计划执行中的跟踪检查；（2）实际进度数据的加工处理；（3）实际进度与计划进度的对比分析。

73. D。本题考核的是 S 曲线比较法。选项 A 错误，第 1 月实际工程量比计划工程量拖欠 2 万 m^3；选项 B 错误，第 2 月计划工程量为 $15-8=7$ 万 m^3，与实际工程量一致；选项 C 错误，第 3 月计划工程量为 $32-15=17$ 万 m^3，实际工程量比计划工程量拖欠 $9m^3$；选项 D 正确，4 月底累计实际工程量为 $6+7+8+15=36$ 万 m^3，比计划工程量拖欠 2 万 m^3。

74. A。本题考核的是进度计划的调整方法。当工程项目实施中产生的进度偏差影响到总工期，且有关工作的逻辑关系允许改变时，可以改变关键线路和超过计划工期的非关键线路上的有关工作之间的逻辑关系，达到缩短工期的目的。例如，将顺序进行的工作改为平行作业、搭接作业以及分段组织流水作业等，都可以有效地缩短工期。

75. A。本题考核的是监理单位的进度监控。对于设计进度的监控应实施动态控制。在设计工作开始之前，首先应由监理工程师审查设计单位所编制的进度计划的合理性和可行性。在进度计划实施过程中，监理工程师应定期检查设计工作的实际完成情况，并与计划进度进行比较分析。一旦发现偏差，就应在分析原因的基础上提出纠偏措施，以加快设计工作进度。必要时，应对原进度计划进行调整或修订。

76. C。本题考核的是建设工程施工进度控制工作内容。施工进度控制工作细则是在建设工程监理规划的指导下，由项目监理班子中进度控制部门的监理工程师负责编制的更具有实施性和操作性的监理业务文件。

77. C。本题考核的是建设工程施工进度控制工作内容。监理工程师应对承包单位申报的已完分项工程量进行核实，在质量监理人员检查验收后，签发工程进度款支付凭证。

78. B。本题考核的是工程延期的审批原则。延期事件的工程部位，无论其是否处在施工进度计划的关键线路上，只有当所延长的时间超过其相应的总时差而影响到工期时，才能批准工程延期。

79. C。本题考核的是工程延误的处理。承包单位接到监理工程师的开工通知后，无正当理由推迟开工时间，或在施工过程中无任何理由要求延长工期，施工进度缓慢，又无视监理工程师的书面警告等，都有可能受到取消承包资格的处罚。

80. D。本题考核的是物资供应进度控制的工作内容。协助业主进行物资供应决策的工作内容如下：（1）根据设计图纸和进度计划确定物资供应要求；（2）提出物资供应分包方式及分包合同清单，并获得业主认可；（3）与业主协商提出对物资供应单位的要求以及在财务方面应负的责任。

二、多项选择题

81. ABCD	82. ACDE	83. CDE	84. ABC	85. BDE
86. ABCD	87. ACDE	88. ABC	89. ABCE	90. ABDE
91. CDE	92. ACDE	93. CD	94. ABC	95. ABCD
96. ABCE	97. ABE	98. BCD	99. ABDE	100. ACD
101. AD	102. ABDE	103. ABC	104. ADE	105. ADE
106. AC	107. BD	108. ACD	109. BC	110. ACD
111. ACE	112. BD	113. AB	114. CDE	115. ABD
116. BCD	117. ABDE	118. DE	119. BCDE	120. ACE

【解析】

81. ABCD。本题考核的是工程质量管理的主要制度。工程质量管理的主要制度如下：（1）工程质量监督制度；（2）施工图设计文件审查制度；（3）建设工程施工许可制度；（4）工程质量检测制度；（5）工程竣工验收与备案制度；（6）工程质量保修制度。

82. ACDE。本题考核的是工程质量保修。在正常使用条件下，建设工程的最低保修期限为：（1）基础设施工程、房屋建筑工程的地基基础和主体结构工程，为设计文件规定的该工程的合理使用年限；（2）屋面防水工程、有防水要求的卫生间、房间和外墙面的防渗漏，为5年；（3）供热与供冷系统，为2个供暖期、供冷期；（4）电气管线、给水排水管道、设备安装和装修工程，为2年。

83. CDE。本题考核的是质量管理体系的管理评审。管理评审的目的主要是：（1）对现行的质量管理体系能否适应质量方针和质量目标做出正式的评价；（2）对质量管理体系与组织的环境变化的适宜性做出评价；（3）调整质量管理体系结构，修改质量管理体系文件，使质量管理体系更加完整有效。

84. ABC。本题考核的是钢筋、钢丝及钢绞线的主要检验项目。其中拉力试验包括：屈服点（屈服强度）、抗拉强度、伸长率。

85. BDE。本题考核的是控制图法。选项A为稳定状态的条件，故错误。选项B，出现7点链，应判定工序异常，需采取处理措施，故正确。选项C，连续7点或7点以上上升或下降排列才可判定生产过程异常，故错误。选项D，点子的排列显示周期性变化的现象时，即使所有点子都在控制界限内，也应认为生产过程异常，故正确。选项E，连续11点中有10点在同侧，则可判定生产过程异常，故正确。

86. ABCD。本题考核的是工程材料、构配件、设备质量控制的要点。原材料、（半）成品、构配件进场时，专业监理工程师应检查其尺寸、规格、型号、产品标志、包装等外观质量，并判定其是否符合设计、规范、合同等要求。

87. ACDE。本题考核的是巡视与旁站。巡视应包括下列主要内容：（1）施工单位是否按工程设计文件、工程建设标准和批准的施工组织设计、（专项）施工方案施工；（2）使用的工程材料、构配件和设备是否合格；（3）施工现场管理人员，特别是施工质量管理人员是否到位；（4）特种作业人员是否持证上岗。

88. ABC。本题考核的是旁站工作要点。旁站人员的主要职责是：（1）检查施工单位现场质检人员到岗、特殊工种人员持证上岗及施工机械、建筑材料准备情况。（2）在现场监督关键部位、关键工序的施工执行施工方案以及工程建设强制性标准情况。（3）核查进场建筑材料、构配件、设备和商品混凝土的质量检验报告等，并可在现场监督施工单位进行检验或者委托具有资格的第三方进行复验。（4）做好旁站记录，保存旁站原始资料。（5）对施工中出现的偏差及时纠正，保证施工质量。（6）对需要旁站的关键部位、关键工序的施工，凡没有实施旁站监理或者没有旁站记录的，专业监理工程师或总监理工程师不得在相应文件上签字。工程竣工验收后，项目监理机构应将旁站记录存档备查。（7）旁站记录内容应真实、准确并与监理日志相吻合。对旁站的关键部位、关键工序，按照时间或工序形成完整的记录。必要时可进行拍照或摄影，记录当时的施工过程。

89. ABCE。本题考核的是见证取样与平行检验。见证取样的工作程序为：（1）工程项目施工前，由施工单位和项目监理机构共同对见证取样的检测机构进行考察确定，试验室要具有相应的资质，经国家或地方计量、试验主管部门认证，试验项目满足工程需要，试验室出具的报告对外具有法定效果；（2）项目监理机构要将选定的试验室报送负责本项目的质量监督机构备案并得到认可，同时要将项目监理机构中负责见证取样的专业监理工程师在该质量监督机构备案；（3）施工单位应按照规定制订检测试验计划，配备取样人员，负责施工现场的取样工作，并将检测试验计划报送项目监理机构；（4）施工单位在对进场材料、试块、试件、钢筋接头等实施见证取样前要通知负责见证取样的专业监理工程师，在该专业监理工程师现场监督下，施工单位按相关规范的要求，完成材料、试块、试件等的取样过程；（5）完成取样后，施工单位取样人员应在试样或其包装上做出标识、封志。

90. ABDE。本题考核的是市场采购设备的质量控制要点。对设备采购方案的审查，重点应包括以下内容：采购的基本原则、范围和内容，依据的图纸、规范和标准、质量标准、检查及验收程序，质量文件要求，以及保证设备质量的具体措施等。

91. CDE。本题考核的是分部工程的划分。对于建筑工程，分部工程应按下列原则划分：（1）可按专业性质、工程部位确定；（2）当分部工程较大或较复杂时，可按材料种类、施工特点、施工程序、专业系统及类别将分部工程划分为若干子分部工程。

92. ACDE。本题考核的是分部工程质量验收程序。主体结构工程属于分部工程，分部工程应由总监理工程师组织施工单位项目负责人和项目技术负责人等进行验收。设计单位项目负责人和施工单位技术、质量部门负责人应参加主体结构、节能分部工程的验收。

93. CD。本题考核的是分项工程质量验收。分项工程质量验收合格应符合下列规定：（1）所含检验批的质量均应验收合格；（2）所含检验批的质量验收记录应完整。

94. ABC。本题考核的是工程质量事故处理的依据。进行工程质量事故处理的主要依据有四个方面：（1）相关的法律法规；（2）具有法律效力的工程承包合同、设计委托合同、材料或设备购销合同以及监理合同或分包合同等合同文件；（3）质量事故的实况资料；（4）有关的工程技术文件、资料、档案。

95．ABCD。本题考核的是工程质量事故处理的基本方法。工程质量事故处理方案的辅助决策方法有：（1）试验验证；（2）定期观测；（3）专家论证；（4）方案比较。

96．ABCE。本题考核的是工程勘察质量管理。勘察成果评估报告应包括下列内容：（1）勘察工作概况；（2）勘察报告编制深度，与勘察标准的符合情况；（3）勘察任务书的完成情况；（4）存在的问题及建议；（5）评估结论。

97．ABE。本题考核的是工程监理单位在施工阶段和相关服务阶段的主要工作。其中选项A、B、E属于相关服务阶段的主要工作，选项C、D属于施工阶段的主要工作。

98．BCD。本题考核的是建筑安装工程费用的组成与计算。选项B属于人工费中的津贴补贴；选项C属于人工费中的奖金；选项D属于人工费中的加班加点工资。选项A和选项E属于企业管理费。

99．ABDE。本题考核的是建筑安装工程费用的组成与计算。其中措施项目费包括：（1）安全文明施工费；（2）夜间施工增加费；（3）二次搬运费；（4）冬雨期施工增加费；（5）已完工程及设备保护费；（6）工程定位复测费；（7）特殊地区施工增加费；（8）大型机械设备进出场及安拆费；（9）脚手架工程费。

100．ACD。本题考核的是工程建设其他费用。选项A、C、D属于工程建设其他费用，选项B属于措施项目费，选项E属于设备、工器具购置费用。

101．AD。本题考核的是方案经济评价的主要方法。其中动态评价指标有：内部收益率；动态投资回收期；净现值；净现值率；净年值。

102．ABDE。本题考核的是价值工程的应用。选项A属于ABC分析法；选项B属于因素分析法；选项C属于强制确定法；选项D属于价值指数法；选项E属于百分比分析法。

103．ABC。本题考核的是施工图预算的编制方法。图纸是编制施工图预算的基本依据。熟悉图纸不但要弄清图纸的内容，还应对图纸进行审核：（1）图纸间相关尺寸是否有误；（2）设备与材料表上的规格、数量是否与图示相符，详图、说明、尺寸和其他符号是否正确等，若发现错误应及时纠正；（3）图纸是否有设计更改通知（或类似文件）。

104．ADE。本题考核的是施工图预算的审查内容与审查方法。施工图预算的审查方法为：（1）逐项审查法；（2）标准预算审查法；（3）分组计算审查法；（4）对比审查法；（5）"筛选"审查法；（6）重点审查法。

105．ADE。本题考核的是合同价款约定。选项A正确，承包方按投标时发包方接受的合同价格实施工程，并一笔包死，无特定情况不作调整；选项B、C错误，采用这种合同，合同总价只有在设计和工程范围发生变更的情况下才能随之作相应的变更，除此之外，合同总价一般不得变动；选项D正确，在合同执行过程中，发承包双方均不能以工程量、设备和材料价格、工资等变动为理由，提出对合同总价调值的要求；选项E正确，由于承包方可能要为许多不可预见的因素付出代价，所以往往会加大不可预见费用，致使这种合同的投标价格偏高。

106．AC。本题考核的是索赔的主要类型。选项A、C仅能索赔成本、工期，选项B、D、E可索赔成本、工期和利润。

107. BD。本题考核的是索赔费用的计算。选项 A 并非发包人要求承包人选用高标号水泥，因此不能索赔。选项 C、E 属于措施项目费。

108. ACD。本题考核的是《标准施工招标文件》中合同条款规定的可以合理补偿承包人索赔的条款。选项 A、C、D 均可索赔成本、工期及利润；选项 B 仅可索赔工期；选项 E 仅可索赔成本和工期。

109. BC。本题考核的是影响进度的因素分析。选项 A 属于业主因素；选项 D 属于勘察设计因素；选项 E 属于资金因素。

110. ACD。本题考核的是建设工程实施阶段进度控制的主要任务。设计准备阶段进度控制的任务有：（1）收集有关工期的信息，进行工期目标和进度控制决策；（2）编制工程项目总进度计划；（3）编制设计准备阶段详细工作计划，并控制其执行；（4）进行环境及施工现场条件的调查和分析。

111. ACE。本题考核的是平行施工方式的特点。平行施工方式具有以下特点：（1）充分地利用工作面进行施工，工期短；（2）如果每一个施工对象均按专业成立工作队，劳动力及施工机具等资源无法均衡使用；（3）如果由一个工作队完成一个施工对象的全部施工任务，则不能实现专业化施工，不利于提高劳动生产率；（4）单位时间内投入的劳动力、施工机具、材料等资源量成倍地增加，不利于资源供应的组织；（5）施工现场的组织管理比较复杂。

112. BD。本题考核的是非节奏流水施工的特点。非节奏流水施工具有以下特点：（1）各施工过程在各施工段的流水节拍不全相等；（2）相邻施工过程的流水步距不尽相等；（3）专业工作队数等于施工过程数；（4）各专业工作队能够在施工段上连续作业，但有的施工段之间可能有空闲时间。

113. AB。本题考核的是双代号网络图的绘制。该网络图共有两处错误：（1）有多个起点节点，①和②；（2）节点编号有误，⑥和⑤节点编号应该由小指向大。

114. CDE。本题考核的是双代号网络计划时间参数的计算。选项 A 错误，工作 1—3 为非关键工作；选项 B 错误，工作 2—4 的总时差为 $9-4-2=3$。

115. ABD。本题考核的是关键线路。选项 A 正确，在单代号网络计划中，保证相邻两项关键工作之间的时间间隔为零而构成的线路就是关键线路。选项 B 正确，双代号时标网络计划中，从网络计划的终点节点开始，逆着箭线方向进行判定。凡自始至终不出现波形线的线路即为关键线路。选项 D 正确，在双代号网络计划中，所有工作持续时间总和最大的线路是关键线路。

116. BCD。本题考核的是网络计划的优化。网络计划优化主要包括：（1）工期优化：是指网络计划的计算工期不满足要求工期时，通过压缩关键工作的持续时间以满足工期目标的过程；（2）费用优化：是指寻求工程总成本最低时的工期安排，或按要求工期寻求最低成本的计划安排的过程；（3）资源优化：资源有限、工期最短的优化和工期固定、资源均衡的优化。选项 B、C 属于费用优化，选项 D 属于资源优化。

117. ABDE。本题考核的是前锋线比较法。选项 A 正确，第 5 周检查时，工作 D 拖后 1 周，因其有 1 周的总时差，不影响总工期；选项 B 正确，工作 E 提前 1 周，因其在关键线路上，所以影响总工期；选项 C 错误，工作 F 拖后 2 周，因其只有 1 周的总时差，影响总工期；选项 D 正确，第 11 周检查时，工作 J 提前 2 周，因其在关键线路上，所以影响总工期；选项 E 正确，工作 H 拖后 1 周，因其有 2 周的总时差，不影响总工期。

118. DE。本题考核的是横道图比较法。选项 A 错误，第 1 月实际进度超前 5%；选项 B 错误，第 2 月实际进度与计划进度任务量相同；选项 C 错误，第 3 月实际进度比计划进度拖后 5%。

119. BCDE。本题考核的是施工进度控制目标的确定。确定施工进度控制目标的主要依据有：（1）建设工程总进度目标对施工工期的要求；（2）工期定额、类似工程项目的实际进度；（3）工程难易程度和工程条件的落实情况等。

120. ACE。本题考核的是施工总进度计划的编制。选项 A 正确，尽量做到均衡施工，以使劳动力、施工机械和主要材料的供应在整个工期范围内达到均衡。选项 B 错误，对于某些技术复杂、施工周期较长、施工困难较多的工程，亦应安排提前施工，以利于整个工程项目按期交付使用。选项 C 正确，应注意主要工种和主要施工机械能连续施工。选项 D 错误，施工顺序必须与主要生产系统投入生产的先后次序相吻合。选项 E 正确，应注意季节对施工顺序的影响。

2017 年度全国监理工程师资格考试试卷

一、**单项选择题**（共 80 题，每题 1 分。每题的备选项中，只有 1 个最符合题意）

1. 工程建设过程中，形成工程实体质量的阶段是（ ）阶段。
A. 决策
B. 勘察
C. 施工
D. 设计

2. 建设单位应当自工程竣工验收合格起（ ）日内，向工程所在地县级以上地方人民政府建设行政主管部门备案。
A. 15
B. 20
C. 25
D. 30

3. 涉及建筑承重结构变动的装修工程设计方案，应经（ ）审批后方可实施。
A. 建设单位
B. 监理单位
C. 设计单位
D. 原施工图审查机构

4. 根据建设工程质量管理条例，设计文件应符合国家规定的设计深度要求并注明工程（ ）。
A. 材料生产厂家
B. 保修期限
C. 材料供应单位
D. 合理使用年限

5. 监理单位质量管理体系持续改进的核心是提高企业质量管理体系的（ ）。
A. 科学性和价值
B. 有效性和效率
C. 创造性和价值
D. 管理水平和效率

6. 关于监理单位质量方针的说法，正确的是（ ）。
A. 质量方针应由管理者代表制定
B. 质量方针应由技术负责人制定
C. 质量方针应由最高管理者发布
D. 质量方针应由管理者代表发布

7. 关于工程项目质量控制系统特性的说法，正确的是（ ）。
A. 工程项目质量控制系统是监理单位质量管理体系的子系统
B. 工程项目质量控制系统是一个一次性的质量控制工作体系
C. 工程项目质量控制系统是监理单位建立的质量控制工作体系
D. 工程项目质量控制系统不随项目管理机构的解体而消失

8. 下列质量数据特征值中，用来描述数据集中趋势的是（　　）。

A. 极差
B. 标准偏差
C. 均值
D. 变异系数

9. 工程质量统计分析方法中，根据不同的目的和要求将调查收集的原始数据按某一性质进行分组、整理，分析产品存在的质量问题和影响因素的方法是（　　）。

A. 调查表法
B. 分层法
C. 排列图法
D. 控制图法

10. 采用直方图法分析工程质量时，出现孤岛型直方图的原因是（　　）。

A. 组数或组距确定不当
B. 不同设备生产的数据混合
C. 原材料发生变化
D. 人为去掉上限下限数据

11. 采用相关图法分析工程质量时，散布点形成由左向右向下的一条直线带，说明两变量之间的关系为（　　）。

A. 负相关
B. 不相关
C. 正相关
D. 弱正相关

12. 工程开工前，施工图纸会审会议应由（　　）主持召开。

A. 项目监理机构
B. 施工单位
C. 建设单位
D. 设计单位

13. 经项目监理机构审查合格的工程项目施工组织设计，应由（　　）签认。

A. 监理单位技术负责人
B. 总监理工程师
C. 建设单位项目负责人
D. 总监理工程师代表

14. 总监理工程师应在工程开工日期（　　）d 前向施工单位发出工程开工令。

A. 5
B. 7
C. 10
D. 14

15. 分包单位资格报审表中的审核意见应由（　　）签署。

A. 建设单位项目负责人
B. 施工单位项目负责人
C. 专业监理工程师
D. 总监理工程师

16. 工程中采用新工艺、新材料的，应有（　　）及有关质量数据。

A. 施工单位组织的专家论证意见
B. 权威性技术部门的技术鉴定书
C. 设计单位组织的专家论证意见
D. 建设单位组织的专家论证意见

17. 工程监理实施过程中，总监理工程师应签发工程暂停令的情形是( )。
    A. 施工单位未经批准擅自施工   B. 施工存在质量事故隐患
    C. 施工单位采用不适当的施工工艺   D. 施工单位未按施工方案施工

18. 根据《建设工程监理规范》GB/T 50319—2013，项目监理机构应根据工程特点和( )确定需要旁站的关键部位、关键工序。
    A. 监理实施细则   B. 施工组织设计
    C. 监理规划   D. 设计图纸

19. 根据《建设工程监理规范》GB/T 50319—2013，监理规划应由( )审批。
    A. 监理单位法定代表人   B. 监理单位技术负责人
    C. 总监理工程师代表   D. 总监理工程师

20. 为了确保工程质量，大型、复杂设备的采购，一般宜( )。
    A. 考核合格供货厂家后直接向厂家订货
    B. 采用招标采购方式采购
    C. 货比三家后直接在市场上采购
    D. 通过样品鉴定后，直接请中介机构代为采购

21. 采购过程中的质量控制主要是采购方案的审查及其工作计划中质量要求的确定。设备安装单位直接从市场上采购设备时，采购方案最终应获得( )的批准。
    A. 设计单位现场代表   B. 总承包单位
    C. 监理单位总监理工程师   D. 建设单位

22. 向生产厂家订购设备质量控制工作的首要环节是对( )进行评审。
    A. 质量合格标准   B. 运输方式选择
    C. 合格供货厂商   D. 工艺方案合理性

23. 设备监造是指监理单位依据监理合同和设备订货合同对设备制造过程进行的监督活动，监造人员一般不会由( )派出。
    A. 设计单位   B. 总承包单位
    C. 设备安装单位   D. 项目监理机构

24. 根据《建筑工程施工质量验收统一标准》GB 50300—2013，( )可按主要工种、材料、施工工艺、设备类别进行划分。
    A. 检验批   B. 分项工程
    C. 分部工程   D. 单位工程

25. 分项工程质量验收时，( )应对施工单位所报资料逐项进行审查，符合要求后

签认分项工程报审、报验表及质量验收记录。

    A. 现场监理工程师
    B. 总监理工程师
    C. 建设单位质检员
    D. 专业监理工程师

26. 分部工程观感质量验收只能以观察、触摸或简单量测的方式进行观感质量验收，并结合验收人的主观判断，综合给出（　　）的质量评价结果。

    A. 合格、基本合格、不合格
    B. 合格、良好、不合格
    C. 好、一般、差
    D. 优、良、差

27. 在工程施工质量验收过程中，发现质量不符合要求时，可以进行验收的是（　　）。

    A. 经返工或返修的检验批

    B. 无结构和安全问题，建设单位核算认可的检验批

    C. 虽改变外形但仍能满足结构安全的检验批

    D. 经原设计单位和监理单位认可的检验批

28. 项目监理机构发现工程施工存在质量缺陷后，应发出（　　），要求施工单位进行处理。

    A. 工程暂停令
    B. 监理通知单
    C. 工作联系单
    D. 监理报告

29. 工程施工过程中，造成直接经济损失900万元的工程质量事故属于（　　）事故。

    A. 特别重大
    B. 重大
    C. 较大
    D. 一般

30. 工程质量事故调查组处理质量事故时，项目监理机构的正确做法是（　　）。

    A. 积极配合，客观提供相应证据

    B. 积极配合，参与质量事故调查

    C. 积极配合，会同施工单位提供有利证据

    D. 回避质量事故调查

31. 因施工原因发生工程质量事故后，质量事故技术处理方案一般应经（　　）签认，并报建设单位批准。

    A. 事故调查组建议的单位
    B. 施工单位
    C. 法定检测单位
    D. 原设计单位

32. 评审工程初步设计成果时，重点评审的是（　　）。

    A. 总平面布置是否充分考虑方向、风向、采光等要素

    B. 设计参数、设计标准、功能和使用价值

    C. 新材料、新技术在相关部门的备案情况

D. 使用功能是否满足质量目标和标准

33. 某项目，建安工程费 3000 万元，设备及工器具购置费 4000 万元，工程建设其他费用 600 万元，建设期利息 200 万元，铺底流动资金 160 万元，建设期间国家批准税种的税额 45 万元，则该项目的静态投资为(　　)万元。
A. 7000
B. 7600
C. 7700
D. 7805

34. 下列费用中，不应列入建筑安装工程材料费的是(　　)。
A. 施工中耗费的辅助材料费用
B. 施工企业自设实验室进行试验所耗用的材料费用
C. 在运输装卸过程中发生的材料损耗费用
D. 在施工现场发生的材料保管费用

35. 下列费用中，属于规费的是(　　)。
A. 环境保护费
B. 文明施工费
C. 工程排污费
D. 安全施工费

36. 某进口设备，按人民币计算的离岸价为 2000 万元，国外运费 160 万元，国外运输保险费 9 万元，银行财务费 8 万元。则该设备进口关税的计算基数是(　　)万元。
A. 2000
B. 2160
C. 2169
D. 2177

37. 某企业年初从金融机构借款 3000 万元，月利率 1%，按季复利计息，年末一次性还本付息，则该企业年末需要向金融机构支付的利息为(　　)万元。
A. 360.00
B. 363.61
C. 376.53
D. 380.48

38. 下列投资方案经济评价指标中，属于盈利能力静态评价指标的是(　　)。
A. 利息备付率
B. 资产负债率
C. 净现值率
D. 静态投资回收期

39. 某常规投资方案，当贷款利率为 12% 时，净现值为 150 万元；当贷款利率为 14% 时，净现值为 100 万元，则该方案财务内部收益率的取值范围为(　　)。
A. <12%
B. 12%～13%
C. 13%～14%
D. >14%

40. 某工程设计有四个备选方案，经论证，四个方案的功能得分和单方造价见下表。按照价值工程原理，应选择的最优方案是(　　)。

方案	甲	乙	丙	丁
功能得分	98	96	99	94
单方造价（元/m²）	1250	1350	1300	1225

A. 甲方案   B. 乙方案

C. 丙方案   D. 丁方案

41. 下列费用中，不属于单项工程综合概算内容的是（　　）。

A. 单位建筑工程概算   B. 安装工程概算

C. 铺底流动资金概算   D. 设备购置费用概算

42. 拟建工程与已完工程采用同一施工图，但基础部分和现场施工条件不同，则与已完工程相同的部分可采用（　　）审查施工图预算。

A. 标准预算审查法   B. 对比审查法

C. "筛选"审查法   D. 重点审查法

43. 某项目总投资 4400 万元，年平均息税前利润 595.4 万元，项目资本金 1840 万元，利息及所得税 191.34 万元，则该项目的总投资收益率为（　　）。

A. 9.18%   B. 13.53%

C. 21.96%   D. 32.55%

44. 利用经济评价指标评判项目的可行性时，说法错误的是（　　）。

A. 财务内部收益率≥行业基准收益率，方案可行

B. 静态投资回收期＞行业基准投资回收期，方案可行

C. 财务净现值＞0，方案可行

D. 总投资收益率≥行业基准投资收益率，方案可行

45. 采用工程量清单方式招标时，工程量清单的准确性和完整性应由（　　）负责。

A. 编制清单的造价工程师   B. 审核清单的造价工程师

C. 工程招标人   D. 工程造价咨询人

46. 根据现行计量规范明确的工程量计算规则，清单项目工程量是以（　　）为准，并以完成的净值来计算的。

A. 实际施工工程量   B. 形成工程实体

C. 返工工程量及其损耗   D. 工程施工方案

47. 施工过程中，出现施工图纸变更导致项目特征与招标工程量清单项目特征描述不一致时，综合单价的确定应以（　　）的项目特征为准。

A. 原设计图纸所示   B. 清单描述

C. 变更图纸所示　　　　　　　　　　　　D. 标准图集描述

48. 采用固定总价合同时，发包方承担的风险是(　　)。
A. 实物工程量变化　　　　　　　　　　　B. 工程单价变化
C. 工期延误　　　　　　　　　　　　　　D. 工程范围变更

49. 根据现行计价规范，实行工程量清单计价的工程通常采用(　　)合同。
A. 固定总价　　　　　　　　　　　　　　B. 可调总价
C. 单价　　　　　　　　　　　　　　　　D. 成本加酬金

50. 某建设工程项目，发包方与承包方按固定总价合同签订了工程承包合同。合同实施过程中对合同总价作出相应变更的情况是(　　)。
A. 机械费上涨　　　　　　　　　　　　　B. 人工费上涨
C. 设计和工程范围发生变更　　　　　　　D. 雨期导致工期延长

51. 下列工程项目中，适宜采用成本加酬金合同的是(　　)。
A. 工程结构和技术简单的工程项目
B. 时间特别紧迫的抢险、救灾工程项目
C. 工程量小、工期短的工程
D. 工程量一时不能明确、具体地予以规定的工程

52. 为监理人提供宿舍，保养测量设备，保养气象记录设备，维护工地清洁和整洁等项目适合采用(　　)计量支付。
A. 均摊法　　　　　　　　　　　　　　　B. 估价法
C. 断面法　　　　　　　　　　　　　　　D. 图纸法

53. 因承包人原因导致工期延误的，在合同工程原定竣工时间之后，合同价款的调整方法是(　　)。
A. 调增、调减的均予以调整　　　　　　　B. 调增的予以调整，调减的不予调整
C. 调增、调减的均不予调整　　　　　　　D. 调增的不予调整，调减的予以调整

54. 某分部分项工程采用清单计价，招标控制价的综合单价为 350 元，投标报价的综合单价为 280 元，该工程投标报价浮动率为 5%，该分部分项工程合同未确定综合单价调整方法，则综合单价的处理方式是(　　)。
A. 调整为 282.63 元　　　　　　　　　　B. 不予调整
C. 下调 20%　　　　　　　　　　　　　　D. 上浮 5%

55. 某工程合同总额 750 万元，工程预付款为合同总额的 20%，主要材料及构件占合同总额的 60%，则工程预付款的起扣点为(　　)万元。

A. 250   B. 450

C. 500   D. 600

56. 在投资偏差分析中，进度偏差等于（   ）。

A. 已完工作预算投资与已完工作实际投资之间的差值

B. 计划工作预算费用与已完工作实际投资之间的差值

C. 已完工作实际投资与已完工作预算费用之间的差值

D. 已完工作预算费用与计划工作预算费用之间的差值

57. 建立进度控制目标体系，明确建设工程现场监理组织机构中进度控制人员及其职责分工属于监理工程师实施进度控制的（   ）。

A. 组织措施   B. 技术措施

C. 经济措施   D. 合同措施

58. 根据批准的初步设计安排单位工程的开竣工日期，属于建设工程进度计划体系中（   ）的内容。

A. 工程项目前期工作计划   B. 单位工程施工进度计划

C. 工程项目总进度计划   D. 工程项目年度进度计划

59. 应用网络计划技术编制建设工程进度计划时，绘制网络图的前提是（   ）。

A. 计算时间参数   B. 进行项目分解

C. 计算工作持续时间   D. 确定关键线路

60. 关于平行施工组织方式的说法，正确的是（   ）。

A. 专业工作队能够保持连续施工

B. 单位时间内投入的资源量较均衡

C. 能充分利用工作面且工期短

D. 专业工作队能够最大限度地搭接施工

61. 流水施工中某施工过程（专业工作队）在单位时间内所完成的工程量称为（   ）。

A. 流水段   B. 流水强度

C. 流水节拍   D. 流水步距

62. 某工程有 5 个施工过程，划分为 3 个施工段组织固定节拍流水施工，流水节拍为 2d，施工过程之间的组织间歇合计为 4d。该工程的流水施工工期是（   ）d。

A. 12   B. 18

C. 20   D. 26

63. 某工程组织非节奏流水施工，两个施工过程在 4 个施工段上的流水节拍分别为

5d、8d、4d、4d 和 7d、2d、5d、3d，则该工程的流水施工工期是(　　)d。

A. 16　　　　　　　　　　　　B. 21

C. 25　　　　　　　　　　　　D. 28

64. 某工程有 3 个施工过程，依次为：钢筋→模板→混凝土，划分为Ⅰ和Ⅱ两个施工段编制工程网络进度计划。下列工作逻辑关系中，属于正确工艺关系的是(　　)。

A. 模板Ⅰ→混凝土Ⅰ　　　　　B. 模板Ⅰ→钢筋Ⅰ

C. 钢筋Ⅰ→钢筋Ⅱ　　　　　　D. 模板Ⅰ→模板Ⅱ

65. 在双代号网络图中，虚箭线的作用有(　　)。

A. 指向、联系和断路　　　　　B. 联系、区分和断路

C. 区分、过桥和指向　　　　　D. 过桥、联系和断路

66. 根据双代号网络图绘图规则，下列网络图中的绘图错误是(　　)。

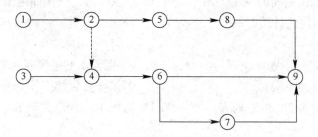

A. 节点编号有误　　　　　　　B. 存在循环回路

C. 多个起点节点　　　　　　　D. 多个终点节点

67. 某双代号网络计划中，工作 A 的最早开始时间和最迟开始时间分别为第 10 天和第 13 天，其持续时间为 5d；工作 A 有 3 项紧后工作，它们的最早开始时间分别为第 19 天、第 22 天和第 26 天，则工作 A 的自由时差为(　　)d。

A. 4　　　　　　　　　　　　B. 7

C. 11　　　　　　　　　　　　D. 15

68. 在计算双代号网络计划的时间参数时，工作的最迟完成时间应等于其紧后工作(　　)。

A. 最迟开始时间的最大值　　　B. 最迟开始时间的最小值

C. 最早完成时间的最大值　　　D. 最早完成时间的最小值

69. 某工程双代号网络计划如下图所示，其中工作Ⅰ的最早开始时间是(　　)。

A. 7　　　　　　　　　　　　B. 12

C. 14　　　　　　　　　　　　D. 16

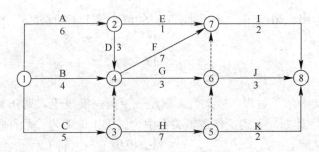

70. 关于双代号网络计划中关键工作的说法，正确的是（   ）。
   A. 关键工作的最迟开始时间与最早开始时间的差值最小
   B. 以关键节点为开始节点和完成节点的工作必为关键工作
   C. 关键工作与其紧后工作之间的时间间隔必定为零
   D. 自始至终由关键工作组成的线路总持续时间最短

71. 工程网络计划的工期优化是通过（   ）而使计算工期满足要求工期的过程。
   A. 调整关键工作之间的逻辑关系   B. 寻求工程总成本固定条件下最短工期安排
   C. 压缩关键工作的持续时间   D. 压缩非关键工作的持续时间

72. 采取进度调整措施，应以（   ）为依据，确保要求的进度目标得到实现。
   A. 关键工作所拥有的总时差   B. 本工作及后续工作的自由时差
   C. 本工作及后续工作的总时差   D. 后续工作和总工期的限制条件

73. 某工程网络计划中，已知工作 A 的持续时间为 10d，总时差和自由时差分别为 4d 和 2d；检查中发现该工作实际持续时间为 13d，则其对工程的影响是（   ）。
   A. 既不影响总工期，也不影响其紧后工作的正常进行
   B. 不影响总工期，但使其紧后工作的最早开始时间推迟 1d
   C. 使其紧后工作的最迟开始时间推迟 4d，并使总工期延长 2d
   D. 使其紧后工作的最早开始时间推迟 1d，并使总工期延长 1d

74. 利用 S 曲线比较实际进度与计划进度时，如果检查日期实际进展点落在计划 S 曲线的右侧，则该实际进展点与计划 S 曲线在水平方向的距离表示工程项目（   ）。
   A. 实际进度拖后的时间   B. 实际进度超前的时间
   C. 拖欠的任务量   D. 超额完成的任务量

75. 监理单位受业主委托进行工程设计监理时，对于设计进度的监控应实施动态控制，在设计工作开始之前，应当（   ）。
   A. 确定设计委托方式及设计合同形式
   B. 编制各专业设计出图计划
   C. 审查设计单位所编制的进度计划的合理性和可行性
   D. 检查工程设计人员的专业情况

76. 建设工程施工阶段进度控制的最终目的是保证工程项目按期建成交付使用。按项目组成分解，建设工程进度控制的目标是（　　）。

  A. 明确分工条件和承包责任

  B. 确定各单位工程开工及动用日期

  C. 划定进度控制分界点

  D. 确定年度、季度、月（或旬）工程量及形象进度

77. 编制和实施施工进度计划是承包单位的责任。承包单位之所以将施工进度计划提交给监理工程师审查，是为了（　　）。

  A. 及时得到工程预付款　　　　　　　B. 使监理工程师及时下达开工令

  C. 听取监理工程师的建设性意见　　　D. 编制施工进度控制工作细则

78. 某项工作的工程量为 $400m^3$，时间定额为 0.5 工日$/m^3$。如果每天安排 2 个工作班次、每班 10 人完成该工作，则其持续时间为（　　）d。

  A. 10　　　　　　　　　　　　　　　B. 15

  C. 20　　　　　　　　　　　　　　　D. 25

79. 在建设工程施工过程中，加快施工进度的组织措施之一是（　　）。

  A. 实行包干奖励　　　　　　　　　　B. 改进施工工艺和施工技术

  C. 实施强有力的调度　　　　　　　　D. 增加工作面，组织更多的施工队伍

80. 物资供应单位或施工承包单位编制的物资供应计划必须经（　　）审核，并得到认可后才能执行。

  A. 施工单位项目负责人　　　　　　　B. 监理工程师

  C. 建设单位技术负责人　　　　　　　D. 建设单位项目负责人

二、多项选择题（共 40 题，每题 2 分。每题的备选项中，有 2 个或 2 个以上符合题意，至少有 1 个错项。错选，本题不得分；少选，所选的每个选项得 0.5 分）

81. 建设工程质量特性中的"与环境的协调性"是指工程与（　　）相协调。

  A. 周围生态环境　　　　　　　　　　B. 所在地区社会环境

  C. 所在地区经济环境　　　　　　　　D. 周围已建工程

  E. 周围拟建工程

82. 在正常使用条件下，关于建设工程各保修项目法定最低保修期限的说法，正确的有（　　）。

  A. 屋面防水工程的保修期为两个雨季

  B. 给水排水管道的保修期为 2 年

  C. 供热与供冷系统的保修期为两个采暖期、供冷期

  D. 基础设施工程的保修期为设计文件规定的该工程的合理使用年限

E. 设备安装和装修工程的保修期为 5 年

83. 下列关于建设单位质量责任的说法，正确的有（   ）。
A. 建设单位不得将建设工程肢解发包
B. 建设工程发包方不得迫使承包方以低于成本的价格竞标
C. 建设单位不得任意压缩合同工期
D. 涉及承重结构变动的装修工程施工前，只能委托原设计单位提交设计方案
E. 建设单位应根据工程特点，配备相应的质量管理人员

84. 监理单位在编写程序文件的过程中，应同时编制质量管理体系贯彻实施所需的各种质量记录表格。下列属于与质量管理体系有关的记录包括（   ）。
A. 监理旁站记录　　　　　　　　B. 合同评审记录
C. 文件控制记录　　　　　　　　D. 内部审核记录
E. 不合格品处理记录

85. 采用直方图法进行工程质量统计分析时，可以实现的目的有（   ）。
A. 掌握质量特性的分布规律　　　B. 寻找影响质量的主次因素
C. 调查收集质量特性原始数据　　D. 估算施工过程总体不合格品率
E. 评价实际生产过程能力

86. 项目监理机构对工程施工质量实施控制的主要依据有（   ）。
A. 工程合同文件　　　　　　　　B. 工程变更设计文件
C. 施工现场质量管理制度　　　　D. 工程材料试验的技术标准
E. 工程施工质量验收标准

87. 项目监理机构对施工组织设计进行审查的内容有（   ）。
A. 编审程序是否符合相关规定
B. 工程材料质量证明文件是否齐全有效
C. 资源供应计划是否满足工程施工需要
D. 工程质量保证措施是否符合施工合同要求
E. 安全技术措施是否符合工程建设强制性标准

88. 下列文件中，属于工程材料质量证明文件的有（   ）。
A. 材料供货合同　　　　　　　　B. 出厂合格证
C. 质量检验报告　　　　　　　　D. 质量验收标准
E. 性能检测报告

89. 施工单位实施工程质量控制活动的质量记录资料有（   ）。
A. 施工现场质量管理检查记录　　B. 施工图设计文件审查记录

C. 施工过程作业活动质量记录　　　　D. 工程材料质量记录

E. 工程有关合同文件评审记录

90. 监理单位对总包单位提交的设备采购方案进行审查的内容有(　　)。

A. 采购内容和范围　　　　　　　　B. 设备质量标准

C. 设备供货厂商资质　　　　　　　D. 设备检查及验收程序

E. 保证设备质量的措施

91. 根据《建筑工程施工质量验收统一标准》GB 50300—2013，分部工程可按(　　)划分。

A. 施工工艺　　　　　　　　　　　B. 工程部位

C. 工程量　　　　　　　　　　　　D. 专业性质

E. 施工段

92. 主体结构、节能分部工程的验收，应由总监理工程师组织(　　)进行。

A. 质量监督部门负责人　　　　　　B. 施工单位项目技术负责人

C. 设计单位项目负责人　　　　　　D. 施工单位项目负责人

E. 施工单位质量部门负责人

93. 基本建设程序是工程项目建设过程及其客观规律的反映，不按建设程序办事是导致工程质量缺陷的成因，下列属于违背建设程序的事件包括(　　)。

A. 无图施工　　　　　　　　　　　B. 边设计、边施工

C. 无证设计　　　　　　　　　　　D. 越级施工

E. 无证施工

94. 根据《关于做好房屋建筑和市政基础设施工程质量事故报告和调查处理工作的通知》(建质〔2010〕111号)，关于工程质量事故等级的说法，正确的有(　　)。

A. 造成 5 人死亡的事故是一般事故

B. 造成 45 人重伤的事故是重大事故

C. 造成 20 人死亡的事故是特别重大事故

D. 造成 4000 万直接经济损失的事故是较大事故

E. 造成 15 人死亡的事故是重大事故

95. 工程质量事故处理目的是消除质量缺陷，以达到建筑物的安全可靠和正常使用功能及寿命要求，并保证后续施工的正常进行。其一般处理原则包括(　　)。

A. 安全可靠、不留隐患　　　　　　B. 满足建筑物的使用要求

C. 正确确定事故性质　　　　　　　D. 满足建筑物的功能

E. 正确确定处理范围

96. 工程监理单位协助建设单位组织设计方案评审时，对初步设计成果评审应重点审查（   ）。

A. 设计项目的完整性，项目是否齐全、有无遗漏项

B. 总图在平面和空间布置上是否有交叉和矛盾

C. 总平面布置、工艺流程、施工进度能否实现

D. 总平面布置是否充分考虑方向、风向、采光、通风等要素

E. 设计方案是否全面，经济评价是否合理

97. 项目监理机构在施工阶段投资控制的措施包括（   ）。

A. 对工程项目造价目标进行风险分析　　　B. 审核竣工结算

C. 严格控制设计变更　　　　　　　　　　D. 审查设计概算

E. 开展限额设计

98. 根据《建筑安装工程费用项目组成》（建标〔2013〕44号）规定，企业管理费包括（   ）。

A. 办公费　　　　　　　　　　　　　　　B. 津贴补贴

C. 财产保险费　　　　　　　　　　　　　D. 新结构、新材料的试验费

E. 一般鉴定、检查所发生的费用

99. 进口设备采用装运港船上交货时，买方的责任有（   ）。

A. 承担货物装船前的一切费用　　　　　　B. 承担货物装船后的一切费用

C. 负责租船或订舱，支付费用　　　　　　D. 负责办理保险及支付保险费

E. 提供出口国有关方面签发的证件

100. 进口设备抵岸价的构成部分有（   ）。

A. 设备到岸价　　　　　　　　　　　　　B. 外贸手续费

C. 设备运杂费　　　　　　　　　　　　　D. 进口设备增值税

E. 进口设备检验鉴定费

101. 关于价值工程的说法，正确的有（   ）。

A. 价值工程的核心是对产品进行功能分析

B. 价值工程涉及价值、功能和寿命周期成本三要素

C. 价值工程应以提高产品的功能为出发点

D. 价值工程以提高产品的价值为目标

E. 价值工程强调选择最低寿命周期成本的产品

102. 下列方法中，可用来编制设备安装工程概算的方法有（   ）。

A. 估算指标法　　　　　　　　　　　　　B. 概算指标法

C. 扩大单价法　　　　　　　　　　　　　D. 预算单价法

E. 百分比分析法

103. 根据现行计价规范，工程量清单适用的计价活动有(　　)。
A. 设计概算的编制　　　　　　　　B. 招标控制价的编制
C. 投资限额的确定　　　　　　　　D. 合同价款的约定
E. 竣工结算的办理

104. 在招标投标阶段，投标人不能自主确定其综合单价或费用的有(　　)。
A. 安全文明施工费　　　　　　　　B. 暂列金额
C. 给定暂估价的材料　　　　　　　D. 计日工
E. 总承包服务费

105. 关于工程合同价款调整程序的说法，正确的有(　　)。
A. 出现合同价款调减事项后的 14d 内，承包人应向发包人提交相应报告
B. 出现合同价款调增事项后的 14d 内，承包人应向发包人提交相应报告
C. 发包人收到承包人合同价款调整报告 7d 内，应对其核实并提出书面意见
D. 发包人收到承包人合同价款调整报告 7d 内未确认，视为报告被认可
E. 发承包双方对合同价款调整的意见不能达成一致，且对履约不产生实质影响的，双方应继续履行合同义务

106. 根据 FIDIC《施工合同条件》，下列索赔事件中，可以索赔工期、成本和利润的有(　　)。
A. 发包人未能提供现场　　　　　　B. 法规改变
C. 不可预见的物质条件　　　　　　D. 文件有缺陷或技术性错误
E. 发现化石、硬币或有价值的文物

107. 下列工程索赔事项中，属于发包人向承包人索赔的有(　　)。
A. 地质条件变化引起的索赔　　　　B. 施工中人为障碍引起的索赔
C. 加速施工费用的索赔　　　　　　D. 工期延误的索赔
E. 对超额利润的索赔

108. 赢得值法的评价指标有(　　)。
A. 已完工作预算投资　　　　　　　B. 计划工作预算投资
C. 投资绩效指数　　　　　　　　　D. 进度绩效指数
E. 进度偏差

109. 项目监理机构在设计阶段和施工阶段进度控制的任务有(　　)。
A. 编制工程项目总进度计划　　　　B. 编制监理进度计划
C. 审查设计进度计划　　　　　　　D. 审查施工进度计划

E. 确定工期总目标

110. 下列进度计划表中，属于建设单位计划系统中工程项目建设总进度计划的有（　　）。
A. 工程项目一览表
B. 投资计划年度分配表
C. 年度设备平衡表
D. 工程项目进度平衡表
E. 年度建设资金平衡表

111. 加快的成倍节拍流水施工的特点有（　　）。
A. 同一施工过程在各个施工段上的流水节拍均相等
B. 相邻施工过程的流水步距等于流水节拍
C. 各个专业工作队在施工段上能够连续作业
D. 每个施工过程均成立一个专业工作队
E. 所有施工段充分利用且没有空闲时间

112. 下列施工过程中，必须列入施工进度计划，并且大多作为主导的施工过程或关键工作的有（　　）。
A. 构筑物的地下工程
B. 钢筋混凝土构件的现场制作过程
C. 砂浆预制
D. 主体结构工程
E. 装饰工程

113. 关于工程网络计划中关键线路的说法，正确的有（　　）。
A. 双代号网络计划中持续时间最长的线路为关键线路
B. 双代号时标网络计划中无波形线的线路为关键线路
C. 单代号网络计划中总时差为零的线路为关键线路
D. 双代号网络计划中无虚箭线的线路为关键线路
E. 在工程网络计划中，关键线路上工作的总时差等于计划工期与计算工期之差

114. 某工程单代号网络计划如下图所示（图中节点上方数字为节点编号），其中关键线路有（　　）。

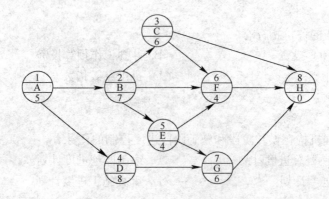

A. 1→2→3→8   B. 1→2→3→6→8

C. 1→2→5→6→8   D. 1→2→5→7→8

E. 1→4→7→8

115. 某工程双代号时标网络计划如下图所示，正确的结论有（   ）。

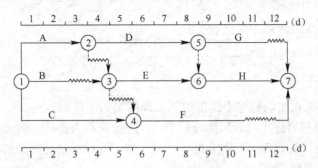

A. 工作 A 为关键工作   B. 工作 B 的自由时差为 2d

C. 工作 C 的总时差为零   D. 工作 D 的最迟完成时间为第 8 天

E. 工作 E 的最早开始时间为第 2 天

116. 关于工程网络计划工期优化的说法，正确的有（   ）。

A. 应分析调整各项工作之间的逻辑关系

B. 应有步骤地将关键工作压缩成非关键工作

C. 应将各条关键线路的总持续时间压缩相同数值

D. 应考虑质量、安全和资源等因素选择压缩对象

E. 应压缩非关键线路上自由时差大的工作

117. 某工作计划进度与实际进度如下图所示，由此可得出的正确结论有（   ）。

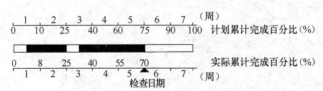

A. 第 1 周后连续工作没有中断   B. 在第 2 周内按计划正常进行

C. 在第 3 周末按计划进行   D. 截至第 4 周末拖欠 5% 的任务量

E. 截至检查日期实际进度拖后

118. 某工程双代号时标网络计划进行到第 30 天和第 70 天时，检查其实际进度绘制的前锋线如下图所示，由此可得出的正确结论有（   ）。

A. 第 30 天检查时，工作 C 实际进度提前 10d，不影响总工期

B. 第 30 天检查时，工作 D 实际进度正常，不影响总工期

C. 第 70 天检查时，工作 G 实际进度拖后 10d，影响总工期

D. 第 70 天检查时，工作 F 实际进度拖后 10d，不影响总工期

E. 第70天检查时，工作 H 实际进度正常，不影响总工期

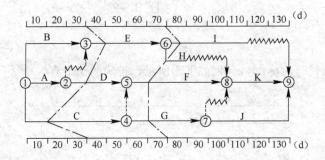

119. 项目监理机构编制的施工进度控制工作细则的主要内容包括（　　）。

A. 施工进度控制目标实现的风险分析　　B. 进度控制人员的职责分工

C. 与进度控制有关的各项工作流程　　　D. 施工图设计文件的交付时间目标

E. 进度控制的组织措施

120. 施工进度计划初始方案编制完成后，需要检查的内容有（　　）。

A. 各工作项目的施工顺序、平行搭接和技术间歇是否合理

B. 主要工种的工人是否满足连续、均衡施工的要求

C. 主要分部工程的工程量是否准确

D. 总工期是否满足合同约定

E. 主要机具、材料的利用是否均衡和充分

2017年度全国监理工程师资格考试试卷参考答案及解析

一、单项选择题

1. C	2. A	3. D	4. D	5. B
6. C	7. B	8. C	9. B	10. C
11. A	12. C	13. B	14. B	15. D
16. B	17. A	18. B	19. B	20. B
21. D	22. C	23. A	24. C	25. D
26. C	27. A	28. B	29. D	30. A
31. D	32. A	33. B	34. B	35. C
36. C	37. C	38. D	39. C	40. A
41. C	42. B	43. C	44. B	45. C
46. B	47. C	48. D	49. C	50. C
51. B	52. A	53. D	54. A	55. C
56. D	57. A	58. C	59. B	60. C
61. B	62. B	63. C	64. A	65. B
66. C	67. A	68. B	69. D	70. A
71. C	72. D	73. B	74. A	75. C
76. B	77. C	78. A	79. D	80. B

【解析】

1. C。本题考核的是工程建设阶段对质量形成的作用与影响。项目决策阶段对工程质量的影响主要是确定工程项目应达到的质量目标和水平。工程的地质勘察是为建设场地的选择和工程的设计与施工提供地质资料依据。工程设计质量是决定工程质量的关键环节。在一定程度上，工程施工是形成实体质量的决定性环节。

2. A。本题考核的是工程竣工验收与备案。建设单位应当自工程竣工验收合格起15日内，向工程所在地的县级以上地方人民政府建设行政主管部门备案。

3. D。本题考核的是建设单位的质量责任。涉及建筑主体和承重结构变动的装修工程，建设单位应在施工前委托原设计单位或者相应资质等级的设计单位提出设计方案，经原审查机构审批后方可施工。

4. D。本题考核的是勘察、设计单位的质量责任。设计单位提供的设计文件应当符合国家规定的设计深度要求，注明工程合理使用年限。

5. B。本题考核的是持续改进的基本内容。持续改进的基本内容包括：（1）需求的变化要求组织不断改进；（2）组织的目标应是实现持续改进，以求和顾客的需求相适应；（3）持续改进的核心是提高有效性和效率，实现质量目标；（4）确立挑战性的改进目标；（5）全员参与；（6）提供资源；（7）业绩进行定期评价，确定改进领域；（8）改进成果的认可，总结推广，肯定成果奖励；（9）PDCA循环。

6. C。本题考核的是质量管理体系策划。质量方针是由组织的最高管理者正式发布的该组织总的质量宗旨和方向，质量目标是指组织在质量方面所追求的目的。

7. B。本题考核的是工程项目质量控制系统特性。选项A错误，工程项目质量控制系统是项目监理机构的一个目标控制子系统。选项C错误，工程项目质量控制系统是以工程项目为对象，由项目监理机构负责建立的面向监理项目开展质量控制的工作体系。工程项目质量控制系统根据工程项目监理合同的实施而建立，随着建设工程项目监理工作的完成和项目监理机构的解体而消失，因此，是一个一次性的质量控制工作体系。故选项B正确、选项D错误。

8. C。本题考核的是描述数据分布集中趋势的特征值。描述数据分布集中趋势的特征值包括算术平均数（又称均值）、中位数。

9. B。本题考核的是工程质量统计分析方法。统计调查表法又称统计调查分析法，它是利用专门设计的统计表对质量数据进行收集、整理和粗略分析质量状态的一种方法。分层法又叫分类法，是将调查收集的原始数据，根据不同的目的和要求，按某一性质进行分组、整理的分析方法。排列图法是利用排列图寻找影响质量主次因素的一种有效方法。控制图又称管理图，它是在直角坐标系内画有控制界限，描述生产过程中产品质量波动状态的图形。

10. C。本题考核的是直方图法。采用直方图法分析工程质量时，出现孤岛型直方图，是因为原材料发生变化，或者临时由他人顶班作业造成的。选项A属于折齿型的原因；选项B属于双峰型的原因；选项D属于绝壁型的原因。

11. A。本题考核的是相关图的观察与分析。散布点形成由左向右向下的一条直线带，说明两变量之间的关系为负相关。散布点形成一团或平行于 x 轴的直线带，说明两变量之间的关系为不相关。散布点基本形成由左至右向上变化的一条直线带，说明两变量之间的关系为正相关。散布点形成向上较分散的直线带，说明两变量之间的关系为弱正相关。

12. C。本题考核的是图纸会审。建设单位应及时主持召开图纸会审会议，组织项目监理机构、施工单位等相关人员进行图纸会审，并整理成会审问题清单，由建设单位在设计交底前约定的时间内提交设计单位。

13. B。本题考核的是施工组织设计审查。施工组织设计是指导施工单位进行施工的实施性文件。项目监理机构应审查施工单位报审的施工组织设计，符合要求时，应由总监理工程师签认后报建设单位。

14. B。本题考核的是工程开工令的发出。总监理工程师应在开工日期 7d 前向施工单位发出工程开工令。

15. D。本题考核的是分包单位资质的审核确认。分包工程开工前，项目监理机构应审核施工单位报送的分包单位资格报审表及有关资料，专业监理工程师进行审核并提出审查意见，符合要求后，应由总监理工程师审批并签署意见。

16. B。本题考核的是工程施工质量控制的依据。凡采用新工艺、新技术、新材料的工程，事先应进行试验，并应有权威性技术部门的技术鉴定书及有关的质量数据、指标，在此基础上制定相应的质量标准和施工工艺规程，以此作为判断与控制质量的依据。

17. A。本题考核的是工程暂停令的签发。项目监理机构发现下列情形之一时，总监理工程师应及时签发工程暂停令：（1）建设单位要求暂停施工且工程需要暂停施工的；（2）施工单位未经批准擅自施工或拒绝项目监理机构管理的；（3）施工单位未按审查通过的工程设计文件施工的；（4）施工单位违反工程建设强制性标准的；（5）施工存在重大质量、安全事故隐患或发生质量、安全事故的。

18. B。本题考核的是旁站。项目监理机构应根据工程特点和施工单位报送的施工组织设计，将影响工程主体结构安全的、完工后无法检测其质量的或返工会造成较大损失的部位及其施工过程作为旁站的关键部位、关键工序，安排监理人员进行旁站，并应及时记录旁站情况。

19. B。本题考核的是监理规划的审批。总监理工程师组织专业监理工程师参加编制，总监理工程师签字后由工程监理单位技术负责人审批。

20. B。本题考核的是招标采购设备的质量控制。设备招标采购一般用于大型、复杂、关键设备和成套设备及生产线设备的采购。

21. D。本题考核的是市场采购设备的质量控制。设备采购方案要根据建设项目的总体计划和相关设计文件的要求编制，设备采购方案最终应获得建设单位的批准。

22. C。本题考核的是向生产厂家订购设备质量控制。选择一个合格的供货厂商，是向生产厂家订购设备质量控制工作的首要环节。

23. A。本题考核的是设备制造的质量控制方式。建设单位直接采购或招标采购设备，可通过监理合同委托监理单位实施，由总承包单位或设备安装单位采购的设备可自行安排监造人员，必要时也可由项目监理机构派出监造人员。

24. B。本题考核的是分项工程的划分。分项工程可按主要工种、材料、施工工艺、设备类别进行划分。

25. D。本题考核的是分项工程的质量验收。分项工程应由专业监理工程师组织施工单位项目专业技术负责人等进行验收。专业监理工程师对施工单位所报资料逐项进行审查，符合要求后签认分项工程报审、报验表及质量验收记录。

26. C。本题考核的是分部工程质量验收。观感质量验收往往难以定量，只能以观察、触摸或简单量测的方式进行，检查结果结合验收人的主观判断，并不给出"合格"或"不合格"的结论，而是由各方协商确定，综合给出"好"、"一般"、"差"的质量评价结果。

27. A。本题考核的是工程施工质量验收时不符合要求的处理。工程施工质量验收时不符合要求的应按以下条款进行处理：（1）经返工或返修的检验批，应重新进行验收；（2）经有资质的检测机构检测鉴定能够达到设计要求的检验批，应予以验收；（3）经有资质的检测机构检测鉴定达不到设计要求，但经原设计单位核算认可能够满足安全和使用功能的检验批，可予以验收；（4）经返修或加固处理的分项、分部工程，满足安全及使用功能要求时，可按技术处理方案和协商文件的要求予以验收；（5）经返修或加固处理仍不能满足安全或重要使用要求的分部工程及单位工程，严禁验收。

28. B。本题考核的是工程质量缺陷的处理。发生工程质量缺陷后，项目监理机构签发监理通知单，责成施工单位进行处理。

29. D。本题考核的是工程质量事故等级划分。特别重大事故，是指造成30人以上死亡，或者100人以上重伤，或者1亿元以上直接经济损失的事故；重大事故，是指造成10人以上30人以下死亡，或者50人以上100人以下重伤，或者5000万元以上1亿元以下直接经济损失的事故；较大事故，是指造成3人以上10人以下死亡，或者10人以上50人以下重伤，或者1000万元以上5000万元以下直接经济损失的事故；一般事故，是指造成3人以下死亡，或者10人以下重伤，或者100万元以上1000万元以下直接经济损失的事故。该等级划分所称的"以上"包括本数，所称的"以下"不包括本数。因此，本题中，造成直接经济损失900万元属于一般质量事故。

30. A。本题考核的是工程质量事故处理程序。对于由质量事故调查组处理的工程质量事故，项目监理机构应积极配合，客观地提供相应证据。

31. D。本题考核的是工程质量事故处理程序。质量事故技术处理方案一般由施工单位提出，经原设计单位同意签认，并报建设单位批准。

32. A。本题考核的是初步设计成果评审。依据建设单位提出的工程设计委托任务和设计原则，逐条对照，审核设计是否均已满足要求。审核设计项目的完整性，项目是否齐全、有无遗漏项；设计基础资料可靠性，以及设计标准、装备标准是否符合预定要求；重点审查总平面布置、工艺流程、施工进度能否实现；总平面布置是否充分考虑方向、风向、采光、通风等要素；设计方案是否全面，经济评价是否合理。选项B属于专业设计方案评审；选项C属于审查备案；选项D属于施工图设计评审。

33. B。本题考核的是静态投资的计算。静态投资由建筑安装工程费、设备及工器具购置费、工程建设其他费和基本预备费构成。本题中，静态投资＝建安工程费＋设备工器具购置费＋工程建设其他费＝3000＋4000＋600＝7600万元。动态投资包括涨价预备费和建设期利息。

34. B。本题考核的是材料费的内容。材料费是指施工过程中耗费的原材料、辅助材料、构配件、零件、半成品或成品、工程设备的费用。内容包括：材料原价；运杂费；运输损耗费；采购及保管费。选项B属于企业管理费中的检验试验费。

35. C。本题考核的是规费的组成。规费包括：社会保险费（养老保险费、失业保险费、医疗保险费、生育保险费、工伤保险费）；住房公积金；工程排污费。按现行规定，规费中已不包括工程排污费。

36. C。本题考核的是进口关税的计算基数。进口关税＝到岸价×人民币外汇牌价×进口关税率，设备到岸价＝离岸价＋国外运费＋国外运输保险费。则该设备进口关税的计算基数＝2000＋160＋9＝2169万元。

37. C。本题考核的是利息的计算。月利率1‰，年名义利率＝12‰，则该企业年末需要向金融机构支付的利息 $I=P[(1+i)^n-1]=3000\times[(1+12\%/4)^4-1]=376.53$ 万元。

38. D。本题考核的是投资方案经济评价指标。盈利能力静态评价指标包括投资收益率（总投资收益率、资本金净利润率）；静态投资回收期。选项 A、B 属于偿债能力指标；选项 C 为动态评价指标。

39. C。本题考核的是财务内部收益率的计算。内插法计算财务内部收益率的近似值，根据公式：$IRR=i_1+\dfrac{NPV_1}{NPV_1+|NPV_2|}(i_2-i_1)$，财务内部收益率$=12\%+\dfrac{150}{(150+100)}\times$ $(14\%-12\%)=13.2\%$。则该方案财务内部收益率的取值范围为 13%～14%。

40. A。本题考核的是价值工程的应用。利用价值工程原理选择最优方案：

（1）计算各方案的功能系数：

$F_{甲}=98/(98+96+99+94)=0.2532$；

$F_{乙}=96/(98+96+99+94)=0.2481$；

$F_{丙}=99/(98+96+99+94)=0.2558$；

$F_{丁}=94/(98+96+99+94)=0.2429$。

（2）计算各方案的成本系数：

$C_{甲}=1250/(1250+1350+1300+1225)=0.2439$；

$C_{乙}=1350/(1250+1350+1300+1225)=0.2634$；

$C_{丙}=1300/(1250+1350+1300+1225)=0.2537$；

$C_{丁}=1225/(1250+1350+1300+1225)=0.2390$。

（3）计算各方案的价值系数：

$V_{甲}=F_{甲}/C_{甲}=0.2532/0.2439=1.038$；

$V_{乙}=F_{乙}/C_{乙}=0.2481/0.2634=0.942$；

$V_{丙}=F_{丙}/C_{丙}=0.2558/0.2537=1.008$；

$V_{丁}=F_{丁}/C_{丁}=0.2429/0.2390=1.016$。

所以，最优方案为甲方案。

41. C。本题考核的是单项工程综合概算的组成。单项工程综合概算的组成如下图（单项工程综合概算图）所示。

42. B。本题考核的是施工图预算的审查方法。对比审查法是当工程条件相同时，用已完工程的预算或未完但已经过审查修正的工程的预算对比审查拟建同类工程的预算的一种方法。

43. B。本题考核的是总投资收益率的计算。总投资收益率（ROI）$=\dfrac{EBIT}{TI}\times100\%$，式中，EBIT 为项目达到设计生产能力后正常年份的年息税前利润或运营期内年平均息税前利润；TI 为项目总投资。则该项目的总投资收益率$=595.4/4400=13.53\%$。

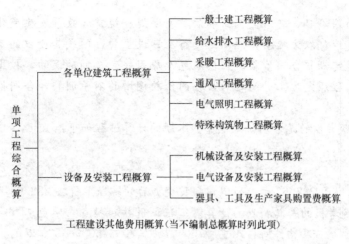

单项工程综合概算图

44. B。本题考核的是经济效果评价。若财务内部收益率≥行业基准收益率，则方案在经济上可以接受。静态投资回收期＞行业基准投资回收期，则项目（或方案）在经济上是不可行的。财务净现值≥0 时，说明该方案能满足基准收益率要求的盈利水平，故在经济上是可行的。投资收益率≥行业基准投资收益率，则方案在经济上可以考虑接受。

45. C。本题考核的是工程量清单编制。采用工程量清单方式招标，招标工程量清单必须作为招标文件的组成部分，其准确性和完整性由招标人负责。

46. B。本题考核的是工程量计算。现行计量规范明确了清单项目的工程量计算规则，其工程量是以形成工程实体为准，并以完成后的净值来计算的。

47. C。本题考核的是投标报价的审核内容。在招标投标过程中，当出现招标工程量清单特征描述与设计图纸不符时，投标人应以招标工程量清单的项目特征描述为准，确定投标报价的综合单价。若在施工中施工图纸或设计变更导致项目特征与招标工程量清单项目特征描述不一致时，发承包双方应按实际施工的项目特征依据合同约定重新确定综合单价。

48. D。本题考核的是固定总价合同风险承担。采用固定总价合同，承包方要承担合同履行过程中的主要风险，要承担实物工程量、工程单价等变化而可能造成损失的风险。

49. C。本题考核的是合同价款约定的一般规定。实行工程量清单计价的工程，应采用单价合同。

50. C。本题考核的是固定总价合同。固定总价合同的合同总价只有在设计和工程范围发生变更的情况下才能随之做相应的变更，除此之外，一般不得变动。

51. B。本题考核的是成本加酬金合同的适用情况。成本加酬金合同主要适用于以下情况：（1）招标投标阶段工程范围无法界定，缺少工程的详细说明，无法准确估价。（2）工程特别复杂，工程技术、结构方案不能预先确定。故这类合同经常被用于一些带研究、开发性质的工程项目中。（3）时间特别紧急，要求尽快开工的工程。如抢救、抢险工程。（4）发包方与承包方之间有着高度的信任，承包方在某些方面具有独特的技术、特长或经验。

52. A。本题考核的是工程计量的方法。均摊法，就是对清单中某些项目的合同价款，按合同工期平均计量。如：为监理人提供宿舍，保养测量设备，保养气象记录设备，维护工地清洁和整洁等。

53. D。本题考核的是合同价款调整。招标工程以投标截止日前 28d，非招标工程以合同签订前 28d 为基准日，其后因国家的法律、法规、规章和政策发生变化引起工程造价增减变化的，发承包双方应当按照省级或行业建设主管部门或其授权的工程造价管理机构据此发布的规定调整合同价款。但因承包人原因导致工期延误的，按上述规定的调整时间，在合同工程原定竣工时间之后，合同价款调增的不予调整，合同价款调减的予以调整。

54. A。本题考核的是合同价款调整。本题的计算过程如下：

$280 \div 350 = 80\%$，偏差为 20%；

$P_2 \times (1-L) \times (1-15\%) = 350 \times (1-5\%) \times (1-15\%) = 282.63$ 元。

由于 280 元小于 282.63 元，所以该项目变更后的综合单价按 282.63 元调整。

55. C。本题考核的是起扣点的计算。工程预付款起扣点＝承包工程合同总额－工程预付款数额/主要材料及构件所占比重＝$750 - 750 \times 20\% / 60\% = 500$ 万元。

56. D。本题考核的是赢得值法。投资偏差（CV）＝已完工作预算投资（$BCWP$）－已完工作实际投资（$ACWP$）；进度偏差（SV）＝已完工作预算投资（$BCWP$）－计划工作预算投资（$BCWS$）。

57. A。本题考核的是进度控制的组织措施。进度控制的组织措施主要包括：（1）建立进度控制目标体系，明确建设工程现场监理组织机构中的进度控制人员及其职责分工；（2）建立工程进度报告制度及进度信息沟通网络；（3）建立进度计划审核制度和进度计划实施中的检查分析制度；（4）建立进度协调会议制度，包括协调会议举行的时间、地点，协调会议的参加人员等；（5）建立图纸审查、工程变更和设计变更管理制度。

58. C。本题考核的是建设单位的计划系统。工程项目总进度计划是根据初步设计中确定的建设工期和工艺流程，具体安排单位工程的开工日期和竣工日期。

59. B。本题考核的是建设工程进度计划的编制程序。将工程项目由粗到细进行分解，是编制网络计划的前提。

60. C。本题考核的是平行施工方式的特点。平行施工方式具有以下特点：（1）充分地利用工作面进行施工，工期短；（2）如果每一个施工对象均按专业成立工作队，劳动力及施工机具等资源无法均衡使用；（3）如果由一个工作队完成一个施工对象的全部施工任务，则不能实现专业化施工，不利于提高劳动生产率；（4）单位时间内投入的劳动力、施工机具、材料等资源量成倍地增加，不利于资源供应的组织；（5）施工现场的组织管理比较复杂。

61. B。本题考核的是流水强度的概念。流水强度是指流水施工的某施工过程（专业工作队）在单位时间内所完成的工程量，也称为流水能力或生产能力。

62. B。本题考核的是固定节拍流水施工工期的计算。固定节拍流水施工工期 $T = (m+n-1)t + \sum G + \sum Z$，式中，$n$ 为施工过程数，m 为施工段数目，t 为流水节拍。则该工程的流水施工工期＝$(5+3-1) \times 2 + 4 = 18d$。

63. C。本题考核的是非节奏流水施工工期的计算。本题的计算过程如下：

（1）求各施工过程流水节拍的累加数列：

施工过程 1：5，13，17，21

施工过程 2：7，9，14，17

（2）错位相减求差数列：

施工过程1与施工过程2：　　　5, 13, 17, 21

$$\frac{-\qquad 7,\ 9,\ 14,\ 17}{5,\ 6,\ 8,\ 7,\ -17}$$

（3）在差数列中取最大值求得流水步距：

施工过程1与施工过程2的流水步距：$K_{1,2}=\max[5, 6, 8, 7, -17]=8d$。

（4）流水施工工期＝7＋2＋5＋3＋8＝25d。

64．A。本题考核的是工艺关系和组织关系。生产性工作之间由工艺过程决定的、非生产性工作之间由工作程序决定的先后顺序关系称为工艺关系。钢筋Ⅰ→模板Ⅰ→混凝土Ⅰ。

65．B。本题考核的是虚箭线的作用。在双代号网络图中，为了正确地表达图中工作之间的逻辑关系，往往需要应用虚箭线。虚箭线是实际工作中并不存在的一项虚设工作，故它们既不占用时间，也不消耗资源，一般起着工作之间的联系、区分和断路三个作用。

66．C。本题考核的是双代号网络计划的绘图规则。双代号网络计划的绘图规则：（1）双代号网络图必须正确表达已定的逻辑关系；（2）双代号网络图中，严禁出现循环回路；（3）双代号网络图中，在节点之间严禁出现带双向箭头或无箭头的连线；（4）双代号网络图中，严禁出现没有箭头节点或没有箭尾节点的箭线；（5）当双代号网络图的某些节点有多条外向箭线或多条内向箭线时，为使图形简洁，可使用母线法绘制；（6）绘制网络图时，箭线不宜交叉；（7）双代号网络图中应只有一个起点节点和一个终点节点（多目标网络计划除外），而其他所有节点均应是中间节点；（8）双代号网络图应条理清楚，布局合理。

67．A。本题考核的是双代号网络计划的时间参数的计算。对于有紧后工作的工作，其自由时差等于本工作之紧后工作最早开始时间减本工作最早完成时间所得之差的最小值。则工作A的自由时差＝$\min\{(19-10-5),\ (22-10-5),\ (26-10-5)\}=4d$。

68．B。本题考核的是双代号网络计划的时间参数的计算。工作的最迟完成时间应等于其紧后工作最迟开始时间的最小值。

69．D。本题考核的是双代号网络计划中时间参数的计算。以网络计划起点节点为开始节点的工作，当未规定其最早开始时间时，其最早开始时间为零。其他工作的最早开始时间应等于其紧前工作最早完成时间的最大值。工作Ⅰ的紧前工作为E、F、G、H，工作E的最早完成时间为6＋1＝7，工作F的最早完成时间为6＋3＋7＝16，工作G的最早完成时间为6＋3＋3＝12，工作H的最早完成时间为5＋7＝12，则工作Ⅰ的最早开始时间＝$\max\{7,\ 16,\ 12,\ 12\}=16$。

70．A。本题考核的是关键工作的特点。在网络计划中，总时差最小的工作为关键工作，而工作的总时差等于该工作最迟完成时间与最早完成时间之差，或该工作最迟开始时间与最早开始时间之差。故选项A正确。关键工作两端的节点必为关键节点，但两端为关键节点的工作不一定是关键工作。故选项B错误。选项C错误，关键工作与其紧后工作之间的时间间隔不一定为零。选项D错误，自始至终由关键工作组成的线路总持续时间最长。

71．C。本题考核的是工期优化。工期优化，是指网络计划的计算工期不满足要求工期时，通过压缩关键工作的持续时间以满足要求工期目标的过程。

72．D。本题考核的是进度调整的系统过程。进度调整的系统过程包括：（1）分析进度偏差产生的原因；（2）分析进度偏差对后续工作和总工期的影响；（3）确定后续工作和总工期的限制条件；（4）采取措施调整进度计划；（5）实施调整后的进度计划。采取进度调整措施，应以后续工作和总工期的限制条件为依据，确保要求的进度目标得到实现。

73. B。本题考核的是分析进度偏差对后续工作及总工期的影响。如果工作的进度偏差大于该工作的总时差，则此进度偏差必将影响其后续工作和总工期，必须采取相应的调整措施；如果工作的进度偏差未超过该工作的总时差，则此进度偏差不影响总工期。如果工作的进度偏差大于该工作的自由时差，则此进度偏差将对其后续工作产生影响。

74. A。本题考核的是利用 S 曲线比较实际进度与计划进度。在 S 曲线比较图中可以直接读出工程项目实际进度比计划进度超前或拖后的时间。如下图所示。

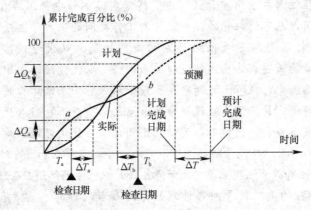

ΔT_a 表示 T_a 时刻实际进度超前的时间；ΔT_b 表示 T_b 时刻实际进度拖后的时间。ΔQ_a 表示 T_a 时刻超额完成的任务量，ΔQ_b 表示 T_b 时刻拖欠的任务量。

75. C。本题考核的是监理单位的进度监控。对于设计进度的监控应实施动态控制。在设计工作开始之前，首先应由监理工程师审查设计单位所编制的进度计划的合理性和可行性。

76. B。本题考核的是施工进度控制目标体系。施工进度控制目标体系：（1）按项目组成分解，确定各单位工程开工及动用日期；（2）按承包单位分解，明确分工条件和承包责任；（3）按施工阶段分解，划定进度控制分界点；（4）按计划期分解，组织综合施工。

77. C。本题考核的是监理工程师审查施工进度计划的目的。编制和实施施工进度计划是承包单位的责任。承包单位之所以将施工进度计划提交给监理工程师审查，是为了听取监理工程师的建设性意见。

78. A。本题考核的是确定工作项目的持续时间。工作项目持续时间的计算公式为：$D=P/(R \cdot B)$，式中，P——工作项目所需要的劳动量（工日）或机械台班数（台班）；D——完成工作项目所需要的时间，即持续时间（d）；R——每班安排的工人数或施工机械台数；B——每天工作班数。该工作的持续时间 $=400 \times 0.5/(2 \times 10)=10d$。

79. D。本题考核的是施工进度计划的调整措施。组织措施包括：（1）增加工作面，组织更多的施工队伍；（2）增加每天的施工时间（如采用三班制等）；（3）增加劳动力和施工机械的数量。选项 A 属于经济措施；选项 B 属于技术措施；选项 C 属于其他配套措施。

80. B。本题考核的是物资供应计划的审核。物资供应单位或施工承包单位编制的物资供应计划必须经监理工程师审核，并得到认可后才能执行。

二、多项选择题

81. ACD	82. BCD	83. ABCE	84. BCD	85. ADE
86. ABDE	87. ACDE	88. BCE	89. ACD	90. ABDE
91. BD	92. BCDE	93. AB	94. DE	95. CE
96. CDE	97. ABC	98. ACE	99. BCD	100. ABD
101. ABD	102. BCD	103. BDE	104. ABC	105. BE
106. AD	107. DE	108. CDE	109. BCD	110. ABD
111. ACE	112. ABDE	113. ABE	114. BD	115. ABD
116. CD	117. CDE	118. BCE	119. ABCE	120. ABDE

【解析】

81. ACD。本题考核的是建设工程质量的特性与环境的协调性，是指工程与其周围生态环境协调，与所在地区经济环境协调以及与周围已建工程相协调，以适应可持续发展的要求。

82. BCD。本题考核的是建设工程的最低保修期限。在正常使用条件下，建设工程的最低保修期限为：（1）基础设施工程、房屋建筑工程的地基基础和主体结构工程，为设计文件规定的该工程的合理使用年限；（2）屋面防水工程、有防水要求的卫生间、房间和外墙面的防渗漏，为5年；（3）供热与供冷系统，为2个采暖期、供冷期；（4）电气管线、给水排水管道、设备安装和装修工程，为2年。

83. ABCE。本题考核的是建设单位的质量责任。建设单位不得将应由一个承包单位完成的建设工程项目肢解成若干部分发包给几个承包单位；不得迫使承包方以低于成本的价格竞标；不得任意压缩合理工期；不得明示或暗示设计单位或施工单位违反建设强制性标准，降低建设工程质量。建设单位应根据工程特点，配备相应的质量管理人员。建设单位对其自行选择的设计、施工单位发生的质量问题承担相应责任。涉及建筑主体和承重结构变动的装修工程，建设单位应在施工前委托原设计单位或者相应资质等级的设计单位提出设计方案，经原审查机构审批后方可施工。工程项目竣工后，应及时组织设计、施工、工程监理等有关单位进行施工验收，未经验收备案或验收备案不合格的，不得交付使用。

84. BCD。本题考核的是与质量管理体系有关的记录。与质量管理体系有关的记录，如合同评审记录、内部审核记录、管理评审记录、培训记录、文件控制记录等；与监理服务"产品"有关的质量记录，如监理旁站记录、材料设备验收记录、纠正预防措施记录、不合格品处理记录等。

85. ADE。本题考核的是直方图法的用途。通过直方图的观察与分析，可了解产品质量的波动情况，掌握质量特性的分布规律，以便对质量状况进行分析判断。同时可通过质量数据特征值的计算，估算施工生产过程总体的不合格品率，评价过程能力等。

86. ABDE。本题考核的是项目监理机构施工质量控制的依据。项目监理机构施工质量控制的依据包括：（1）工程合同文件；（2）工程勘察设计文件，施工图审查报告与审查批准书、施工过程中设计单位出具的工程变更设计都属于设计文件的范畴；（3）有关质量管理方面的法律法规、部门规章与规范性文件；（4）质量标准与技术规范（规程）。

87. ACDE。本题考核的是施工组织设计审查的基本内容。施工组织设计审查应包括下列基本内容：（1）编审程序应符合相关规定；（2）施工进度、施工方案及工程质量保证措施应符合施工合同要求；（3）资金、劳动力、材料、设备等资源供应计划应满足工程施工需要；（4）安全技术措施应符合工程建设强制性标准；（5）施工总平面布置应科学合理。

88. BCE。本题考核的是质量证明文件的内容。用于工程的材料、构配件、设备的质量证明文件包括出厂合格证、质量检验报告、性能检测报告以及施工单位的质量抽检报告等。对于工程设备应同时附有设备出厂合格证、技术说明书、质量检验证明、有关图纸、配件清单及技术资料等。

89. ACD。本题考核的是工程质量控制活动的质量记录资料。质量记录资料包括：（1）施工现场质量管理检查记录资料；（2）工程材料质量记录；（3）施工过程作业活动质量记录资料。

90. ABDE。本题考核的是设备采购方案审查内容。对设备采购方案的审查，重点应包括以下内容：采购的基本原则、范围和内容，依据的图纸、规范和标准、质量标准、检查及验收程序，质量文件要求，以及保证设备质量的具体措施等。

91. BD。本题考核的是分部工程的划分。分部工程是单位工程的组成部分，一个单位工程往往由多个分部工程组成。分部工程可按专业性质、工程部位确定。

92. BCDE。本题考核的是分部工程质量验收。分部工程应由总监理工程师组织施工单位项目负责人和项目技术负责人等进行验收。设计单位项目负责人和施工单位技术、质量部门负责人应参加主体结构工程、节能分部工程的验收。

93. AB。本题考核的是常见工程质量缺陷的成因。基本建设程序是工程项目建设过程及其客观规律的反映，不按建设程序办事，例如，未搞清地质情况就仓促开工；边设计、边施工；无图施工；不经竣工验收就交付使用等。

94. DE。本题考核的是工程质量事故等级划分。工程质量事故分为4个等级：（1）特别重大事故，是指造成30人以上死亡，或者100人以上重伤，或者1亿元以上直接经济损失的事故；（2）重大事故，是指造成10人以上30人以下死亡，或者50人以上100人以下重伤，或者5000万元以上1亿元以下直接经济损失的事故；（3）较大事故，是指造成3人以上10人以下死亡，或者10人以上50人以下重伤，或者1000万元以上5000万元以下直接经济损失的事故；（4）一般事故，是指造成3人以下死亡，或者10人以下重伤，或者100万元以上1000万元以下直接经济损失的事故。

95. CE。本题考核的是工程质量事故的处理原则。工程质量事故的处理原则包括正确确定事故性质和正确确定处理范围。

96. CDE。本题考核的是初步设计成果评审。初步设计成果评审重点审查的内容包括：总平面布置、工艺流程、施工进度能否实现；总平面布置是否充分考虑方向、风向、采光、通风等要素；设计方案是否全面，经济评价是否合理。

97. ABC。本题考核的是项目监理机构在施工阶段投资控制的措施。项目监理机构在施工阶段投资控制的经济措施包括：（1）编制资金使用计划，确定、分解投资控制目标。对工程项目造价目标进行风险分析，并制定防范性对策；（2）进行工程计量；（3）复核工程付款账单，签发付款证书；（4）在施工过程中进行投资跟踪控制，定期进行投资实际支出值与计划目标值的比较；发现偏差，分析产生偏差的原因，采取纠偏措施；（5）协商确定工程变更的价款。审核竣工结算；（6）对工程施工过程中的投资支出做好分析与预测，经常或定期向建设单位提交项目投资控制及其存在问题的报告。项目监理机构在施工阶段投资控制的技术措施包括：（1）对设计变更进行技术经济比较，严格控制设计变更；（2）继续寻找通过设计挖潜节约投资的可能性；（3）审核承包人编制的施工组织设计，对主要施工方案进行技术经济分析。

98. ACE。本题考核的是企业管理费的内容。企业管理费包括：管理人员工资、办公费、差旅交通费、固定资产使用费、工具用具使用费、劳动保险和职工福利费、劳动保护费、检验试验费、工会经费、职工教育经费、财产保险费、财务费、税金、技术转让费、技术开发费、投标费、业务招待费、绿化费、广告费、公证费、法律顾问费、审计费、咨询费、保险费等。

99. BCD。本题考核的是进口设备的交货方式。采用装运港船上交货价（FOB）时，买方的责任是：负责租船或订舱，支付运费，并将船期、船名通知卖方；承担货物装船后的一切费用和风险；负责办理保险及支付保险费，办理在目的港的进口和收货手续；接受卖方提供的有关装运单据，并按合同规定支付货款。

100. ABD。本题考核的是进口设备抵岸价的构成。进口设备抵岸价＝货价＋国外运费＋国外运输保险费＋银行财务费＋外贸手续费＋进口关税＋增值税＋消费税。货价＝离岸价×人民币外汇牌价，到岸价＝离岸价＋国外运费＋国外运输保险费。

101. ABD。本题考核的是价值工程的特点。价值工程涉及价值、功能和寿命周期成本三个基本要素。价值工程具有以下特点：（1）价值工程的目标是以最低的寿命周期成本，实现产品必须具备的功能，简而言之就是以提高对象的价值为目标。产品的寿命周期成本由生产成本和使用及维护成本组成。（2）价值工程的核心是对产品进行功能分析。（3）价值工程将产品价值、功能和成本作为一个整体同时考虑。（4）价值工程强调不断改革和创新，开拓新构思和新途径，获得新方案，创造新功能载体，从而简化产品结构，节约原材料，节约能源，绿色环保，提高产品的技术经济效益。

102. BCD。本题考核的是设备安装工程概算的编制方法。设备安装工程概算编制的基本方法有：预算单价法、扩大单价法、概算指标法。

103. BDE。本题考核的是工程量清单的适用范围。工程量清单适用于建设工程发承包及实施阶段的计价活动，包括工程量清单的编制、招标控制价的编制、投标报价的编制、工程合同价款的约定、工程施工过程中计量与合同价款的支付、索赔与现场签证、竣工结算的办理和合同价款争议的解决以及工程造价鉴定等活动。

104. ABC。本题考核的是投标报价。措施项目中的安全文明施工费应按照国家或省级、行业建设主管部门的规定计算，不作为竞争性费用。暂列金额应按照招标工程量清单中列出的金额填写，不得变动。暂估价不得变动和更改。暂估价中的材料、工程设备必须按照暂估单价计入综合单价；专业工程暂估价必须按照招标工程量清单中列出的金额填写。

105. BE。本题考核的是工程合同价款调整程序。选项 A 错误，出现合同价款调减事项（不含工程量偏差、施工索赔）后的 14d 内，发包人应向承包人提交合同价款调减报告并附相关资料。选项 B 正确，出现合同价款调增事项（不含工程量偏差、计日工、现场签证、施工索赔）后的 14d 内，承包人应向发包人提交合同价款调增报告并附上相关资料。选项 C 错误，发（承）包人应在收到承（发）包人合同价款调增（减）报告及相关资料之日起 14d 内对其核实，予以确认的应书面通知承（发）包人。选项 D 错误，发（承）包人在收到合同价款调增（减）报告之日起 14d 内未确认也未提出协商意见的，视为承（发）包人提交的合同价款调增（减）报告已被发（承）包人认可。选项 E 正确，如果发包人与承包人对合同价款调整的不同意见不能达成一致，只要对承发包双方履约不产生实质影响，双方应继续履行合同义务，直到其按照合同约定的《建设工程工程量清单计价规范》GB 50500—2013 处理。

106. AD。本题考核的是 FIDIC《施工合同条件》中承包人可引用的索赔条款。选项 B、C、E 只可索赔工期和成本。

107. DE。本题考核的是发包人向承包人的索赔。发包人向承包人的索赔包括：（1）工期延误索赔；（2）质量不满足合同要求索赔；（3）承包人不履行的保险费用索赔；（4）对超额利润的索赔；（5）发包人合理终止合同或承包人不正当地放弃工程的索赔。

108. CDE。本题考核的是赢得值法的评价指标。赢得值法的四个评价指标包括：投资偏差、进度偏差、投资绩效指数、进度绩效指数。

109. BCD。本题考核的是设计阶段和施工阶段进度控制的任务。在设计阶段和施工阶段，监理工程师不仅要审查设计单位和施工单位提交的进度计划，更要编制监理进度计划，以确保进度控制目标的实现。

110. ABD。本题考核的是工程项目建设总进度计划表格部分的内容。工程项目建设总进度计划表格部分的内容包括：工程项目一览表、工程项目总进度计划、投资计划年度分配表、工程项目进度平衡表。

111. ACE。本题考核的是加快的成倍节拍流水施工的特点。加快的成倍节拍流水施工的特点如下：（1）同一施工过程在其各个施工段上的流水节拍均相等；不同施工过程的流水节拍不等，但其值为倍数关系；（2）相邻专业工作队的流水步距相等，且等于流水节拍的最大公约数（K）；（3）专业工作队数大于施工过程数，即有的施工过程只成立一个专业工作队，而对于流水节拍大的施工过程，可按其倍数增加相应专业工作队数目；（4）各个专业工作队在施工段上能够连续作业，施工段之间没有空闲时间。

112. ABDE。本题考核的是施工过程的分类。由于建造类施工过程占有施工对象的空间，直接影响工期的长短，因此，必须列入施工进度计划，并且大多作为主导的施工过程或关键工作。建造类施工过程包括建筑物或构筑物的地下工程、主体结构工程、装饰工程等。运输类与制备类施工过程一般不占有施工对象的工作面，故一般不列入流水施工进度计划之中。只有当其占有施工对象的工作面，影响工期时，才列入施工进度计划之中。例如，对于采用装配式钢筋混凝土结构的建设工程，钢筋混凝土构件的现场制作过程就需要列入施工进度计划之中。同样，结构安装中的构件吊运施工过程也需要列入施工进度计划之中。

113. ABE。本题考核的是关键工作和关键线路的确定。选项 C 错误，在单代号网络计划中，从起点节点到终点节点均为关键工作的，且所有工作的时间间隔为零的线路为关键线路。选项 D 错误，双代号网络计划中，关键线路上可以有虚箭线存在。

114. BD。本题考核的是单代号网络计划关键线路的确定。单代号网络计划中，从网络计划的终点节点开始，逆着箭线方向依次找出相邻两项工作之间时间间隔为零的线路就是关键线路。本题中，工作 A 的最早开始时间为 0，最早完成时间为 0+5=5；工作 B 的最早开始时间为 5，最早完成时间为 5+7=12；工作 C 的最早开始时间为 12，最早完成时间为 12+6=18；工作 D 的最早开始时间为 5，最早完成时间为 5+8=13；工作 E 的最早开始时间为 12，最早完成时间为 12+4=16；工作 F 的最早开始时间为 $\max\{12, 16, 18\}=18$，最早完成时间为 18+4=22；工作 G 的最早开始时间为 16，最早完成时间为 16+6=22；工作 H 的最早开始时间为 22，最早完成时间为 16+6=22。$LAG_{A,B}=0$，$LAG_{B,E}=0$，$LAG_{E,G}=0$，$LAG_{G,H}=0$，$LAG_{B,C}=0$，$LAG_{C,F}=0$，$LAG_{F,H}=0$。关键线路为：A→B→C→F→H 和 A→B→E→G→H。

115. ABD。本题考核的是双代号时标网络计划时间参数的计算。本题中关键线路为 A→D→H，工作 A 为关键工作，选项 A 正确。双代号时标网络计划中，以终点节点为完成节点的工作，其自由时差应等于计划工期与本工作最早完成时间之差，其他工作的自由时差就是该工作箭线中波形线的水平投影长度。但当工作之后只紧接虚工作时，则该工作箭线上一定不存在波形线，而其紧接的虚箭线中波形线水平投影长度的最短者为该工作的自由时差。工作 B 的自由时差为 2d，故选项 B 正确。工作 C 的总时差=12-(5+5)=2d，故选项 C 错误。工作 D 的最迟完成时间为第 8 天，故选项 D 正确。工作 E 的紧前工作为工作 A、B，其最早开始时间为第 4 天，故选项 E 错误。

116. CD。本题考核的是工期优化。网络计划工期优化的基本方法是在不改变网络计划中各项工作之间逻辑关系的前提下，通过压缩关键工作的持续时间来达到优化目标。在工期优化过程中，按照经济合理的原则，不能将关键工作压缩成非关键工作。此外，当工期优化过程中出现多条关键线路时，必须将各条关键线路的总持续时间压缩相同数值，否则，不能有效地缩短工期。

117. CDE。本题考核的是横道图法比较计划进度与实际进度。选项 A 错误，第 1 周后未连续工作，第 3 周前半周末工作。选项 B 错误，第 2 周内计划完成为 25%-10%=15%，实际完成为 25%-8%=17%。选项 C 正确，第 3 周末计划完成 40%，第 3 周末实际完成 40%。选项 D 正确，第 4 周末计划完成 60%，第 4 周末实际完成 55%，拖欠 60%-55%=5% 的任务量。选项 E 正确，第 5 周末计划完成 75%，第 5 周末实际完成 70%，实际进度拖后 75%-70%=5% 的任务量。

118. BCE。本题考核的是利用前锋线比较计划进度与实际进度。第 30 天检查时，工作 C 拖后 20d，其总时差为 0，将影响总工期 20d，故选项 A 错误。工作 D 实际进度正常，不影响总工期，故选项 B 正确。第 70 天检查时，工作 G 拖后 10d，其总时差为 0，将影响总工期 10d，故选项 C 正确。工作 F 拖后 10d，其总时差为 0，将影响总工期 10d，故选项 D 错误。工作 H 实际进度正常，不影响总工期，故选项 E 正确。

119. ABCE。本题考核的是施工进度控制工作细则的内容。施工进度控制工作细则的主要内容包括：（1）施工进度控制目标分解图；（2）施工进度控制的主要工作内容和深度；（3）进度控制人员的职责分工；（4）与进度控制有关各项工作的时间安排及工作流程；（5）进度控制的方法（包括进度检查周期、数据采集方式、进度报表格式、统计分析方法等）；（6）进度控制的具体措施（包括组织措施、技术措施、经济措施及合同措施等）；（7）施工进度控制目标实现的风险分析；（8）尚待解决的有关问题。

120. ABDE。本题考核的是施工进度计划的检查与调整。进度计划检查的主要内容包括：（1）各工作项目的施工顺序、平行搭接和技术间歇是否合理；（2）总工期是否满足合同规定；（3）主要工种的工人是否能满足连续、均衡施工的要求；（4）主要机具、材料等的利用是否均衡和充分。

2016 年度全国监理工程师资格考试试卷

一、单项选择题（共 80 题，每题 1 分。每题的备选项中，只有 1 个最符合题意）

1. 工程建设过程中，确定工程项目的质量目标应在（　　）阶段。
   A. 项目可行性研究　　　　　　　　B. 项目决策
   C. 工程设计　　　　　　　　　　　D. 工程施工

2. 工程项目建成后，难以对工程内在质量进行检验。这是因为工程质量本身具有（　　）的特点。
   A. 影响因素多　　　　　　　　　　B. 质量波动大
   C. 检验特殊性　　　　　　　　　　D. 终检局限性

3. 工程质量检验机构出具的检验报告需经（　　）确认后，方可按规定归档。
   A. 监理单位　　　　　　　　　　　B. 施工单位
   C. 设计单位　　　　　　　　　　　D. 工程质量监督机构

4. 根据《建筑工程质量管理条例》，设计文件中选用的材料、构配件和设备，应当注明（　　）。
   A. 生产厂　　　　　　　　　　　　B. 规格和型号
   C. 供应商　　　　　　　　　　　　D. 使用年限

5. 根据 ISO 质量管理体系标准，将互相关联的过程作为系统加以识别、理解和管理的质量管理原则是（　　）。
   A. 过程方法　　　　　　　　　　　B. 持续改进
   C. 过程评价　　　　　　　　　　　D. 管理的系统方法

6. 根据 ISO 质量管理体系标准，工程质量单位应以（　　）为框架，制定具体的质量目标。
   A. 质量计划　　　　　　　　　　　B. 质量方针
   C. 质量策划　　　　　　　　　　　D. 质量要求

7. 《卓越绩效评价准则》与 ISO 9000 质量管理体系的不同点是（　　）。
   A. 基本原理和原则不同　　　　　　B. 基本理念和思维方式不同
   C. 关注点和目标不同　　　　　　　D. 使用方法（工具）不同

8. 下列质量数据特征值中，用来描述数据离散趋势的是（　　）。

A. 极差   B. 中位数

C. 算术平均数   D. 极值

9. 采用排列图法划分质量影响因素时，累计频率达到 75% 对应的影响因素是（　　）。

A. 主要因素   B. 次要因素

C. 一般因素   D. 基本因素

10. 工程质量统计分析方法中，用来显示两种质量数据之间关系的是（　　）。

A. 因果分析图法   B. 相关图法

C. 直方图法   D. 控制图法

11. 根据有关标准，对有抗震设防要求的主体结构，纵向受力钢筋在最大力下的总伸长率不应小于（　　）。

A. 3%   B. 5%

C. 7%   D. 9%

12. 根据《建设工程监理规范》GB/T 50319—2013，工程施工采用新技术、新工艺时，应由（　　）组织必要的专题论证。

A. 施工单位   B. 监理单位

C. 建设单位   D. 设计单位

13. 图纸会审的会议纪要应由（　　）负责整理，与会各方会签。

A. 监理单位   B. 建设单位

C. 施工单位   D. 设计单位

14. 施工单位编制的施工组织设计应经施工单位（　　）审核签认后，方可报送项目监理机构审查。

A. 法定代表人   B. 技术负责人

C. 项目负责人   D. 项目技术负责人

15. 项目监理机构收到施工单位报送的施工控制测量成果报检表后，应由（　　）签署审查意见。

A. 总监理工程师   B. 监理单位技术负责人

C. 专业监理工程师   D. 监理员

16. 项目监理机构审查施工单位报送的工程材料、构配件、设备报审表时，应重点审查（　　）。

A. 采购合同   B. 技术标准

C. 质量证明文件   D. 设计文件要求

17. 用于工程的进口材料、构配件和设备，按合同约定需要进行联合检查验收的，应由（　　）提出联合检查验收申请。
    A. 施工单位   B. 项目监理机构
    C. 供货单位   D. 建设单位

18. 建设单位负责采购的主要设备进场后，应由（　　）三方共同进行开箱检查。
    A. 建设单位、供货单位、施工单位
    B. 供货单位、施工单位、项目监理机构
    C. 建设单位、施工单位、项目监理机构
    D. 供货单位、设计单位、施工单位

19. 下列报审、报验表中，需要建设单位签署审批意见的是（　　）。
    A. 分包单位资格报审表   B. 施工进度计划报审表
    C. 分项工程报验表   D. 工程复工报审表

20. 建设单位负责采购设备时，控制质量的首要环节是（　　）。
    A. 编制设备监造方案   B. 选择合格的供货厂商
    C. 确定主要技术参数   D. 选择适宜的运输方式

21. 对制造周期长的设备，项目监理机构可采取（　　）的方式实施设备质量控制。
    A. 目标监控   B. 巡回监控
    C. 定点监控   D. 设置质量控制点监控

22. 工程施工前，检验批的划分方案应由（　　）审核。
    A. 施工单位   B. 建设单位
    C. 项目监理机构   D. 设计单位

23. 工程施工过程中，同一项目重复利用同一抽样对象已有检验成果的实施方案时，应事先报（　　）认可。
    A. 建设单位   B. 设计单位
    C. 施工单位   D. 项目监理机构

24. 工程施工过程中，采用计数抽样检验时，检验批容量为 20 时的最小抽样数量是（　　）。
    A. 2   B. 3
    C. 5   D. 8

25. 验收建筑节能分部工程质量，应由（　　）组织。
　　A. 施工单位技术负责人　　　　　　B. 总监理工程师
　　C. 建设单位项目负责人　　　　　　D. 施工单位项目负责人

26. 经返修或加固处理的分部工程，在（　　）的条件下可按技术处理方案和协商文件予以验收。
　　A. 不改变结构外形尺寸　　　　　　B. 不造成永久性影响
　　C. 不影响结构安全和主要使用功能　D. 不影响基本使用

27. 工程质量事故发生后，项目监理机构应及时签发工程暂停令，要求施工单位采取（　　）的措施。
　　A. 抓紧整改、早日复工　　　　　　B. 防止事故信息非正常扩散
　　C. 对事故责任人进行监管　　　　　D. 防止事故扩大并保护好现场

28. 工程施工中发生事故造成 10 人死亡，该事故属于（　　）事故。
　　A. 特别重大　　　　　　　　　　　B. 重大
　　C. 较大　　　　　　　　　　　　　D. 一般

29. 工程质量事故发生后，涉及结构安全和加固处理的重大技术处理方案应由（　　）提出。
　　A. 原设计单位　　　　　　　　　　B. 事故调查组建议的单位
　　C. 施工单位　　　　　　　　　　　D. 法定检测单位

30. 项目监理机构最终确认工程质量事故的技术处理是否达到预期目的所采取的手段是（　　）。
　　A. 定期观测和必要的判断　　　　　B. 分析和必要的论证
　　C. 检查验收和必要的鉴定　　　　　D. 征询设计单位意见

31. 工程监理单位在工程勘察阶段控制质量，最重要的工作是审核和评定（　　）。
　　A. 勘察方案　　　　　　　　　　　B. 勘察任务书
　　C. 勘察合同　　　　　　　　　　　D. 勘察成果

32. 工程监理单位协助建设单位组织设计方案评审时，对总体方案评审的重点是（　　）。
　　A. 设计规模　　　　　　　　　　　B. 施工进度
　　C. 设计深度　　　　　　　　　　　D. 材料选型

33. 建设工程项目初步设计一般依据（　　）编制相应的经济文件。
　　A. 估算指标　　　　　　　　　　　B. 概算指标
　　C. 概算定额　　　　　　　　　　　D. 预算定额

34. 建设工程项目技术设计和施工图设计应依据（　　）设置投资控制目标。

A. 投资估算　　　　　　　　　　　B. 设计概算

C. 施工图预算　　　　　　　　　　D. 工程量清单

35. 工程款支付证书由（　　）签发。

A. 专业监理工程师　　　　　　　　B. 建设单位

C. 总监理工程师　　　　　　　　　D. 项目审计部门

36. 建安工程企业管理费中的检验试验费是用于（　　）试验的费用。

A. 一般材料　　　　　　　　　　　B. 构件破坏性

C. 新材料　　　　　　　　　　　　D. 新构件

37. 施工单位以 60 万元价格购买一台挖掘机，预计可使用 1000 个台班，残值率为 5%。施工单位使用 15 个日历天，每日历天按 2 个台班计算，司机每台班工资与台班动力费等合计为 100 元，该台挖掘机的使用费为（　　）万元。

A. 1.41　　　　　　　　　　　　　B. 1.71

C. 1.86　　　　　　　　　　　　　D. 2.01

38. 根据建筑安装工程费用相关规定，规费中住房公积金的计算基础是（　　）。

A. 定额人工费　　　　　　　　　　B. 定额材料费

C. 定额机械费　　　　　　　　　　D. 分部分项工程费

39. 下列费用中，属于建设单位管理费的是（　　）。

A. 可行性研究费　　　　　　　　　B. 工程竣工验收费

C. 环境影响评价费　　　　　　　　D. 劳动安全卫生评价费

40. 施工单位从银行贷款 2000 万元，月利率为 0.8%，按月复利计息，两月后应一次性归还银行本息共计（　　）万元。

A. 2008.00　　　　　　　　　　　B. 2016.00

C. 2016.09　　　　　　　　　　　D. 2032.13

41. 建设单位从银行贷款 1000 万元，贷款期为 2 年，年利率 6%，每季度计息一次，则贷款的年实际利率为（　　）。

A. 6%　　　　　　　　　　　　　　B. 6.12%

C. 6.14%　　　　　　　　　　　　D. 12%

42. 关于净现值指标的说法，正确的是（　　）。

A. 该指标全面考虑了项目在整个计算期内的经济状况

B. 该指标未考虑资金的时间价值

C. 该指标反映了项目投资中单位投资的使用效率

D. 该指标直接说明了在项目运营期各年的经营成果

43. 价值工程的目标是以（　　）实现项目必须具备的功能。

A. 最少的项目投资

B. 最高的项目盈利

C. 最低的寿命周期成本

D. 最低的项目运行成本

44. 建设工程项目招标时，工程量清单通常由（　　）提供。

A. 造价单位

B. 施工单位

C. 咨询单位

D. 建设单位

45. 现行计量规范的项目编码由十二位数字构成，其中第五至第六位数字为（　　）。

A. 专业工程码

B. 附录分类顺序码

C. 分部工程顺序码

D. 清单项目名称顺序码

46. 根据现行工程量计量规范，清单项目的工程量应以（　　）为准进行计算。

A. 完成后的实际值

B. 形成工程实体的净值

C. 定额工程量数量

D. 对应的施工方案数量

47. 关于编制招标控制价的说法，正确的是（　　）。

A. 综合单价应包括由招标人承担的费用及风险

B. 安全文明施工费按投标人的施工组织设计确定

C. 措施项目费应为包括规费、税金在内的全部费用

D. 暂估价中材料单价，应按招标工程量清单的单价计入综合单价

48. 某挖沟槽土方项目招标，工程量清单中的土方开挖工程量为 200m³，投标人按施工方案计算得到的预算工程量为 300m³，按企业定额该子项基价为 100 元/m³，则该土方开挖工程的单位报价应为（　　）元/m³。

A. 300

B. 200

C. 150

D. 100

49. 合同总价只有在设计和工程范围发生变更时才能随之做相应调整，除此之外一般不得变更的合同称为（　　）。

A. 固定总价合同

B. 可调总价合同

C. 固定单价合同

D. 可调单价合同

50. 承包人应在采购材料前将采购数量和新的材料单价报（　　）核对，确认用于本合同工程时，应确认采购材料的数量和单价。

A. 发包人

B. 承包人

C. 监理单位　　　　　　　　　　　　D. 设计单位

51. 下列投标控制工作中，属于监理工程师的工作是(　　)。
A. 确定投资目标　　　　　　　　　　B. 确定资金使用计划
C. 结算已完工程费用　　　　　　　　D. 提出投资目标调整建议

52. 将项目总投资按单项工程及单位工程等分解编制而成的资金使用计划称为按(　　)分解的资金使用计划。
A. 投资构成　　　　　　　　　　　　B. 子项目
C. 时间进度　　　　　　　　　　　　D. 专业工程

53. 根据《建设工程工程量清单计价规范》GB 50500—2013，当实际工程量比招标工程量清单中的工程量增加 15% 以上时，对综合单价进行调整的方法是(　　)。
A. 增加后整体部分的工程量的综合单价调低
B. 增加后整体部分的工程量的综合单价调高
C. 超出约定部分的工程量的综合单价调低
D. 超出约定部分的工程量的综合单价调高

54. 某工程采用的预拌混凝土由承包人提供，双方约定承包人承担的价格风险系数≤5%。承包人投标时对预拌混凝土的投标报价为 308 元/m³，招标人的基准价格为 310 元/m³，实际采购价为 327 元/m³。发包人在结算时确认的单价应为(　　)元/m³。
A. 308.00　　　　　　　　　　　　　B. 309.49
C. 310.00　　　　　　　　　　　　　D. 327.00

55. 下列事件中，需要进行现场签证的是(　　)。
A. 合同范围以内零星工程的确认
B. 修改施工方案引起工程量增减的确认
C. 承包人原因导致设备窝工损失的确认
D. 合同范围以外新增工程的确认

56. 关于赢得值法及其应用的说法，正确的是(　　)。
A. 赢得值法有四个基本参数和三个评价指标
B. 投资（进度）绩效指数反映的是绝对偏差
C. 投资（进度）偏差仅适合对同一项目做偏差分析
D. 进度偏差为正值，表示进度延误

57. 下列进度计划中，属于建设单位计划系统的是(　　)。
A. 设计准备工作进度计划　　　　　　B. 设计总进度计划
C. 工程项目总进度计划　　　　　　　D. 施工准备工作计划

58. 大型建设项目总进度目标论证的核心工作是通过编制（　　），论证总进度目标实现的可能性。

A. 总进度纲要 　　　　　　　　　　 B. 施工组织总设计

C. 总进度规划 　　　　　　　　　　 D. 各子系统进度规划

59. 采用横道图表示建设工程进度计划的优点是（　　）。

A. 能够明确反映工作之间的逻辑关系 　 B. 易于编制和理解进度计划

C. 便于优化调整进度计划 　　　　　　 D. 能够直接反映影响工期的关键工作

60. 建设工程采用平行施工组织方式的特点是（　　）。

A. 能够均衡使用施工资源 　　　　　　 B. 单位时间内投入的资源量较少

C. 专业工作队能够连续施工 　　　　　 D. 能够充分利用工作面进行施工

61. 某分部工程有 3 个施工过程，分为 4 个施工段组织加快的成倍节拍流水施工，各施工过程的流水节拍分别为 6d、4d 和 8d，则该分部工程的流水施工工期是（　　）d。

A. 18 　　　　　　　　　　　　　　 B. 24

C. 34 　　　　　　　　　　　　　　 D. 42

62. 建设工程组织非节奏流水施工时，计算流水步距的基本步骤是（　　）。

A. 取最大值错位相减累加数列 　　　　 B. 错位相减累加数列取最大值

C. 累加数列错位相减取最大值 　　　　 D. 累加数列取最大值错位相减

63. 某分部工程有两个施工过程，分为 3 个施工段组织非节奏流水施工，各施工过程的流水节拍分别为 3d、5d、5d 和 4d、4d、5d，则两个施工过程之间的流水步距是（　　）d。

A. 2 　　　　　　　　　　　　　　 B. 3

C. 4 　　　　　　　　　　　　　　 D. 5

64. 双代号网络图中虚工作的特征是（　　）。

A. 不消耗时间，但消耗资源 　　　　　 B. 不消耗时间，也不消耗资源

C. 只消耗时间，不消耗资源 　　　　　 D. 既消耗时间，也消耗资源

65. 某工程网络计划中，工作 M 的持续时间为 4d，工作 M 的三项紧后工作的最迟开始时间分别为第 21 天、第 18 天和第 15 天，则工作 M 的最迟开始时间是第（　　）天。

A. 11 　　　　　　　　　　　　　　 B. 14

C. 15 　　　　　　　　　　　　　　 D. 17

66. 某工程单代号网络计划如下图所示，工作 E 的最早开始时间是（　　）。

A. 10 　　　　　　　　　　　　　　 B. 13

C. 17 　　　　　　　　　　　　　　 D. 27

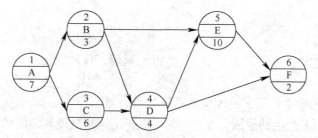

67. 计划工期等于计算工期的双代号网络计划中，关于关键节点特点的说法，正确的是（　　）。

A. 相邻关键节点之间的工作一定是关键工作

B. 以关键节点为完成节点的工作总时差和自由时差相等

C. 关键节点连成的线路一定是关键线路

D. 两个关键节点之间的线路一定是关键线路

68. 在工程网络计划中，关键工作的特点是（　　）。

A. 关键工作一定在关键线路上　　　　　B. 关键工作的持续时间最长

C. 关键工作的总时差最小　　　　　　　D. 关键工作的持续时间最短

69. 工程网络计划工期优化过程中，首先应选择压缩持续时间的工作是（　　）的关键工作。

A. 缩短时间对质量和安全影响不大　　　B. 工程变更程序相对简单

C. 资源消耗比较均衡　　　　　　　　　D. 直接成本最小

70. 工程网络计划费用优化过程中，压缩关键工作的持续时间应遵循的基本原则是（　　）。

A. 必须将关键工作压缩成非关键工作

B. 压缩后工作的持续时间不能小于其总时差

C. 优先选择压缩综合费率最小的关键工作

D. 多条关键线路的持续时间应压缩相同数值

71. 在单代号搭接网络计划中，关键线路是指（　　）的线路。

A. 持续时间总和最长　　　　　　　　　B. 时间间隔均为零

C. 时距总和最长　　　　　　　　　　　D. 由关键节点组成

72. 用来比较实际进度与计划进度的香蕉曲线法中，组成香蕉曲线的两条线分别是按各项工作的（　　）安排绘制的。

A. 最早开始时间和最迟开始时间　　　　B. 最迟开始时间和最迟完成时间

C. 最早开始时间和最早完成时间　　　　D. 最早开始时间和最迟完成时间

73. 当某项工作实际进度拖延的时间超过其总时差而需要调整进度计划时，应考虑该工作的(   )。
    A. 资源需求量   B. 后续工作的限制条件
    C. 自由时差的大小   D. 紧后工作的数量

74. 下列工作内容中，属于进度监测系统过程的是(   )。
    A. 分析进度偏差产生的原因   B. 提出调整进度计划的措施
    C. 现场实施检查工程进展情况   D. 分析进度偏差对总工期的影响

75. 下列设计进度控制工作中，属于监理单位进度监控工作的是(   )。
    A. 认真实施设计进度计划
    B. 编制切实可行的设计总进度计划
    C. 编制阶段性设计进度计划
    D. 定期比较分析设计完成情况与计划进度

76. 确定施工进度控制目标时，可将(   )作为主要依据。
    A. 工程量清单   B. 工程难易程度
    C. 已完工程实际进度   D. 单位工程施工组织设计

77. 监理工程师在审查施工进度计划时，发现问题后应采取的措施是(   )。
    A. 向承包单位发出整改通知书   B. 向建设单位发出工作联系单
    C. 向承包单位发出整改联系单   D. 向承包单位发出停工令

78. 编制初步施工总进度计划时，应尽量安排以(   )的单位工程为主导的全工地性
流水作业。
    A. 工程技术复杂、工期长   B. 工程量大、工程技术相对简单
    C. 工程造价大、工期长   D. 工程量大、工期长

79. 调整施工进度计划时，通过增加劳动力和施工机械的数量缩短某些工作持续时间
的措施属于(   )。
    A. 经济措施   B. 技术措施
    C. 组织措施   D. 合同措施

80. 物资需求计划编制中，确定建设工程各计划期需求量的主要依据是(   )。
    A. 年度施工进度计划   B. 分部分项工程作业计划
    C. 物资储备计划   D. 施工总进度计划

二、多项选择题 (共40题，每题2分。每题的备选项中，有2个或2个以上符合题
意，至少有1个错项。错选，本题不得分；少选，所选的每个选项得0.5分)
    81. 在影响工程质量的诸多因素中，环境因素对工程质量特性起到了重要作用。下列

因素属于工程作业环境条件的有(　　)。

    A. 防护设施   B. 水文、气象

    C. 施工作业面   D. 组织管理体系

    E. 通风照明

82. 工程质量监督机构依法对工程质量进行强制性监督的主要任务有(　　)。

    A. 检测现场所用的建筑材料质量

    B. 检查施工现场工程建设各方主体质量行为

    C. 检查工程实体质量

    D. 审查施工图涉及工程建设强制性标准的内容

    E. 监督工程质量验收

83. 下列记录中，属于监理服务"产品"的有(　　)。

    A. 旁站记录   B. 材料设备验收记录

    C. 培训记录   D. 不合格品处理记录

    E. 管理评审记录

84. 根据抽样检验分类方法，属于计量型抽样检验的质量特性有(　　)。

    A. 几何尺寸   B. 焊点不合格数

    C. 标高   D. 条数

    E. 强度

85. 用于工程的钢筋进场后，应按规定抽取试件进行拉伸试验，试验内容包括(　　)。

    A. 抗拉强度   B. 屈服强度

    C. 冷弯   D. 伸长率

    E. 抗剪强度

86. 项目监理机构对施工单位报送的工程开工报审表及相关资料进行审查的内容有(　　)。

    A. 施工单位资质等级是否符合相应施工工作

    B. 施工组织设计是否已由监理工程师签认

    C. 施工单位的管理及施工人员是否已到位

    D. 施工机械是否已具备使用条件

    E. 施工单位现场质量安全生产管理体系是否已建立

87. 项目监理机构对施工单位提供的试验室进行检查的内容有(　　)。

    A. 试验室的资质等级   B. 试验室的试验范围

    C. 试验室的性质和规模   D. 试验室的管理制度

    E. 试验人员的资格证书

88. 下列报审、报验表中，只需由专业监理工程师签署审查意见的有（   ）。

A. 分部工程报验表　　　　　　　　B. 单位工程竣工验收报审表

C. 施工控制测量成果报验表　　　　D. 工程材料、构配件、设备报审表

E. 分包单位资格报审表

89. 工程施工过程中，应由总监理工程师签发工程暂停令的情形有（   ）。

A. 施工单位施工质量保证措施欠缺

B. 施工单位拒绝项目监理机构管理

C. 施工单位未按审查通过的工程设计文件施工

D. 施工单位采用不适当的施工工艺

E. 施工单位违反工程建设强制性标准

90. 工程监理单位控制设备制造过程质量的主要内容有（   ）。

A. 控制设计变更　　　　　　　　　B. 控制加工作业条件

C. 处置不合格零件　　　　　　　　D. 明确设备制造过程的要求

E. 检查工序产品

91. 根据《建筑工程施工质量验收统一标准》GB 50300—2013，分项工程可按（   ）进行划分。

A. 主要工种　　　　　　　　　　　B. 施工工艺

C. 施工特点　　　　　　　　　　　D. 设备类别

E. 专业性质

92. 验收建筑工程地基与基础分部工程质量时，应由（   ）参加。

A. 施工单位项目负责人　　　　　　B. 设计单位项目负责人

C. 总监理工程师　　　　　　　　　D. 勘察单位项目负责人

E. 建设单位项目负责人

93. 分部工程质量验收合格条件有（   ）。

A. 所含主要分项工程的质量验收合格

B. 有关安全、节能抽样检验结果符合规定

C. 有关环境保护抽样检验结果符合规定

D. 观感质量符合要求

E. 质量控制资料完整

94. 下列可能导致工程质量缺陷的因素中，属于施工与管理不到位的有（   ）。

A. 采用不正确的结构方案　　　　　B. 未经设计单位同意擅自修改设计

C. 技术交底不清　　　　　　　　　D. 施工方案考虑不周全

E. 图纸未经会审

95. 工程质量事故处理的依据有(　　)。

A. 有关合同文件　　　　　　　　　　　B. 相关法律法规

C. 有关工程定额　　　　　　　　　　　D. 质量事故实况资料

E. 有关工程技术文件

96. 下列工程设计质量管理工作中，属于工程监理单位工作的有(　　)。

A. 协助建设单位编制设计任务书　　　　B. 协助建设单位组织工程设计变更

C. 审查设计单位提交的设计成果　　　　D. 将设计文件送审查机构审查

E. 深化设计的协调管理

97. 施工图预算审查的内容包括(　　)。

A. 施工图是否符合设计规范

B. 施工图是否满足项目功能要求

C. 施工图预算的编制是否符合相关法律、法规

D. 工程量计算是否准确

E. 施工图预算是否超过概算

98. 由多个部件组成的产品，应优先选择(　　)的部件作为价值工程的分析对象。

A. 造价低　　　　　　　　　　　　　　B. 数量多

C. 体积小　　　　　　　　　　　　　　D. 加工工序多

E. 废品率高

99. 某项目，建设期为2年，项目投资部分为银行贷款，贷款年利率为4%，按年计息且建设期不支付利息，第1年贷款额为1500万元，第2年贷款额1000万元，假设贷款在每年的年中支付，建设期贷款利息的计算，正确的有(　　)。

A. 第1年的利息为30万元　　　　　　　B. 第2年的利息为60万元

C. 第2年的利息为81.2万元　　　　　　D. 第2年的利息为82.4万元

E. 两年的总利息为112.4万元

100. 下列费用中，属于安全文明施工费的有(　　)。

A. 环境保护费用　　　　　　　　　　　B. 设备维护费用

C. 脚手架工程费用　　　　　　　　　　D. 临时设施费用

E. 工程定位复测费用

101. 下列费用中，属于施工机械使用费的有(　　)。

A. 折旧费　　　　　　　　　　　　　　B. 经常修理费

C. 安装费　　　　　　　　　　　　　　D. 操作人员保险费

E. 场外运费

102. 监理工程师在施工阶段进行投资控制的经济措施有（　　）。

A. 分解投资控制目标　　　　　　　　B. 进行工程计量

C. 严格控制设计变更　　　　　　　　D. 审查施工组织设计

E. 审核竣工结算

103. 在工程招标投标阶段，工程量清单的主要作用有（　　）。

A. 为招标人编制投资估算文件提供依据

B. 为投标人投标竞争提供一个平等基础

C. 招标人可据此编制招标控制价

D. 投标人可据此调整清单工程量

E. 投标人可按其表述的内容填报相应价格

104. 关于投标报价编制的说法，正确的有（　　）。

A. 投标人可委托有相应资质的工程造价咨询人编制投标价

B. 投标人可依据市场需求对所有费用自主报价

C. 投标人的投标报价不得低于其工程成本

D. 投标人的某一子项目报价高于招标人相应基准价的应予废标

E. 执行工程量清单招标的，投标人必须按照招标工程量清单填报价格

105. 审核投标报价时，对分部分项工程综合单价的审核内容有（　　）。

A. 综合单价的确定依据是否正确

B. 清单中提供了暂估单价的材料是否按暂估的单价进入综合单价

C. 暂列金额是否按规定纳入综合单价

D. 单价中是否考虑了承包人应承担的风险费用

E. 总承包服务费的计算是否正确

106. 在施工阶段，监理工程师应进行计量的项目有（　　）。

A. 工程量清单中的全部项目　　　　　B. 各种原因造成返工的全部项目

C. 合同文件中规定的项目　　　　　　D. 超出合同工程范围施工的项目

E. 工程变更项目

107. 在施工阶段，下列因不可抗力造成的损失中，属于发包人承担的有（　　）。

A. 在建工程的损失　　　　　　　　　B. 承包人施工人员受伤产生的医疗费

C. 施工机具的损坏损失　　　　　　　D. 施工机具的停工损失

E. 工程清理修复费用

108. 下列引起投资偏差的原因中，属于建设单位原因的有（　　）。

A. 设计标准变化　　　　　　　　　　B. 投资规划不当

C. 建设手续不全　　　　　　　　　　D. 施工方案不当

E. 未及时提供施工场地

109. 下列影响建设工程进度的不利因素中，属于建设单位因素的有（　　）。
A. 不能及时向施工承包单位付款　　　　B. 组织协调不利，导致停工待料
C. 由于使用要求改变而进行设计变更　　D. 提供的场地不能满足工程正常需要
E. 邻近工程施工干扰

110. 下列建设工程进度控制措施中，属于技术措施的有（　　）。
A. 采用网络计划技术等计划方法　　　　B. 审查承包商提交的进度计划
C. 加强合同风险管理　　　　　　　　　D. 建立工程进度报告制度
E. 编制进度控制工作细则

111. 建设工程组织流水施工时，影响施工过程流水强度的因素有（　　）。
A. 投入的施工机械台数和人工数
B. 专业工种工人或施工机械活动空间人数
C. 相邻两个施工过程相继开工的间隔时间
D. 施工过程中投入资源的产量定额
E. 施工段数目

112. 建设工程组织固定节拍流水施工的特点有（　　）。
A. 施工过程在各施工段上的流水节拍不尽相等
B. 各专业工作队在各施工段上能够连续作业
C. 相邻施工过程之间的流水步距相等
D. 专业工作队数大于施工过程数
E. 各施工段之间没有空闲时间

113. 某双代号网络图如下图所示，绘图错误的有（　　）。

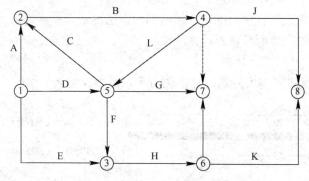

A. 多个起点节点　　　　　　　　　　　B. 存在循环回路
C. 节点编号有误　　　　　　　　　　　D. 多个终点节点
E. 工作箭头逆向

114. 某工程双代号网络计划如下图所示，其中关键线路有(　　)。

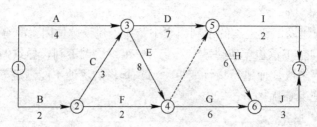

A. ①→②→④→⑤→⑦　　　　　　B. ①→②→③→④→⑤→⑥→⑦
C. ①→③→④→⑤→⑥→⑦　　　　　D. ①→③→④→⑤→⑦
E. ①→②→③→④→⑥→⑦

115. 某工程双代号时标网络计划如下图所示（单位：d），关于时间参数的说法，正确的有(　　)。

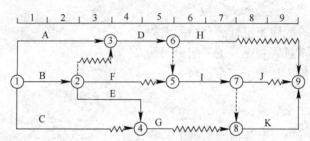

A. 工作 B 总时差为 0　　　　　　B. 工作 E 最早开始时间为第 4 天
C. 工作 D 总时差为 0　　　　　　D. 工作 I 自由时差为 1d
E. 工作 G 总时差为 2d

116. 关于建设工程多级网络计划系统的说法，正确的有(　　)。
A. 计划系统由不同层次网络计划组成
B. 处于同一层级的网络计划相互关联和搭接
C. 能够使用一个网络图来表达工程的所有工作内容
D. 进度计划通常采用自顶向下、分级编制的方法
E. 能够保证建设工程所需资源的连续性

117. 某工作计划进度与实际进度如下图所示，图中表明该工作(　　)。

A. 在第 1 周内按计划正常进行　　　B. 在第 2 周末拖欠 5% 的任务量
C. 在第 3 周后半周末按计划进行　　D. 第 5 周内实际进度拖后 5%
E. 截至检查日期实际进度拖后

118. 某工程双代号时标网络计划执行至第20天和第60天时，检查实际进度前锋线如下图所示，由图可以得出的结论有（　　）。

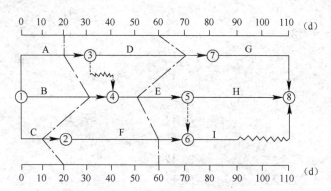

A. 第20天检查时，工作A进度正常，不影响总工期

B. 第20天检查时，工作B拖后10d，影响总工期

C. 第20天检查时，工作C拖后10d，不影响总工期

D. 第60天检查时，工作D提前10d，不影响总工期

E. 第60天检查时，工作E拖后10d，影响总工期

119. 监理工程师编制的施工进度控制工作细则的内容包括（　　）。

A. 施工进度控制目标分解图

B. 进度控制组织措施

C. 施工进度控制目标实现的风险分析

D. 施工总进度计划编制程序

E. 单位工程施工进度计划编制要求

120. 施工总进度计划编制过程中，确定各项单位工程开竣工时间和相互搭接关系应考虑的因素有（　　）。

A. 同一时间施工的项目不宜过多，以免人力、物力过于分散

B. 尽量提前建设可供工程施工使用的永久性工程，以节省临时工程费用

C. 应注意季节对施工顺序的影响，以保证工期和质量

D. 尽量提高单位工程施工的机械化程度，以降低工程成本

E. 尽量做到劳动力、施工机械和主要材料的供应在工期内均衡

2016年度全国监理工程师资格考试试卷参考答案及解析

一、单项选择题

1. B	2. D	3. A	4. B	5. D
6. B	7. C	8. A	9. A	10. B
11. D	12. C	13. C	14. B	15. C
16. C	17. A	18. C	19. D	20. B
21. B	22. C	23. D	24. B	25. B

26. C	27. D	28. B	29. A	30. C
31. D	32. A	33. B	34. B	35. C
36. A	37. D	38. A	39. B	40. D
41. C	42. A	43. C	44. D	45. C
46. B	47. A	48. B	49. A	50. A
51. A	52. B	53. C	54. B	55. B
56. C	57. C	58. A	59. B	60. D
61. B	62. C	63. D	64. B	65. A
66. C	67. B	68. B	69. A	70. D
71. B	72. A	73. B	74. C	75. D
76. B	77. A	78. D	79. C	80. A

【解析】

1. B。本题考核的是工程建设阶段对质量形成的作用与影响。项目决策阶段对工程质量的影响主要是确定工程项目应达到的质量目标和水平。

2. D。本题考核的是工程质量的特点。工程质量的特点包括：影响因素多、质量波动大、质量隐蔽性、终检的局限性、评价方法的特殊性。工程项目建成后不可能像一般工业产品那样依靠终检来判断产品质量，或将产品拆卸、解体来检查其内在质量，或对不合格零部件进行更换。工程项目的终检（竣工验收）无法进行工程内在质量的检验，发现隐蔽的质量缺陷。

3. A。本题考核的是检测机构的主要任务。工程质量检验机构出具的检测报告经建设单位或工程监理单位确认后，由施工单位归档。

4. B。本题考核的是设计单位的质量责任。设计单位提供的设计文件应当符合国家规定的设计深度要求，注明工程合理使用年限。设计文件中选用的材料、构配件和设备，应当注明规格、型号、性能等技术指标，其质量必须符合国家规定的标准。

5. D。本题考核的是质量管理原则。质量管理原则包括：以顾客为关注焦点；领导作用；全员参与；过程方法；管理的系统方法；持续改进；基于事实的决策方法；与供方互利的关系。"将互相关联的过程作为系统加以识别、理解和管理，有助于组织提高实现目标的有效性和效率。"体现了管理的系统方法。

6. B。本题考核的是质量管理体系策划。质量方针必须通过质量目标的执行和实现才能得到落实，质量目标的建立为组织的运作提供了具体的要求，质量目标应以质量方针为框架具体展开。

7. C。本题考核的是《卓越绩效评价准则》与ISO 9000的不同点。《卓越绩效评价准则》与ISO 9000的不同点包括：导向不同、驱动力不同、评价方式不同、关注点不同、目标不同、责任人不同、对组织的要求不同。

8. A。本题考核的是描述数据离散趋势的特征值。描述数据离散趋势的特征值包括极差、标准偏差、变异系数。

9. A。本题考核的是排列图法。排列图是由两个纵坐标、一个横坐标、几个连起来的直方形和一条曲线所组成。横坐标通常按累计频率划分为（0%～80%）、（80%～90%）、（90%～100%）三部分，与其对应的影响因素分别为A、B、C三类。A类为主要因素，B

类为次要因素，C类为一般因素。

10. B。本题考核的是相关图法的用途。相关图又称散布图，在质量控制中它是用来显示两种质量数据之间关系的一种图形。

11. D。本题考核的是钢筋强度和最大力下总伸长率实测值应符合的规定。钢筋的强度和最大力下总伸长率的实测值应符合下列规定：（1）钢筋的抗拉强度实测值与屈服强度实测值的比值不应小于1.25；（2）钢筋的屈服强度实测值与强度标准值的比值不应大于1.30；（3）钢筋的最大力下总伸长率不应小于9%。

12. C。本题考核的是控制施工作业活动质量的技术规程。如果拟采用的新工艺、新技术、新材料，不符合现行强制性标准规定的，应当由拟采用单位提请建设单位组织专题技术论证，报批准该项标准的建设行政主管部门或者国务院有关主管部门审定。

13. C。本题考核的是图纸会审纪要的整理。图纸会审由施工单位整理会议纪要，与会各方会签。

14. B。本题考核的是施工组织设计的报审。施工单位编制的施工组织设计经施工单位技术负责人审核签认后，与施工组织设计报审表一并报送项目监理机构。

15. C。本题考核的是施工控制测量成果复查。项目监理机构收到施工单位报送的施工控制测量成果报验表后，由专业监理工程师审查。

16. C。本题考核的是工程材料、构配件、设备质量控制的基本内容。项目监理机构收到施工单位报送的工程材料、构配件、设备报审表后，应审查施工单位报送的用于工程的材料、构配件、设备的质量证明文件，并应按有关规定、建设工程监理合同约定，对用于工程的材料进行见证取样。

17. A。本题考核的是联合检查。联合检查由施工单位提出申请，项目监理机构组织，建设单位主持。

18. C。本题考核的是工程材料、构配件、设备质量控制的要点。由建设单位采购的主要设备由建设单位、施工单位、项目监理机构进行开箱检查，并由三方在开箱检查记录上签字。

19. D。本题考核的是工程复工令的签发。项目监理机构收到施工单位报送的工程复工报审表及有关材料后，应对施工单位的整改过程、结果进行检查、验收，符合要求的，总监理工程师应及时签署审批意见，并报建设单位批准后签发工程复工令，施工单位接到工程复工令后组织复工。

20. B。本题考核的是控制质量的首要环节。选择一个合格的供货厂商，是向生产厂家订购设备质量控制工作的首要环节。

21. B。本题考核的是设备制造的质量控制方式。对某些设备（如制造周期长的设备），可采用巡回监控的方式实施设备质量控制。

22. C。本题考核的是检验批的划分。施工前，应由施工单位制定分项工程和检验批的划分方案，并由项目监理机构审核。

23. D。本题考核的是工程施工质量验收基本规定。符合下列条件之一时，可按相关专业验收规范的规定适当调整抽样复验、试验数量，调整后的抽样复验、试验方案应由施工单位编制，并报项目监理机构审核确认：（1）同一项目中由相同施工单位施工的多个单位工程，使用同一生产厂家的同品种、同规格、同批次的材料、构配件、设备；（2）同一施工单位在现场加工的成品、半成品、构配件用于同一项目中的多个单位工程;(3)在同一项目中,针对同一抽样对象已有的检验成果可以重复利用。

24．B。本题考核的是检验批最小抽样数量。检验批最小抽样数量见下表:

检验批最小抽样数量

检验批的容量	最小抽样数量	检验批的容量	最小抽样数量
2~15	2	151~280	13
16~25	3	281~500	20
26~90	5	501~1200	32
91~150	8	1201~3200	50

25．B。本题考核的是分部工程质量验收。分部工程应由总监理工程师组织施工单位项目负责人和项目技术负责人等进行验收。

26．C。本题考核的是工程施工质量验收时不符合要求的处理。经返修或加固处理的分项、分部工程,满足安全及使用功能要求时,可按技术处理方案和协商文件的要求予以验收。

27．D。本题考核的是工程质量事故处理程序。工程质量事故发生后,总监理工程师应签发《工程暂停令》,要求暂停质量事故部位和与其有关联部位的施工,要求施工单位采取必要的措施,防止事故扩大并保护好现场。

28．B。本题考核的是工程质量事故等级划分。特别重大事故,是指造成30人以上死亡,或者100人以上重伤,或者1亿元以上直接经济损失的事故;重大事故,是指造成10人以上30人以下死亡,或者50人以上100人以下重伤,或者5000万元以上1亿元以下直接经济损失的事故;较大事故,是指造成3人以上10人以下死亡,或者10人以上50人以下重伤,或者1000万元以上5000万元以下直接经济损失的事故;一般事故,是指造成3人以下死亡,或者10人以下重伤,或者100万元以上1000万元以下直接经济损失的事故。

29．A。本题考核的是工程质量事故处理程序。对于涉及结构安全和加固处理等的重大技术处理方案,一般由原设计单位提出。

30．C。本题考核的是工程质量事故处理的鉴定验收。质量事故的技术处理是否达到了预期目的,是否消除了工程质量不合格和工程质量缺陷,是否仍留有隐患,项目监理机构应通过组织检查和必要的鉴定,对此进行验收并予以最终确认。

31．D。本题考核的是勘察阶段质量控制最重要的工作。监理工程师对勘察成果的审核与评定是勘察阶段质量控制最重要的工作。审核与评定包括程序性审查和技术性审查。

32．A。本题考核的是总体方案评审的重点。总体方案评审重点审核设计依据、设计规模、产品方案、工艺流程、项目组成及布局、设备配套、占地面积、建筑面积、建筑造型、协作条件、环保设施、防震防灾、建设期限、投资概算等的可靠性、合理性、经济性、先进性和协调性。

33．B。本题考核的是初步设计的依据。建设工程项目初步设计一般依据概算指标编制相应的经济文件。

34．B。本题考核的是投资控制的目标。投资估算应是建设工程设计方案选择和进行初步设计的投资控制目标；设计概算应是进行技术设计和施工图设计的投资控制目标；施工图预算或建安工程承包合同造价则应是施工阶段投资控制的目标。

35. C。本题考核的是工程款支付证书的签发。总监理工程师根据建设单位的审批意见，向施工单位签发工程款支付证书。

36. A。本题考核的是检验试验费。检验试验费是指施工企业按照有关标准规定，对建筑以及材料、构件和建筑安装物进行一般鉴定、检查所发生的费用，不包括新结构、新材料的试验费，对构件做破坏性试验及其他特殊要求检验试验的费用。

37. D。本题考核的是施工机械使用费的计算。机械台班单价＝台班折旧费＋台班大修费＋台班经常修理费＋台班安拆费及场外运费＋台班人工费＋台班燃料动力费＋台班车船税费，台班折旧费＝机械预算价格×（1－残值率)/耐用总台班数＝60×（1－5%)/1000＝0.057万元/台班，施工单位使用台班＝15×2＝30台班，施工机械使用费＝30×（0.057＋0.01）＝2.01万元。

38. A。本题考核的是住房公积金的计算基础。社会保险费和住房公积金应以定额人工费为计算基础，根据工程所在地省、自治区、直辖市或行业建设主管部门规定费率计算。

39. B。本题考核的是建设单位管理费的内容。建设单位管理费内容包括：（1）建设单位开办费；（2）建设单位经费：包括工作人员的基本工资、工资性津贴、职工福利费、劳动保护费、劳动保险费、办公费、差旅交通费、工会经费、职工教育经费、固定资产使用费、工具用具使用费、技术图书资料费、生产人员招募费、工程招标费、合同契约公证费、工程质量监督检测费、工程咨询费、法律顾问费、审计费、业务招待费、排污费、竣工交付使用清理及竣工验收费、后评估等费用，不包括应计入设备、材料预算价格的建设单位采购及保管设备材料所需的费用。

40. D。本题考核的是复利计算。$F=P(1+i)^n=2000\times(1+0.8\%)^2=2032.13$万元。

41. C。本题考核的是实际利率的计算。$i=(1+r/m)^m-1=(1+6\%/4)^4-1=6.14\%$。

42. A。本题考核的是净现值指标的优点与不足。净现值指标考虑了资金的时间价值，并全面考虑了项目在整个计算期内的经济状况；经济意义明确直观，能够直接以金额表示项目的盈利水平；判断直观。但不足之处是，必须首先确定一个符合经济现实的基准收益率，而基准收益率的确定往往是比较困难的；而且在互斥方案评价时，净现值必须慎重考虑互斥方案的寿命，如果互斥方案寿命不等，必须构造一个相同的分析期限，才能进行方案比选。此外，净现值不能反映项目投资中单位投资的使用效率，不能直接说明在项目运营期各年的经营成果。

43. C。本题考核的是价值工程的目标。价值工程的目标是以最低的寿命周期成本，实现产品必须具备的功能，简而言之就是以提高对象的价值为目标。

44. D。本题考核的是工程量清单的编制。工程量清单应由具有编制能力的招标人或受其委托、具有相应资质的工程造价咨询人编制。

45. C。本题考核的是项目编码的构成。现行计量规范项目编码由十二位数字构成。在十二位数字中，一至二位为专业工程码；三至四位为附录分类顺序码；五至六位为分部工程顺序码；七、八、九位为分项工程项目名称顺序码；十至十二位为清单项目名称顺序码。

46. B。本题考核的是清单项目工程量的计算。现行计量规范明确了清单项目的工程量计算规则，其工程量是以形成工程实体为准，并以完成后的净值来计算的。

47. D。本题考核的是招标控制价的编制。综合单价应根据拟定的招标文件和招标工程量清单项目中的特征描述及有关要求确定，综合单价还应包括招标文件中划分的应由投标人承担的风险范围及其费用。措施项目费中的安全文明施工费应当按照国家或省级、行业建设主管部门的规定标准计价。措施项目采用分部分项工程综合单价形式进行计价的工程量，应按措施项目清单中的工程量确定综合单价；以"项"为单位的方式计价的，价格包括除规费、税金以外的全部费用。暂估价中的材料、工程设备单价、控制价应按招标工程量清单列出的单价计入综合单价。

48. C。本题考核的是综合单价的计算。在计算综合单价时，需要将增量费用分摊，进行组价，即由预算工程量乘以企业定额基价得出的总价应与清单工程量乘以综合单价得出的总价相等，则该土方开挖工程的单位报价＝300×100/200＝150 元/m³。

49. A。本题考核的是固定总价合同的概念。固定总价合同的合同总价只有在设计和工程范围发生变更的情况下才能随之做相应的变更，除此之外，一般不得变动。

50. A。本题考核的是材料、工程设备价格变化的价款调整。承包人应在采购材料前将采购数量和新的材料单价报发包人核对，确认用于本合同工程时，发包人应确认采购材料的数量和单价。

51. A。本题考核的是监理工程师的投标控制工作。投资控制的目的是为了确保投资目标的实现。因此，监理工程师必须编制资金使用计划，合理地确定投资控制目标值，包括建设工程投资的总目标值、分目标值、各详细目标值。

52. B。本题考核的是按子项目分解的资金使用计划。按子项目分解的资金使用计划，首先要把项目总投资分解到单项工程和单位工程中，对各单位工程的建筑安装工程投资还需要进一步分解，在施工阶段一般可分解到分部分项工程。

53. C。本题考核的是工程量偏差引起的价款调整。对于任一招标工程量清单项目，如果因工程量偏差和工程变更等原因导致工程量偏差超过15％时，可进行调整。当工程量增加15％以上时，增加部分的工程量的综合单价应予调低；当工程量减少15％以上时，减少后剩余部分的工程量的综合单价应予调高。

54. B。本题考核的是合同价款调整。本题的计算过程如下：327÷310－1＝5.48％＞5％，承包人投标报价低于基准单价，按基准价算，并且超过合同中约定的风险系数，应予以调整，则308＋310×(5.48％－5％)＝309.49 元/m³。

55. B。本题考核的是现场签证的范围。现场签证的范围一般包括：(1) 施工合同范围以外零星工程的确认；(2) 在工程施工过程中发生变更后需要现场确认的工程量；(3) 非承包人原因导致的人工、设备窝工及有关损失；(4) 符合施工合同规定的非承包人原因引起的工程量或费用增减；(5) 确认修改施工方案引起的工程量或费用增减；(6) 工程变更导致的工程施工措施费增减等。

56. C。本题考核的是赢得值法及其应用。选项A错误，赢得值法有三个基本参数、四个评价指标。选项B错误，投资（进度）绩效指数反映的是相对偏差。选项D错误，当进度偏差SV为正值时，表示进度提前，实际进度快于计划进度。

57. C。本题考核的是建设单位计划系统的内容。建设单位编制（也可委托监理单位编制）的进度计划包括工程项目前期工作计划、工程项目建设总进度计划和工程项目年度计划。工程项目建设总进度计划中包括工程项目总进度计划。选项 A、B 属于设计单位的计划系统；选项 D 属于施工单位的计划系统。

58. A。本题考核的是建设项目总进度目标的论证。大型建设项目总进度目标论证的核心工作是通过编制总进度纲要论证总进度目标实现的可能性。

59. B。本题考核的是横道图表示建设工程进度计划的优点。横道图形象、直观，且易于编制和理解，因而长期以来广泛应用于建设工程进度控制之中。选项 A 错在不能明确地反映出各项工作之间错综复杂的相互关系；选项 C 错误，在横道计划的执行过程中，对其进行调整十分繁琐和费时；选项 D 错在不能明确地反映出影响工期的关键工作和关键线路。

60. D。本题考核的是平行施工组织方式的特点。平行施工方式具有以下特点：（1）充分地利用工作面进行施工，工期短；（2）如果每一个施工对象均按专业成立工作队，劳动力及施工机具等资源无法均衡使用；（3）如果由一个工作队完成一个施工对象的全部施工任务，则不能实现专业化施工，不利于提高劳动生产率；（4）单位时间内投入的劳动力、施工机具、材料等资源量成倍地增加，不利于资源供应的组织；（5）施工现场的组织管理比较复杂。

61. B。本题考核的是流水施工工期的计算。本题的计算过程如下：

（1）计算流水步距：流水步距等于流水节拍的最大公约数，即 $K=\min[6,4,8]=2$。

（2）确定专业工作队数目：根据公式 $b_j=t_j/K$，可知 $b_1=6/2=3$，$b_2=4/2=2$，$b_3=8/2=4$，则 $n'=\sum b_j=3+2+4=9$。

（3）计算流水施工工期，$T=(m+n'-1)K=(4+9-1)\times 2=24d$。

62. C。本题考核的是计算流水步距的基本步骤。计算流水步距的基本步骤是：（1）求各施工过程流水节拍的累加数列；（2）错位相减求得差数列；（3）在差数列中取最大值求得流水步距。

63. D。本题考核的是流水步距的计算。本题的计算过程为：

（1）各施工过程流水节拍的累加数列：

施工过程 I ：3，8，13

施工过程 II ：4，8，13

（2）错位相减求得差数列：

$$
\begin{array}{r}
3,\ 8,\ 13 \\
-)\quad\ \ 4,\ 8,\ 13 \\
\hline
3,\ 4,\ 5,\ -13
\end{array}
$$

（3）在差数列中取最大值求得流水步距：两个施工过程之间的流水步距 $K_{I,II}=\max[3,4,5,-13]=5d$。

64. B。本题考核的是虚工作的特征。在双代号网络图中，有时存在虚箭线，虚箭线不代表实际工作，称为虚工作。虚工作既不消耗时间，也不消耗资源。

65. A。本题考核的是双代号网络计划时间参数的计算。工作的最迟完成时间应等于其紧后工作最迟开始时间的最小值，则工作 M 的最迟完成时间 $=\min\{21,18,15\}=15$；

工作的最迟开始时间等于工作的最迟完成时间减去工作的持续时间，即工作 M 的最迟开始时间＝15－4＝11。

66. C。本题考核的是单代号网络计划时间参数的计算。工作的最早开始时间应等于其紧前工作最早完成时间的最大值。工作 E 的紧前工作有工作 B 和工作 D，工作 B 的最早开始时间为 7，最早完成时间＝7＋3＝10。工作 D 的紧前工作有工作 B 和工作 C，工作 C 的最早开始时间为 7，最早完成时间＝7＋6＝13；工作 D 的最早开始时间＝13，最早完成时间＝13＋4＝17。所以工作 E 的最早开始时间＝max{10，17}＝17。

67. B。本题考核的是关键节点的特点。开始节点和完成节点均为关键节点的工作，不一定是关键工作。以关键节点为完成节点的工作，其总时差和自由时差必然相等。当两个关键节点间有多项工作，且工作间的非关键节点无其他内向箭线和外向箭线时，则两个关键节点间各项工作的总时差均相等。关键节点必然处在关键线路上，但由关键节点组成的线路不一定是关键线路。

68. C。本题考核的是关键工作的特点。总时差最小的工作为关键工作。

69. A。本题考核的是选择压缩关键工作中考虑的因素。选择压缩对象时宜在关键工作中考虑下列因素：(1) 缩短持续时间对质量和安全影响不大的工作；(2) 有充足备用资源的工作；(3) 缩短持续时间所需增加的费用最少的工作。

70. D。本题考核的是压缩关键工作的持续时间应遵循的基本原则。选项 B 错误，当需要缩短关键工作的持续时间时，缩短后工作的持续时间不能小于其最短持续时间。选项 A、C 错误，费用优化的基本思路：不断地在网络计划中找出直接费用率（或组合直接费用率）最小的关键工作，缩短其持续时间，同时考虑间接费随工期缩短而减少的数值，最后求得工程总成本最低时的最优工期安排或按要求工期求得最低成本的计划安排。

71. B。本题考核的是单代号搭接网络计划中关键线路的确定。从搭接网络计划的终点节点开始，逆着箭线方向依次找出相邻两项工作之间时间间隔为零的线路就是关键线路。

72. A。本题考核的是香蕉曲线的绘制。香蕉曲线是以工作按最早开始时间安排进度和按最迟开始时间安排进度分别绘制的两条 S 曲线组合而成。

73. B。本题考核的是进度计划实施中的调整方法。当某项工作实际进度拖延的时间超过其总时差而需要对进度计划进行调整时，除需考虑总工期的限制条件外，还应考虑网络计划中后续工作的限制条件。

74. C。本题考核的是进度监测系统过程的工作内容。进度监测的系统过程包括：(1) 进度计划执行中的跟踪检查：①定期收集进度报表资料；②现场实地检查工程进展情况；③定期召开现场会议。(2) 实际进度数据的加工处理。(3) 实际进度与计划进度的对比分析。

75. D。本题考核的是监理单位进度监控工作。对于设计进度的监控应实施动态控制。在设计工作开始之前，首先应由监理工程师审查设计单位所编制的进度计划的合理性和可行性。在进度计划实施过程中，监理工程师应定期检查设计工作的实际完成情况，并与计划进度进行比较分析。

76. B。本题考核的是确定施工进度控制目标的主要依据。确定施工进度控制目标的主要依据有：建设工程总进度目标对施工工期的要求；工期定额、类似工程项目的实际进度；工程难易程度和工程条件的落实情况等。

77. A。本题考核的是施工进度计划审核。如果监理工程师在审查施工进度计划的过程中发现问题，应及时向承包单位提出书面修改意见（也称整改通知书），并协助承包单位修改。

78. D。本题考核的是初步施工总进度计划的编制。施工总进度计划应安排全工地性的流水作业。全工地性的流水作业安排应以工程量大、工期长的单位工程为主导，组织若干条流水线，并以此带动其他工程。

79. C。本题考核的是缩短某些工作持续时间的组织措施。缩短某些工作持续时间的组织措施包括：（1）增加工作面，组织更多的施工队伍；（2）增加每天的施工时间（如采用三班制等）；（3）增加劳动力和施工机械的数量。

80. A。本题考核的是建设工程各计划期需求量的确定。确定建设工程各计划期需求量的主要依据已分解的各年度施工进度计划，按季、月作业计划确定相应时段的需求量。

二、多项选择题

81. ACE	82. BCE	83. ABD	84. ACE	85. ABD
86. BCDE	87. ABDE	88. CD	89. BCE	90. ABCE
91. ABD	92. ABCD	93. BCDE	94. BCDE	95. ABDE
96. ABCE	97. CDE	98. BDE	99. AC	100. AD
101. ABCE	102. ABE	103. BCE	104. ACE	105. ABD
106. ACE	107. AE	108. BCE	109. ACD	110. ABE
111. AD	112. BCE	113. BCDE	114. BE	115. CE
116. ADE	117. ACE	118. ACE	119. ABC	120. ABCE

【解析】

81. ACE。本题考核的是影响工程质量的因素。环境条件包括工程技术环境、工程作业环境、工程管理环境。工程作业环境包括施工环境作业面大小、防护设施、通风照明和通信条件等。

82. BCE。本题考核的是工程质量监督机构的主要任务。工程质量监督机构的主要任务：（1）根据政府主管部门的委托，受理建设工程项目的质量监督。（2）制定质量监督工作方案。确定负责该项工程的质量监督工程师和助理质量监督师。（3）检查施工现场工程建设各方主体的质量行为。（4）检查建设工程实体质量。（5）监督工程质量验收。（6）向委托部门报送工程质量监督报告。（7）对预制建筑构件和商品混凝土的质量进行监督。（8）政府主管部门委托的工程质量监督管理的其他工作。

83. ABD。本题考核的是与监理服务"产品"有关的质量记录。与监理服务"产品"有关的质量记录，如监理旁站记录、材料设备验收记录、纠正预防措施记录、不合格品处理记录等。

84. ACE。本题考核的是计量型抽样检验的质量特性。计量型抽样检验的质量特性有重量、强度、几何尺寸、标高、位移等。

85. ABD。本题考核的是钢筋的施工试验。钢材进场时，主要检测项目拉力试验［屈服点或屈服强度、抗拉强度、伸长率（断后伸长率A，最大力总伸长率A_{gt}）］；冷弯试验；反复弯曲试验。

86. BCDE。本题考核的是项目监理机构对施工单位报送的工程开工报审表及相关资料进行审查的内容。在工程开始前，施工单位须做好施工准备工作，待开工条件具备时，应向项目监理机构报送工程开工报审表及相关资料。专业监理工程师重点审查施工单位的施工组织设计是否已由总监理工程师签认，是否已建立相应的现场质量、安全生产管理体系，管理及施工人员是否已到位，主要施工机械是否已具备使用条件，主要工程材料是否已落实到位。设计交底和图纸会审是否已完成；进场道路及水、电、通信等是否已满足开工要求。

87. ABDE。本题考核的是施工试验室的检查。试验室的检查应包括下列内容：（1）试验室的资质等级及试验范围；（2）法定计量部门对试验设备出具的计量检定证明；（3）试验室管理制度；（4）试验人员资格证书。

88. CD。本题考核的是只需由专业监理工程师签署审查意见的报审、报验表。项目监理机构收到施工单位报送的施工控制测量成果报验表后，由专业监理工程师审查。项目监理机构收到施工单位报送的工程材料、构配件、设备报审表后，由专业监理工程师审查。选项ABE均需由总监理工程师审批并签署意见。

89. BCE。本题考核的是总监理工程师应签发工程暂停令的情形。项目监理机构发现下列情形之一时，总监理工程师应及时签发工程暂停令：（1）建设单位要求暂停施工且工程需要暂停施工的；（2）施工单位未经批准擅自施工或拒绝项目监理机构管理的；（3）施工单位未按审查通过的工程设计文件施工的；（4）施工单位违反工程建设强制性标准的；（5）施工存在重大质量、安全事故隐患或发生质量、安全事故的。

90. ABCE。本题考核的是设备制造过程的质量控制。制造过程的监督和检验包括以下内容：加工作业条件的控制；工序产品的检查与控制；不合格零件的处置；设计变更；零件、半成品、制成品的保护。

91. ABD。本题考核的是分项工程的划分。分项工程是分部工程的组成部分，可按主要工种、材料、施工工艺、设备类别进行划分。分部工程可按专业性质、工程部位确定。

92. ABCD。本题考核的是分部工程质量验收。分部工程应由总监理工程师组织，勘察、设计单位项目负责人和施工单位技术、质量部门负责人应参加地基与基础分部工程的验收。

93. BCDE。本题考核的是分部工程质量验收合格的条件。分部工程质量验收合格应符合下列规定：（1）所含分项工程的质量均应验收合格。（2）质量控制资料应完整。（3）有关安全、节能、环境保护和主要使用功能的抽样检验结果应符合相应规定。（4）观感质量应符合要求。

94. BCDE。本题考核的是常见质量缺陷的成因。施工与管理不到位是指不按图施工或未经设计单位同意擅自修改设计。如，将铰接做成刚接，将简支梁做成连续梁，导致结构破坏；挡土墙不按图设滤水层、排水孔，导致压力增大，墙体破坏或倾覆；不按有关的施工规范和操作规程施工，浇筑混凝土时振捣不良，造成薄弱部位；砖砌体砌筑上下通缝、灰浆不饱满等均能导致砖墙破坏；施工组织管理紊乱，不熟悉图纸，盲目施工；施工方案考虑不周，施工顺序颠倒；图纸未经会审，仓促施工；技术交底不清，违章作业；疏于检查、验收等。选项A属于设计差错。

95. ABDE。本题考核的是工程质量事故处理的依据。工程质量事故处理的主要依据有：（1）相关的法律法规；（2）具有法律效力的工程承包合同、设计委托合同、材料或设备购销合同以及监理合同或分包合同等合同文件；（3）质量事故的实况资料；（4）有关的工程技术文件、资料、档案。

96. ABCE。本题考核的是工程设计质量管理的主要工作内容。工程设计质量管理的主要工作内容包括：（1）设计单位选择。（2）起草设计任务书。（3）起草设计合同。（4）分阶段设计审查：①总体方案评审；②初步设计成果评审；③施工图设计评审；④审查设计单位提交的设计成果，并提出评估报告。（5）审查备案。（6）深化设计的协调管理。

97. CDE。本题考核的是施工图预算审查的内容。施工图预算审查的内容包括：（1）审查施工图预算的编制是否符合现行国家、行业、地方政府有关法律、法规和规定要求；（2）审查工程量计算的准确性、工程量计算规则与计价规范规则或定额规则的一致性；（3）审查在施工图预算的编制过程中，各种计价依据使用是否恰当，各项费率计取是否正确；审查依据主要有施工图设计资料、有关定额、施工组织设计、有关造价文件规定和技术规范、规程等；（4）审查各种要素市场价格选用、应计取的费用是否合理；（5）审查施工图预算是否超过概算以及进行偏差分析。

98. BDE。本题考核的是价值工程对象的选择。对由各组成部分组成的产品，应优先选择以下部分作为价值工程的对象：（1）造价高的组成部分；（2）占产品成本比重大的组成部分；（3）数量多的组成部分；（4）体积或重量大的组成部分；（5）加工工序多的组成部分；（6）废品率高和关键性的组成部分。

99. AC。本题考核的是建设期贷款利息的计算。各年应计利息＝（年初借款利息累计＋本年借款额/2）×年利率，第1年的利息＝（1500/2）×4％＝30万元；第2年的利息＝（1500＋30＋1000/2）×4％＝81.2万元。建设期利息总和＝30＋81.2＝111.2万元。

100. AD。本题考核的是安全文明施工费的内容。安全文明施工费包括环境保护费、文明施工费、安全施工费、临时设施费。

101. ABCE。本题考核的是施工机械使用费的内容。施工机械使用费以施工机械台班耗用量乘以施工机械台班单价表示，施工机械台班单价应由下列七项费用组成：折旧费、大修理费、经常修理费、安拆费及场外运费、人工费、燃料动力费、税费。

102. ABE。本题考核的是项目监理机构在施工阶段投资控制的经济措施。项目监理机构在施工阶段投资控制的经济措施包括：（1）编制资金使用计划，确定、分解投资控制目标。对工程项目造价目标进行风险分析，并制定防范性对策。（2）进行工程计量。（3）复核工程付款账单，签发付款证书。（4）在施工过程中进行投资跟踪控制，定期进行投资实际支出值与计划目标值的比较；发现偏差，分析产生偏差的原因，采取纠偏措施。（5）协商确定工程变更的价款，审核竣工结算。（6）对工程施工过程中的投资支出做好分析与预测，经常或定期向建设单位提交项目投资控制及其存在问题的报告。

103. BCE。本题考核的是工程量清单的主要作用。在招标投标阶段，招标工程量清单为投标人的投标竞争提供了一个平等和共同的基础。工程量清单是建设工程计价的依据。在招标投标过程中，招标人根据工程量清单编制招标工程的招标控制价。工程量清单是工程付款和结算的依据。工程量清单是调整工程量、进行工程索赔的依据。

104. ACE。本题考核的是投标报价的编制。投标价应由投标人或受其委托具有相应资质的工程造价咨询人编制，故选项A正确。投标人应依据行业部门的相关规定自主确定投标报价，故选项 B 错误。投标人的投标报价不得低于工程成本，故选项 C 正确。投标人的投标报价高于招标控制价的应予废标，故选项 D 错误。执行工程量清单招标的，投标人必须按招标工程量清单填报价格。项目编码、项目名称、项目特征、计量单位、工程量必须与招标工程量清单一致，故选项 E 正确。

105. ABD。本题考核的是对分部分项工程综合单价的审核内容。分部分项工程和措施项目中综合单价的审核内容包括：（1）综合单价的确定依据；（2）招标工程量清单中提供了暂估单价的材料、工程设备，按暂估的单价计入综合单价；（3）招标文件中要求投标人承担的风险内容和范围，投标人应将其考虑到综合单价中。

106. ACE。本题考核的是监理工程师应进行计量的项目。监理人一般只对以下三方面的工程项目进行计量：（1）工程量清单中的全部项目；（2）合同文件中规定的项目；（3）工程变更项目。

107. AE。本题考核的是因不可抗力造成损失承担的原则。因不可抗力事件导致的人员伤亡、财产损失及其费用增加，发承包双方应按以下原则分别承担并调整合同价款和工期：（1）合同工程本身的损害、因工程损害导致第三方人员伤亡和财产损失以及运至施工场地用于施工的材料和待安装的设备的损害，由发包人承担；（2）发包人、承包人人员伤亡由其所在单位负责，并承担相应费用；（3）承包人的施工机械设备损坏及停工损失，应由承包人承担；（4）停工期间，承包人应发包人要求留在施工场地的必要的管理人员及保卫人员的费用应由发包人承担；（5）工程所需清理、修复费用，应由发包人承担。

108. BCE。本题考核的是投资偏差的原因。产生投资偏差的原因有以下几种：

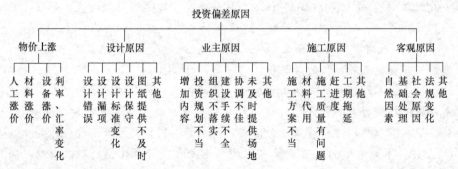

109. ACD。本题考核的是影响建设工程进度的因素。业主因素包括：业主使用要求改变而进行设计变更；应提供的施工场地条件不能及时提供或所提供的场地不能满足工程正常需要；不能及时向施工承包单位或材料供应商付款等。选项 B 属于组织管理因素；选项 E 属于社会环境因素。

110. ABE。本题考核的是建设工程进度控制措施。进度控制的技术措施主要包括：（1）审查承包商提交的进度计划，使承包商能在合理的状态下施工；（2）编制进度控制工作细则，指导监理人员实施进度控制；（3）采用网络计划技术及其他科学适用的计划方法，并结合电子计算机的应用，对建设工程进度实施动态控制。选项 C 属于合同措施；选项 D 属于组织措施。

111. AD。本题考核的是影响施工过程流水强度的因素。影响施工过程流水强度的因素有：（1）投入该施工过程中的施工机械台数或工人数；（2）投入该施工过程中资源的产量定额；（3）投入该施工过程中的资源种类数。

112. BCE。本题考核的是固定节拍流水施工的特点。固定节拍流水施工是一种最理想的流水施工方式，其特点如下：（1）所有施工过程在各个施工段上的流水节拍均相等；（2）相邻施工过程的流水步距相等，且等于流水节拍；（3）专业工作队数等于施工过程数，即每一个施工过程成立一个专业工作队，由该队完成相应施工过程所有施工段上的任务；（4）各个专业工作队在各施工段上能够连续作业，施工段之间没有空闲时间。

113. BCDE。本题考核的是双代号网络图的绘图规则。图中包括⑦、⑧两个终点节点；存在循环回路②→④→⑤→②；存在节点编号错误，工作箭头逆向⑤→③、⑤→②。

114. BE。本题考核的是双代号网络计划中关键线路的确定。线路上所有工作的持续时间总和称为该线路的总持续时间。总持续时间最长的线路称为关键线路。本题中的关键线路包括：①→②→③→④→⑤→⑥→⑦、①→②→③→④→⑥→⑦，总工期为22d。

115. CE。本题考核的是双代号时标网络计划时间参数的计算。工作的总时差等于其紧后工作的总时差加本工作与该紧后工作之间的时间间隔所得之和的最小值，即工作B的总时差＝min｛（0＋1），（1＋0），（2＋0）｝＝1d，故选项A错误。工作E的紧前工作只有工作B，则其最早开始时间为第3天，故选项B错误。工作D为关键工作，总时差为0，故选项C正确。工作的自由时差就是该工作箭线中波形线的水平投影长度。工作I的自由时差＝0，故选项D错误。工作G的总时差＝2d，故选项E正确。

116. ADE。本题考核的是多级网络计划系统。多级网络计划系统是指由处于不同层级且相互有关联的若干网络计划所组成的系统。在该系统中，处于不同层级的网络计划既可以进行分解，成为若干独立的网络计划；也可以进行综合，形成一个多级网络计划系统。多级网络计划系统的编制必须采用自顶向下、分级编制的方法。编制多级网络计划系统，要保证实施建设工程所需资源的连续性和资源需用量的均衡性。

117. ACE。本题考核的是横道图比较法。选项B错误，在第2周末实际进度为40%，计划进度为35%，超前5%的任务量。选项D错误，第5周内实际进度为80%－70%＝10%，计划进度为80%－75%＝5%，超前5%的任务量。

118. ACE。本题考核的是前锋线比较法。第20天检查时，工作A进度正常，不影响总工期；工作B提前10d，工作B为关键工作，总工期将提前10d；工作C拖后10d，其总时差为20d，不影响总工期。所以选项B错误，选项A、C正确。第60天检查时，工作D提前10d，工作D为关键工作，将使总工期提前10d；工作E拖后10d，工作E为关键工作，将使总工期拖后10d。所以选项D错误、选项E正确。

119. ABC。本题考核的是施工进度控制工作细则的内容。施工进度控制工作细则的内容包括：（1）施工进度控制目标分解图；（2）施工进度控制的主要工作内容和深度；（3）进度控制人员的职责分工；（4）与进度控制有关各项工作的时间安排及工作流程；（5）进度控制的方法（包括进度检查周期、数据采集方式、进度报表格式、统计分析方法等）；（6）进度控制的具体措施（包括组织措施、技术措施、经济措施及合同措施等）；（7）施工进度控制目标实现的风险分析；（8）尚待解决的有关问题。

120. ABCE。本题考核的是确定各单位工程的开竣工时间和相互搭接关系主要应考虑的因素。确定各单位工程的开竣工时间和相互搭接关系主要应考虑以下几点：（1）同一时期施工的项目不宜过多，以避免人力、物力过于分散。（2）尽量做到均衡施工，以使劳动力、施工机械和主要材料的供应在整个工期范围内达到均衡。（3）尽量提前建设可供工程施工使用的永久性工程,以节省临时工程费用。(4)急需和关键的工程先施工,以保证工程项目如期交工。对于某些技术复杂、施工周期较长、施工困难较多的工程,亦应安排提前施工,以利于整个工程项目按期交付使用。(5)施工顺序必须与主要生产系统投入生产的先后次序相吻合。同时还要安排好配套工程的施工时间,以保证建成的工程能迅速投入生产或交付使用。(6)应注意季节对施工顺序的影响,使施工季节不导致工期拖延,不影响工程质量。(7)安排一部分附属工程或零星项目作为后备项目,用以调整主要项目的施工进度。(8)注意主要工种和主要施工机械能连续施工。

第二部分 权威预测试卷

权威预测试卷（一）

一、单项选择题（共 80 题，每题 1 分。每题的备选项中，只有 1 个最符合题意）

1. 工程建设活动中，形成工程实体质量的决定性环节在( )阶段。

A. 项目决策

B. 工程设计

C. 工程施工

D. 工程竣工验收

2. 某建设工程项目由于分包单位购买的工程材料不合格，导致其中某分部工程质量不合格。在该事件中，工程质量控制的监控主体是( )。

A. 分包单位

B. 材料供应单位

C. 施工总承包单位

D. 建设单位

3. 监理工程师在工程质量控制中，应遵循质量第一、预防为主、坚持质量标准和( )的原则。

A. 以人为核心

B. 提高质量效益

C. 减少质量损失

D. 质量进度并重

4. 在工程竣工验收时，施工单位的质量保修书中应明确建设工程保修范围、保修期限和保修责任等。对于屋面防水工程、有防水要求的卫生间、房间和外墙面的防渗漏的最低保修期限为( )。

A. 5 年

B. 2 年

C. 由发包方和承包方约定

D. 设计文件规定的年限

5. 某建设工程在保修范围和保修期限内发生了质量问题，经查是由于设计方面的原因造成的质量问题，则其经济责任按有关规定通过( )向设计单位索赔。

A. 施工单位

B. 监理单位

C. 建设单位

D. 建设单位和监理单位共同

6. "组织应理解顾客当前和未来的需求，满足顾客要求并争取超越顾客期望"，体现了质量管理的( )原则。

A. 与供方互利的关系

B. 全员参与

C. 管理的系统方法

D. 以顾客为关注焦点

7. 建设工程承包单位在( )时，应向建设单位出具工程质量保修书。

A. 施工完毕   B. 提交工程竣工验收报告

C. 竣工验收合格   D. 工程价款结算完毕

8. 关于工程项目质量控制系统的特性，下列说法正确的是( )。

A. 工程项目质量控制系统是以工程项目为对象

B. 工程项目质量控制系统是独立的目标控制系统

C. 工程项目质量控制系统是永久性的

D. 工程项目质量控制系统是某个监理单位的管理活动

9. 下列抽样检验方法中，( )广泛用于原材料、购配件的进货检验和分项工程、分部工程、单位工程完工后的检验。

A. 简单随机抽样检验法   B. 分层随机抽样检验法

C. 系统随机抽样检验法   D. 多阶段抽样检验法

10. 用数据变动的幅度来反映质量数据分散状况的特征值，称为( )。

A. 极差   B. 标准偏差

C. 中位数   D. 变异系数

11. 计数型一次抽样检验方案是规定在一定样本容量 n 时的最高允许的批合格判定数 c，记作 (n, c)，若实际抽检时，检出不合格品数为 d，则当( )时判定为不合格批，拒绝该检验批。

A. $d \leqslant c$ B. $d > c$

C. $d + c \leqslant n$ D. $d + c > n$

12. 对有抗震设防要求的结构，其纵向受力钢筋的延性、钢筋的强度和最大力下总伸长率的实测值应符合的规定是( )。

A. 钢筋的抗拉强度实测值与屈服强度实测值的比值不应小于1.30

B. 钢筋的屈服强度实测值与强度标准值的比值不应小于1.25

C. 钢筋的屈服强度实测值与强度标准值的比值不应大于1.25

D. 钢筋的最大力下总伸长率不应小于9%

13. 关于工程检验动测法的说法，错误的是( )。

A. 采用低应变动测法确定缺陷位置，对桩身完整性作出分类判别

B. 对于一柱一桩的建筑物、构筑物，应全部进行完整性检测

C. 低应变动测主要采用弹性波反射法

D. 对设计等级为乙级，成桩质量可靠性低的灌注桩，动测桩数不应少于总桩数的30%，且不得少于20根

14. 当混凝土的坍落度大于 220mm 时，如果用钢尺测量混凝土扩展后最终的最大直径和最小直径的差大于( )mm，则坍落扩展度试验结果无效。
    A. 20   B. 30
    C. 40   D. 50

15. 施工方案程序性审查应重点审查( )。
    A. 施工方案是否具有针对性、指导性、可操作性
    B. 现场施工管理机构是否建立了完善的质量保证体系
    C. 施工方案的编制人、审批人是否符合有关权限规定的要求
    D. 施工质量保证措施是否符合现行的规范、标准

16. 项目监理机构发现施工单位未经批准擅自施工或拒绝项目监理机构管理的，正确的处理方式是( )。
    A. 专业监理工程师签发工程暂停令   B. 总监理工程师签发工程暂停令
    C. 总监理工程师代表签发监理通知单   D. 监理员签发监理通知单

17. 监理人员应熟悉工程设计文件，并应参加( )主持的图纸会审会议。
    A. 建设单位   B. 施工单位
    C. 设计单位   D. 监理单位

18. 关于施工组织设计审查包括的基本内容的说法，错误的是( )。
    A. 编审程序应符合相关规定
    B. 施工进度、施工方案及工程质量保证措施应符合监理人员的要求
    C. 资金、劳动力、材料、设备等资源供应计划应满足工程施工需要
    D. 安全技术措施应符合工程建设强制性标准

19. 分包单位的资质材料经审核不符合要求时，施工单位应根据( )的审核意见，或重新报审，或另选择分包单位再报审。
    A. 总监理工程师   B. 专业监理工程师
    C. 项目经理   D. 建设单位项目负责人

20. 在现场配制的材料，( )应进行级配设计与配合比试验，经试验合格后才能使用。
    A. 建设单位   B. 施工单位
    C. 监理单位   D. 设计单位

21. 确定合格供货厂商的初选入围时，对需要承担设计并制造专用设备的供货厂商或承担制造并安装设备的供货厂商，需要审查的资料不包括( )。
    A. 供货厂商的营业执照   B. 供货厂商的生产许可证
    C. 供货厂商的设计资格证书   D. 供货厂商的地址和联系方式

22. 某公路桥梁工程预应力按规定张力系数为 1.3，实际仅为 0.8，属于严重的质量缺陷，对其正确的处理方式是(   )。

A. 限制使用处理   B. 返工处理

C. 不做处理   D. 报废处理

23. 对于某些工程质量缺陷，可能涉及的技术领域比较广泛，或问题很复杂，有时仅根据合同规定难以决策，这时最适用的工程质量事故处理方案的辅助方法是(   )。

A. 定期观测   B. 试验验证

C. 方案比较   D. 专家论证

24. 设计方案评审过程中，下列属于对总体方案进行评审的是(   )。

A. 设计参数   B. 设计依据

C. 结构造型、功能和使用价值   D. 设计标准

25. 关于单位工程质量验收的说法，正确的是(   )。

A. 由监理单位向建设单位提交工程竣工报告，申请工程竣工验收

B. 对验收中提出的整改问题，项目监理机构应督促施工单位及时整改

C. 工程质量符合要求的，总监理工程代表应在工程竣工验收报告中签署验收意见

D. 建设单位组织单位工程质量验收时，分包单位负责人不应参加验收

26. 如果个别检验批发现试块强度等不满足要求问题时，经有资质的检测单位鉴定达到设计要求的检验批，应(   )。

A. 予以验收   B. 鉴定验收

C. 拒绝验收   D. 协商验收

27. 工程不符合国家或行业的有关技术标准、设计文件及合同中对质量的要求指的是(   )。

A. 工程质量不合格   B. 工程质量问题

C. 工程质量事故   D. 工程质量缺陷

28. 某工程由于施工现场管理混乱，质量问题频发，最终导致在建的一栋办公楼施工至主体 2 层时倒塌，死亡 8 人，则该起质量事故属于(   )。

A. 特别重大事故   B. 较大事故

C. 重大事故   D. 一般事故

29. 能够及时了解设备制造过程质量的真实情况，审批设备制造工艺方案，实施过程控制，进行质量检查与控制的设备制造质量监控方式，称为(   )。

A. 驻厂监造   B. 巡回监控

C. 设置质量控制点监控   D. 跟踪监控

30. 在设备运往现场前，项目监理机构应按设计要求检查设备制造单位对待运设备采取（   ）的措施。

    A. 封闭和覆盖   B. 包裹和覆盖

    C. 防护和包装   D. 防护和封闭

31. 分部工程质量验收应符合的规定是（   ）。

    A. 所含分项工程的质量均应验收合格且相应的质量控制资料文件必须完整

    B. 所含检验批的质量验收记录应完整

    C. 主控项目的质量经抽样检验均应合格

    D. 有关安全、节能、环境保护和主要使用功能的检验资料应完整

32. 某项目设备工器具购置费为3000万元，建筑安装工程费为2500万元，工程建设其他费为800万元，基本预备费为400万元，涨价预备费为200万元，建设期贷款利息为140万元，则该项目的动态投资为（   ）万元。

    A. 6300   B. 1400

    C. 740   D. 340

33. 施工企业按照有关标准规定，对建筑以及材料、构件和建筑安装物进行一般鉴定、检查所发生的费用应计入（   ）。

    A. 检验试验费   B. 工具用具使用费

    C. 材料费   D. 规费

34. 施工机械使用费是指施工机械作业所发生的机械使用费以及机械安拆费和场外运费，下列属于施工机械使用费的是（   ）。

    A. 临时设施费   B. 二次搬运费

    C. 已完工程及设备保护费   D. 经常修理费

35. 国际工程项目建筑安装工程费用中的暂列金额属于（   ）的备用金。

    A. 施工方   B. 业主方

    C. 供货方   D. 施工总承包管理方

36. 某新建项目，建设期为2年，共向银行贷款1200万元，贷款时间为：第1年300万元，第2年900万元，年利率为6%，则第2年应计利息为（   ）万元。

    A. 36.54   B. 41.54

    C. 45.54   D. 49.54

37. 某建设工程项目的设备及工器具购置费为2500万元，建筑安装工程费为2000万元，工程建设其他费为1500万元，基本预备费率为10%，则该项目的基本预备费为（   ）万元。

    A. 200   B. 400

C. 600   D. 450

38. 某公司借款 1000 万元，年复利率为 8％，则 10 年末连本带利一次需偿还（   ）万元。
    A. 2158.92   B. 540.27
    C. 1986.56   D. 1690.30

39. 某公司希望所投资项目 3 年末有 500 万元资金，年复利率为 7.5％，则现在需要一次投入（   ）万元。
    A. 621.15   B. 634.61
    C. 402.48   D. 432.67

40. 某施工企业每年年末存入银行 100 万元，用于 3 年后的技术改造。已知银行存款年利率为 5％，按年复利计息，则到第 3 年末可用于技术改造的资金总额为（   ）万元。
    A. 331.01   B. 330.75
    C. 315.25   D. 315.00

41. 下列投资方案经济评价指标中，属于动态评价指标的是（   ）。
    A. 总投资收益率   B. 内部收益率
    C. 资产负债率   D. 资本金净利润率

42. 价值工程的核心是对产品进行（   ）分析。
    A. 成本   B. 价值
    C. 功能   D. 寿命

43. 由于设计深度不够等原因，对一般附属、辅助和服务工程等项目，以及住宅和文化福利工程项目或投资比较小、比较简单的工程项目，可采用（   ）编制预算。
    A. 概算指标法   B. 扩大单价法
    C. 预算单价法   D. 综合单价法

44. 施工图预算的"三级预算"是指（   ）。
    A. 建设项目总预算、单项工程综合预算、单位工程预算
    B. 建设项目总预算、单位工程预算、分部分项工程预算
    C. 建设投资预算、单位工程预算、主要工程项目预算
    D. 建筑工程预算、安装工程预算、设备及工器具购置费预算

45. 采用定额单价法计算工程费用时，若分项工程的名称、规格、计量单位与预算单价或单位估价表中所列内容完全一致时，对定额的处理方法一般是（   ）。
    A. 调量不换价   B. 可以直接套用预算单价

C. 编制补充单位估价表　　　　　　　　　D. 按实际使用材料价格换算预算单价

46. 关于内部收益率指标的说法，错误的是（　　　）。

A. 内部收益率指标考虑了资金的时间价值以及项目在整个计算期内的经济状况

B. 内部收益率指标不需要事先确定一个基准收益率

C. 内部收益率指标不能直接衡量项目未回收投资的收益率

D. 对于具有非常规现金流量的项目来讲，其内部收益率往往不是唯一的

47. 工程量清单应由（　　　）编制。

A. 工程招标代理机构　　　　　　　　　　B. 工程设计单位

C. 招标投标管理部门　　　　　　　　　　D. 招标人

48. 根据《建设工程工程量清单计价规范》GB 50500—2013 的规定，在分部分项工程量清单的项目编码中，表示分项工程项目名称顺序码的是（　　　）。

A. 第三级，且由两位数构成　　　　　　　B. 第四级，且由两位数构成

C. 第三级，且由三位数构成　　　　　　　D. 第四级，且由三位数构成

49. 根据《建设工程工程量清单计价规范》GB 50500—2013，关于投标报价的说法，错误的是（　　　）。

A. 暂列金额应按照招标工程量清单中列出的金额填写，不得变动

B. 专业工程暂估价必须按照招标工程量清单中列出的金额填写

C. 计日工应按照招标文件中的数量和单价计算总费用

D. 招标文件中要求投标人承担的风险内容和范围，投标人应将其考虑到综合单价中

50. 招标投标阶段，工程范围无法界定，缺少工程的详细说明，无法准确估价时，宜采用（　　　）合同形式。

A. 固定总价合同　　　　　　　　　　　　B. 估算工程量单价合同

C. 纯单价合同　　　　　　　　　　　　　D. 成本加酬金合同

51. 解决合同争执的最基本、最常见和最有效的方法是（　　　）。

A. 协商　　　　　　　　　　　　　　　　B. 调解

C. 仲裁　　　　　　　　　　　　　　　　D. 诉讼

52. 单价合同模式下，承包人支付的建筑工程险保险费，宜采用的计量方法是（　　　）。

A. 凭据法　　　　　　　　　　　　　　　B. 估价法

C. 均摊法　　　　　　　　　　　　　　　D. 分解计量法

53. 招标人在工程量清单中提供的用于支付必然要发生但暂时不能确定价格的材料、工程设备的单价以及专业工程的金额是（　　　）。

A. 暂估价   B. 暂列金额

C. 总承包服务费   D. 工程税金

54. 2013 年 8 月，实际完成的某工程基准日期的价格为 1000 万元。调值公式中的固定系数为 0.4，相关成本要素中，水泥的价格指数上升了 20%，水泥的费用占合同调值部分的 40%，其他成本要素的价格均未发生变化。2013 年 8 月应调整的合同价的差额为（　　）万元。

A. 48   B. 240

C. 1048   D. 1288

55. 对某建设工程项目进行投资偏差分析，若当月计划完成工作量是 $100m^3$，预算单价为 300 元/m^3；当月实际完成工作量是 $120m^3$，实际单价为 320 元/m^3。则关于该项目当月投资偏差分析的说法，正确的是（　　）。

A. 投资偏差为 −2400 元，超出预算投资

B. 投资偏差为 6000 元，项目运行节支

C. 进度偏差为 6000 元，进度延误

D. 进度偏差为 2400 元，进度提前

56. 下列产生投资偏差的原因中，属于业主原因的是（　　）。

A. 投资规划不当   B. 材料代用

C. 工期拖延   D. 施工质量有问题

57. 在建设工程监理中编制进度控制工作细则，指导监理人员实施进度控制，属于监理工程师控制进度的（　　）。

A. 组织措施   B. 经济措施

C. 合同措施   D. 技术措施

58. 大型基础土方工程、复杂的基础加固工程等，若要保证单位工程施工进度计划的顺利实施，宜编制（　　）。

A. 施工准备工作计划   B. 施工总进度计划

C. 分部分项工程进度计划   D. 单位工程施工进度计划

59. 在组织建设工程流水施工时，根据施工组织及计划安排需要而将计划任务划分成的子项称为（　　）。

A. 流水节拍   B. 施工段

C. 工作面   D. 施工过程

60. 在工作面允许和资源有保证的前提下，专业工作队提前插入施工，可以（　　）。

A. 使流水施工工期延长   B. 使总工期延长

C. 缩短流水施工工期

D. 缩短总工期

61. 双代号网络图中，工作是用(   )表示的。

A. 箭线及其两端节点编号

B. 节点及其编号

C. 箭线及其起始节点编号

D. 箭线及其终点节点编号

62. 某分部工程组织无节奏流水施工，如果甲和乙、乙和丙施工过程之间流水步距分别为 5d 和 3d，丙施工过程的作业时间为 12d，则该分部工程的工期为(   )d。

A. 8

B. 12

C. 14

D. 20

63. 某分部工程有 3 个施工过程，各分为 4 个流水节拍相等的施工段，各施工过程的流水节拍分别为 6d、6d、4d。如果组织加快的成倍节拍流水施工，则流水步距和流水施工工期分别为(   )d。

A. 4 和 36

B. 4 和 28

C. 2 和 30

D. 2 和 22

64. 根据下表给定的逻辑关系绘制某分部工程双代号网络计划如下图所示，其作图错误的是(   )。

工作名称	A	B	C	D	E	G	H
紧前工作	—	—	A	A	A、B	C	E

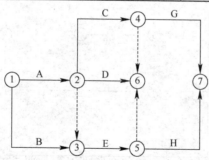

A. 节点编号不对

B. 逻辑关系不对

C. 有多个起点节点

D. 有多个终点节点

65. 某分部工程双代号网络计划如下图所示，其关键线路有(   )条。

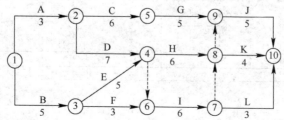

A. 5   B. 4   C. 3   D. 2

66. 某双代号网络计划中（以"d"为单位），工作K的最早开始时间为6，工作持续时间为4；工作M的最迟完成时间为22，工作持续时间为10；工作N的最迟完成时间为20，工作持续时间为5。已知工作K只有M、N两项紧后工作，工作K的总时差为（　　）d。

A. 2   B. 3   C. 4   D. 5

67. 某分部工程双代号时标网络计划如下图所示，其中工作C和I的最迟完成时间分别为第（　　）天。

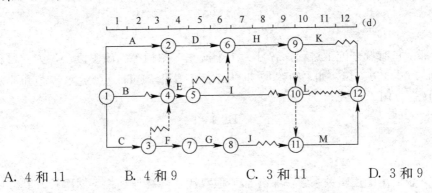

A. 4和11   B. 4和9   C. 3和11   D. 3和9

68. 某双代号网络计划如下图所示（时间单位：d），其计算工期是（　　）d。

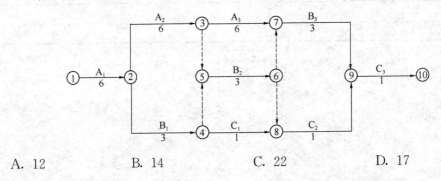

A. 12   B. 14   C. 22   D. 17

69. 某房屋建筑工程，施工总承包单位在监理工程师要求的时间内，提交了室内装饰装修工程的进度计划（单位：周），如下图所示，可知C工作的总时差为（　　）周。

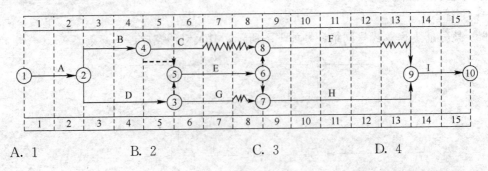

A. 1   B. 2   C. 3   D. 4

70. 在建设工程施工方案一定的前提下，工程费用会因工期的不同而不同。随着工期的缩短，工程费用的变化趋势是(　　)。

　　A. 直接费增加，间接费减少　　　　B. 直接费和间接费均增加

　　C. 直接费减少，间接费增加　　　　D. 直接费和间接费均减少

71. 资源优化的目的是通过改变(　　)，使资源按照时间的分布符合优化目标。

　　A. 关键工作的持续时间　　　　　　B. 关键工作的开始时间和完成时间

　　C. 工作的持续时间　　　　　　　　D. 工作的开始时间和完成时间

72. 在修堤坝时，一定要等土堤自然沉降后才能修护坡，筑土堤与修护坡之间的等待时间就是(　　)时距。

　　A. *FTF*　　　　　　　　　　　　B. *STS*

　　C. *FTS*　　　　　　　　　　　　D. *STF*

73. 如果承包单位未能按合同规定的工期和条件完成整个工程，则工程延误的处理手段为(　　)。

　　A. 监理工程师拒绝签署付款凭证　　B. 应付误期损失的赔偿费

　　C. 取消承包资格　　　　　　　　　D. 被驱逐出施工现场并赔偿损失

74. 某工程网络计划中，C工作的总时差为8d，自由时差为5d，在检查实际进度时，发现该工作的持续时间延长了6d，则说明C工作的实际进度将使其紧后工作的最早开始时间推迟(　　)。

　　A. 6d，同时使总工期延长6d　　　B. 1d，同时使总工期延长1d

　　C. 6d，同时使总工期延长1d　　　D. 1d，但不影响总工期

75. 确定施工进度控制目标时需要考虑的因素是(　　)。

　　A. 工程项目的技术和经济可行性

　　B. 各类物资储备时间和储备量计划

　　C. 设计总进度计划对施工工期的要求

　　D. 工程难易程度和工程条件落实情况

76. 建设工程施工进度控制目标体系中，按施工阶段分解，划定(　　)。

　　A. 各单位工程施工工期　　　　　　B. 进度控制分界点

　　C. 各单位工程施工目标　　　　　　D. 进度控制责任

77. 编制单位工程施工进度计划的工作包括：①计算劳动量和机械台班数；②计算工程量；③划分工作项目；④确定施工顺序；⑤确定工作项目的持续时间。上述工作的正确顺序是(　　)。

　　A. ②①③④⑤　　　　　　　　　　B. ③④②①⑤

C. ③⑤④②① D. ②③④⑤①

78. 当建设工程实际进度拖后而需要调整施工进度计划时，可采取的经济措施是（ ）。

A. 改善外部配合条件　　　　　　　B. 提高奖金数额

C. 减少施工过程的数量　　　　　　D. 实施强有力的调度

79. 当出现的进度偏差影响到后续工作或总工期而需要采取进度调整措施时，应当首先（ ）。

A. 确定需要采取的调整措施　　　　B. 确定后续工作和总工期的限制条件

C. 确定进度偏差的原因　　　　　　D. 确定可调整进度的范围

80. 监理工程师物资供应进度控制的主要工作内容不包括（ ）。

A. 组织物资供应招标工作　　　　　B. 编制、审核和控制物资供应计划

C. 协助工程业主进行物资供应决策　D. 办理物资运输事宜

二、多项选择题（共40题，每题2分。每题的备选项中，有2个或2个以上符合题意，至少有1个错项。错选，本题不得分；少选，所选的每个选项得0.5分）

81. 质量是指一组固有特性满足要求的程度，其中"满足要求"是指满足（ ）的要求。

A. 顾客　　　　　　　　　　　　　B. 计划文件

C. 相关方　　　　　　　　　　　　D. 标准规范

E. 法律法规

82. 建设工程质量的特性主要表现在（ ）的方面。

A. 经济性　　　　　　　　　　　　B. 安全性

C. 权威性　　　　　　　　　　　　D. 无偿性

E. 耐久性

83. 政府对工程建设程序的管理包括（ ）。

A. 对工程报建、施工图设计文件审查　B. 对工程施工许可的管理

C. 施工验收备案的管理　　　　　　D. 工程承发包管理

E. 各类资质标准的审查

84. 下列关于建设单位质量责任的说法中，错误的有（ ）。

A. 建设单位不得将建设工程肢解发包

B. 建设工程发包方不得迫使承包方以低于成本的价格竞标

C. 建设工程不得明示或暗示设计单位或施工单位违反建设强制性标准

D. 建设单位应根据工程进展情况压缩合同工期

E. 涉及承重结构变动的装修工程施工前，只能委托原设计单位提出设计方案

85. 总承包单位依法将建设工程分包给其他单位施工，若分包工程出现质量问题时，应当由（　　）。
    A. 分包单位单独向建设单位承担责任
    B. 总承包单位单独向建设单位承担责任
    C. 总承包单位对分包工程的质量承担连带责任
    D. 总承包单位与分包单位分别向建设单位承担责任
    E. 分包单位应按照分包合同约定对其分包工程的质量向总承包单位负责

86. 质量手册是监理单位内部质量管理的纲领性文件和行动准则，应阐明监理单位的（　　），并描述其质量管理体系的文件。
    A. 质量保证   B. 质量计划
    C. 质量方针   D. 质量评审
    E. 质量目标

87. 在控制图中，点子排列没有缺陷，是指点子的排列是随机的，而没有出现异常现象，这里的异常现象指的是（　　）等情况。
    A. 周期性变动   B. 多次同侧
    C. 趋势或倾向   D. 不稳定波动
    E. 接近控制界限

88. 设计单位进行设计交底时，设计交底的内容包括（　　）。
    A. 设计依据及参数   B. 设计意图说明
    C. 施工图设计文件总体介绍   D. 设计计算方法
    E. 特殊的工艺要求

89. 总监理工程师组织专业监理工程师审查施工单位报送的工程开工报审表及相关资料时，属于审查内容的有（　　）。
    A. 设计交底和图纸会审是否已完成
    B. 施工许可证是否已办理
    C. 施工组织设计是否已由总监理工程师签认
    D. 主要施工机械是否已具备使用条件
    E. 进场道路及水、电、通信等是否已满足开工要求

90. 设备制造前的质量控制工作有（　　）。
    A. 明确设备制造过程的要求及质量标准
    B. 审查设备制造的工艺方案
    C. 检验计划和检验要求的审查

D. 对生产人员上岗资格的检查

E. 不合格零件的处置

91. 下列属于设备制造依据及工艺资料的有（ ）。

A. 工艺设备设计及制造资料　　　　B. 制造检验技术标准

C. 工序交接检查验收记录　　　　　D. 设计图审查记录

E. 检测仪器设备质量证明资料

92. 由建设单位采购的主要设备由（ ）进行开箱检查，并由三方在开箱检查记录上签字。

A. 安装单位　　　　　　　　　　　B. 建设单位

C. 施工单位　　　　　　　　　　　D. 设计单位

E. 项目监理机构

93. 检验批可根据施工及质量控制和专业验收需要按（ ）等进行划分。

A. 楼层　　　　　　　　　　　　　B. 施工段

C. 主要工种　　　　　　　　　　　D. 材料

E. 变形缝

94. 根据《建筑工程施工质量验收统一标准》GB 50300—2013，单位工程质量验收合格的规定有（ ）。

A. 所含分部工程的质量均应验收合格

B. 质量控制资料应完整

C. 所含分部工程中有关安全、节能、环境保护和主要使用功能的检验资料应完整

D. 主要使用功能的抽查结果应符合相关专业质量验收规范的规定

E. 单位工程的工程监理质量评估记录应符合各项要求

95. 下列导致施工质量缺陷发生的原因中，属于施工与管理不到位的有（ ）。

A. 不熟悉图纸，盲目施工　　　　　B. 图纸未经会审，仓促施工

C. 边勘察、边设计、边施工　　　　D. 勘察报告不准、不细

E. 施工组织管理混乱

96. 施工图设计评审的重点是（ ）。

A. 设计深度是否符合规定　　　　　B. 施工进度能否实现

C. 设计文件是否齐全、完整　　　　D. 设计方案是否全面，经济评价是否合理

E. 使用功能是否满足质量目标和标准

97. 设备及工器具购置费由（ ）组成。

A. 设备原价　　　　　　　　　　　B. 办公和生活家居购置费

C. 工器具原价　　　　　　　　　　　　D. 专用设备费

E. 运杂费

98. 下列建设项目投资中，属于工程建设其他费用的有（　　）。

A. 土地使用费　　　　　　　　　　　　B. 建筑安装工程费

C. 建设单位管理费　　　　　　　　　　D. 流动资金

E. 生产准备费

99. 按造价形成划分的建筑安装工程费用项目组成中，属于措施项目费的有（　　）。

A. 二次搬运费　　　　　　　　　　　　B. 环境保护费

C. 社会保险费　　　　　　　　　　　　D. 施工机械使用费

E. 税金

100. 根据世界银行对工程项目总建设成本的规定，下列费用应计入项目间接建设成本的有（　　）。

A. 土地征购费　　　　　　　　　　　　B. 建设保险和债券费

C. 开工试车费　　　　　　　　　　　　D. 项目管理费

E. 临时公共设施及场地的维持费

101. 价值工程研究对象的功能量化方法有（　　）。

A. 类比类推法　　　　　　　　　　　　B. 流程图法

C. 理论计算法　　　　　　　　　　　　D. 技术测定法

E. 统计分析法

102. 设计概算的编制依据主要有（　　）。

A. 项目技术复杂程度　　　　　　　　　B. 批准的可行性研究报告

C. 正常的施工组织设计　　　　　　　　D. 项目涉及的概算指标或定额

E. 地方政府发布的区域发展规划

103. 根据《建设工程工程量清单计价规范》GB 50300—2013 的规定，工程量清单的主要作用包括（　　）。

A. 工程量清单是建设工程计价的依据

B. 工程量清单是工程付款和结算的依据

C. 工程量清单是调整工程量、进行工程索赔的依据

D. 工程量清单统一了划分的项目

E. 工程量清单统一了计量单位

104. 根据现行《建设工程价款结算暂行办法》，发包人未在合同约定的时间内向承包人支付工程竣工结算价款时，承包人可以采取的措施有（　　）。

A. 将该工程留置不予交付使用

B. 向人民法院申请将该工程依法拍卖

C. 与发包人协商将该工程折价抵款

D. 向发包人催促按约定支付工程结算价款

E. 向发包人要求按银行同期贷款利率支付拖欠工程价款的利息

105. 根据《建设工程工程量清单计价规范》GB 50500—2013，关于施工中工程计量的说法，正确的有（　　）。

A. 发包人应在收到承包人已完工程量报告后 14d 内核实工程量

B. 单价合同的工程量必须以承包人完成合同工程应予计量的工程量确定

C. 总价合同结算时的工程量必须按实际工程量计量

D. 对质量不合格的工程，承包人承诺返工的工程量给予计量

E. 承包人需要在每个计量周期向发包人提交已完成工程量报告

106. 承包商由于（　　）原因提出工期索赔，只要承包商能提出合理的证据，一般可获得监理工程师及业主的同意。

A. 在现场发现有价值的文物　　　　　B. 不利的自然条件

C. 有关放线的资料不准　　　　　　　D. 合同双方差距大

E. 物价上涨

107. 按照 FIDIC《施工合同条件》的规定，承包商只可以索赔成本和利润的情况有（　　）。

A. 业主终止合同

B. 业主接受或使用部分工程

C. 工作测出的数量超过工程量表的 10%

D. 工程变更

E. 法规改变

108. 关于投标价格的编制原则，下列说法正确的有（　　）。

A. 投标价应由投标人编制

B. 投标人的投标报价不得低于招标控制价

C. 执行工程量清单招标的，投标人必须按招标工程量清单填报价格

D. 投标人的投标报价不得低于工程成本

E. 投标人应依据行业部门的相关规定自主确定投标报价

109. 下列影响工程进度的因素中，属于组织管理因素的有（　　）。

A. 设计有缺陷或错误　　　　　　　　B. 组织协调不力

C. 不可靠技术的应用　　　　　　　　D. 不合理的施工方案

E. 合同签订时遗漏条款、表达失当

110. 在建设工程进度控制系统中，工程项目建设单位编制的进度计划包括（　　）。

A. 工程项目前期工作计划　　　　　　B. 工程项目施工进度计划

C. 工程项目年度计划　　　　　　　　D. 施工准备工作计划

E. 工程项目建设总进度计划

111. 建设工程依次施工的特点包括（　　）。

A. 充分利用工作面施工　　　　　　　B. 资源无法均衡使用

C. 施工现场的组织较简单　　　　　　D. 不利于提高劳动生产率

E. 不利于资源供应的组织

112. 在组织流水施工时，确定流水节拍应考虑的因素有（　　）。

A. 所采用的施工方法和施工机械

B. 相邻两个施工过程相继开始施工的最小间隔时间

C. 施工段数目

D. 在工作面允许的前提下投入的工人数和机械台班数量

E. 专业工作队的工作班次

113. 下列有关网络计划中关键工作的说法，正确的有（　　）。

A. 关键工作两端的节点必须为关键节点，但两端为关键节点的工作不一定是关键工作

B. 关键节点必然处在关键线路上，由关键节点组成的线路一定是关键线路

C. 关键节点的最迟时间与最早时间的差值最小

D. 当网络计划的计划工期等于计算工期时，关键节点的最早时间与最迟时间必然相等

E. 由关键工作构成的线路就是关键线路

114. 某分部工程双代号网络计划如下图所示（时间单位：d），图中已标出每个节点的最早开始时间和最迟开始时间，该计划表明（　　）。

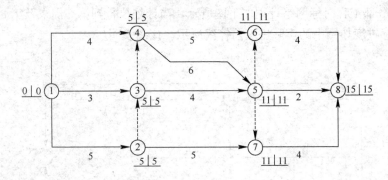

A. 所有节点均为关键节点　　　　　　B. 所有工作均为关键工作

C. 计算工期为15d且关键线路有两条　　D. 工作1—3与工作1—4的总时差相等

E. 工作2—7的总时差和自由时差相等

115. 在网络计划的工期优化方法中，选择压缩对象时宜在关键工作中考虑的因素包括（　　）。

A. 有充足的资金费用

B. 缩短持续时间所需增加费用最少的工作

C. 有充足备用资源的工作

D. 缩短持续时间对质量和安全影响不大的工作

E. 压缩关键工作的持续时间不会增加工程总费用

116. 在建设工程实施过程中，为了全面、准确地掌握进度计划的执行情况，监理工程师应经常地、定期地对进度计划的执行情况进行跟踪检查，认真做好的工作包括（　　）。

A. 定期收集进度报表资料　　　　　　B. 对实际进度数据进行加工处理

C. 采取措施调整进度计划　　　　　　D. 现场实地检查工程进展情况

E. 定期召开现场会议

117. 某工作的实际进度与计划进度如下图所示，可以得到的信息有（　　）。

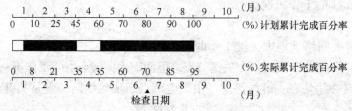

A. 本工作已按计划完成

B. 在第 4 个月内没有进行本工作

C. 在第 3 个月末本工作拖欠 10% 的工作量

D. 在第 7 个月末本工作实际完成的任务量大于计划任务量

E. 在第 8 个月末本工作拖欠 5% 的工作量

118. 某分部工程时标网络计划如下图所示，当计划执行到第 3 周末及第 6 周末时，检查得到的实际进度如图中的实际进度前锋线所示。该图表明（　　）。

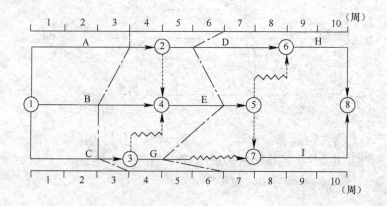

A. 工作 A 和工作 D 在第 4 周至第 6 周内实际进度正常

B. 工作 B 和工作 E 在第 4 周至第 6 周内实际进度正常

C. 第 3 周末检查时预计工期拖后 1 周

D. 第 6 周末检查时工作 G 实际进度拖后 1 周

E. 第 6 周末检查时预计工期拖后 1 周

119. 监理工程师在监督施工进度计划的实施时，需要检查（　　），核实所报送的已完项目的时间及工程量，杜绝虚报现象。

A. 承包单位报送的施工进度报表　　　B. 分析资料

C. 现场实地　　　D. 工程施工过程中的相互协调配合问题

E. 施工物资配备情况

120. 监理工程师在作出临时工程延期批准或最终工程延期批准之前，均应与（　　）进行协商。

A. 承包单位　　　B. 业主

C. 设计单位　　　D. 使用单位

E. 建设行政主管部门

权威预测试卷（一）参考答案及解析

一、单项选择题

1. C	2. D	3. A	4. A	5. C
6. D	7. B	8. A	9. A	10. A
11. B	12. D	13. D	14. D	15. C
16. B	17. A	18. B	19. A	20. B
21. D	22. B	23. D	24. B	25. B
26. A	27. D	28. B	29. A	30. C
31. A	32. D	33. A	34. D	35. B
36. C	37. C	38. A	39. C	40. C
41. B	42. C	43. A	44. A	45. B
46. C	47. D	48. D	49. C	50. D
51. A	52. A	53. A	54. A	55. A
56. A	57. D	58. C	59. D	60. C
61. A	62. D	63. D	64. D	65. B
66. A	67. B	68. C	69. C	70. A
71. D	72. C	73. B	74. D	75. D
76. B	77. B	78. B	79. D	80. D

【解析】

1. C。本题考核的是工程建设阶段对质量形成的作用与影响。工程建设的不同阶段，对工程项目质量的形成起着不同的作用和影响。项目决策阶段对工程质量的影响主要是确定工程项目应达到的质量目标和水平。工程设计质量是决定工程质量的关键环节。在一定程度上，工程施工是形成实体质量的决定性环节。工程竣工验收对质量的影响是保证最终产品的质量。

2. D。本题考核的是工程质量控制的监控主体。监控主体是指对他人质量能力和效果的监控者，包括政府、建设单位、工程监理单位。

3. A。本题考核的是工程质量控制原则。工程质量控制原则包括：坚持质量第一的原则；坚持以人为核心的原则；坚持预防为主的原则；以合同为依据，坚持质量标准的原则；坚持科学、公平、守法的职业道德规范。

4. A。本题考核的是建设工程的最低保修期限。在正常使用条件下，建设工程的最低保修期限为：（1）基础设施工程、房屋建筑工程的地基基础和主体结构工程，为设计文件规定的该工程的合理使用年限；（2）屋面防水工程、有防水要求的卫生间、房间和外墙面的防渗漏，为5年；（3）供热与供冷系统，为2个采暖期、供冷期；（4）电气管线、给水排水管道、设备安装和装修工程，为2年。

5. C。本题考核的是保修义务的承担和经济责任的承担原则。保修义务的承担和经济责任的承担应按下列原则处理：（1）施工单位未按国家有关标准、规范和设计要求施工，造成的质量问题，由施工单位负责返修并承担经济责任；（2）由于设计方面的原因造成的质量问题，先由施工单位负责维修，其经济责任按有关规定通过建设单位向设计单位索赔；（3）因建筑材料、构配件和设备质量不合格引起的质量问题，先由施工单位负责维修，其经济责任属于施工单位采购的，由施工单位承担经济责任；属于建设单位采购的，由建设单位承担经济责任。

6. D。本题考核的是质量管理原则。质量管理原则包括：以顾客为关注焦点；领导作用；全员参与；过程方法；管理的系统方法；持续改进；基于事实的决策方法；与供方互利的关系。以顾客为关注焦点，是组织依存于其顾客。因此，组织应理解顾客当前和未来的需求，满足顾客要求并争取超越顾客期望。

7. B。本题考核的是工程质量保修。建设工程承包单位在向建设单位提交工程竣工验收报告时，应向建设单位出具工程质量保修书，质量保修书中应明确建设工程保修范围、保修期限和保修责任等。

8. A。本题考核的是工程项目质量控制系统的特性。项目监理机构的工程质量控制系统具有下列特性：

（1）工程项目质量控制系统是以工程项目为对象，由项目监理机构负责建立的面向监理项目开展质量控制的工作体系。

（2）工程项目质量控制系统是项目监理机构的一个目标控制子系统，它与工程项目投资控制、进度控制、合同管理、信息管理与安全生产管理职责，共同构成项目监理机构的工作内容。

（3）工程项目质量控制系统根据工程项目监理合同的实施而建立，随着建设工程项目监理工作的完成和项目监理机构的解体而消失，因此，是一个一次性的质量控制工作体系，不同于监理单位的质量管理体系。

9. A。本题考核的是抽样检验方法。简单随机抽样方法广泛用于原材料、购配件的进货检验和分项工程、分部工程、单位工程完工后的检验。

10. A。本题考核的是描述数据离散趋势的特征值。极差是数据中最大值与最小值之差，是用数据变动的幅度来反映其分散状况的特征值。

11. B。本题考核的是常用的抽样检验方案。一次抽样检验是最简单的计数检验方案，通常用 (N, n, c) 表示。即从批量为 N 的交验产品中随机抽取 n 件进行检验，并且预先规定一个合格判定数 c。如果发现 n 中有 d 件不合格品，当 $d \leqslant c$ 时，则判定该批产品合格；当 $d > c$ 时，则判定该批产品不合格。

12. D。本题考核的是钢筋强度和最大力下总伸长率应符合的规定。对有抗震设防要求的结构，其纵向受力钢筋的延性、钢筋的强度和最大力下总伸长率的实测值应符合下列规定：(1) 钢筋的抗拉强度实测值与屈服强度实测值的比值不应小于 1.25；(2) 钢筋的屈服强度实测值与强度标准值的比值不应大于 1.30；(3) 钢筋的最大力下总伸长率不应小于 9%。

13. D。本题考核的是工程检验动测法的应用。选项 A、C 正确，低应变动测主要采用弹性波反射法，对各类混凝土桩进行质量普查，检查桩身是否有断桩、夹泥、离析、缩颈等缺陷存在。确定缺陷位置，对桩身完整性作出分类判别。选项 B 正确，在地质条件相近、桩型和施工条件相同时，不宜少于总桩数 5%，且不应少于 5 根。对于一柱一桩的建筑物、构筑物，应全部进行完整性检测；对于非一柱一桩的建筑物、构筑物，当工程地质条件复杂或对桩基施工质量有疑问时，应增加试桩数量。选项 D 错误，采用随机采样的方式抽检。对设计等级为甲级，或地质条件复杂，成桩质量可靠性低的灌注桩，动测桩数不应少于总桩数的 30%，且不得少于 20 根。其他桩基工程的抽检数量不应少于总桩数的 20% 且不得少于 10 根。

14. D。本题考核的是坍落度及坍落扩展度测定。当混凝土拌合物的坍落度大于 220mm 时，用钢尺测量混凝土扩展后最终的最大直径和最小直径，当二者的差小于 50mm 时，用其算术平均值作为坍落扩展度值。最大最小差大于 50mm 时试验结果无效。

15. C。本题考核的是施工方案审查。施工方案程序性审查应重点审查施工方案的编制人、审批人是否符合有关权限规定的要求。根据相关规定，通常情况下，施工方案应由项目技术负责人组织编制，并经施工单位技术负责人审批签字后提交项目监理机构。项目监理机构在审批施工方案时，应检查施工单位的内部审批程序是否完善、签章是否齐全，重点核对审批人是否为施工单位技术负责人。选项 A、B、D 属于内容性审查。

16. B。本题考核的是工程暂停令的签发。项目监理机构发现下列情形之一时，总监理工程师应及时签发工程暂停令：(1) 建设单位要求暂停施工且工程需要暂停施工的；(2) 施工单位未经批准擅自施工或拒绝项目监理机构管理的；(3) 施工单位未按审查通过的工程设计文件施工的；(4) 施工单位违反工程建设强制性标准的；(5) 施工存在重大质量、安全事故隐患或发生质量、安全事故的。

17. A。本题考核的是图纸会审与设计交底。监理人员应熟悉工程设计文件，并应参加建设单位主持的图纸会审会议。

18. B。本题考核的是施工组织设计审查。施工组织设计审查应包括下列基本内容：(1) 编审程序应符合相关规定；(2) 施工进度、施工方案及工程质量保证措施应符合施工合同要求；(3) 资金、劳动力、材料、设备等资源供应计划应满足工程施工需要；(4) 安全技术措施应符合工程建设强制性标准；(5) 施工总平面布置应科学合理。

19. A。本题考核的是分包单位资质的审核确认。分包单位的资质材料经审核不符合要求时，施工单位应根据总监理工程师的审核意见，或重新报审，或另选择分包单位再报审。

20. B。本题考核的是工程材料、构配件、设备质量控制的要点。在现场配制的材料，施工单位应进行级配设计与配合比试验，经试验合格后才能使用。

21. D。本题考核的是向生产厂家订购设备质量控制。确定合格供货厂商的初选入围时，对需要承担设计并制造专用设备的供货厂商或承担制造并安装设备的供货厂商，除了审查供货厂商的营业执照、生产许可证、经营范围是否涵盖了拟采购设备外，还应审查是否具有设计资格证书或安装资格证书。

22. B。本题考核的是工程质量事故处理方案。当工程质量未达到规定的标准和要求，存在的严重质量缺陷，对结构的使用和安全构成重大影响，且又无法通过修补处理的情况下，可对检验批、分项、分部工程甚至整个工程返工处理。

23. D。本题考核的是工程质量事故处理方案的辅助方法。工程质量事故处理方案的辅助方法包括试验验证、定期观测、专家论证、方案比较。对于某些工程质量缺陷，可能涉及的技术领域比较广泛，或问题很复杂，有时仅根据合同规定难以决策，这时可提请专家论证。

24. B。本题考核的是总体方案评审。总体方案评审，重点审核设计依据、设计规模、产品方案、工艺流程、项目组成及布局、设备配套、占地面积、建筑面积、建筑造型、协作条件、环保设施、防震防灾、建设期限、投资概算等的可靠性、合理性、经济性、先进性和协调性。

25. B。本题考核的是单位工程质量验收。选项 A 错误，由施工单位向建设单位提交工程竣工报告，申请工程竣工验收。选项 B 正确，对验收中提出的整改问题，项目监理机构应督促施工单位及时整改。选项 C 错误，工程质量符合要求的，总监理工程应在工程竣工验收报告中签署验收意见。选项 D 错误，建设单位组织单位工程质量验收时，分包单位负责人应参加验收。

26. A。本题考核的是工程施工质量验收时不符合要求的处理。工程施工质量验收时不符合要求的应按下列进行处理：（1）经返工或返修的检验批，应重新进行验收；（2）经有资质的检测机构检测鉴定能够达到设计要求的检验批，应予以验收；（3）经有资质的检测机构检测鉴定达不到设计要求，但经原设计单位核算认可能够满足安全和使用功能的检验批，可予以验收；（4）经返修或加固处理的分项、分部工程，满足安全及使用功能要求时，可按技术处理方案和协商文件的要求予以验收；（5）经返修或加固处理仍不能满足安全或重要使用要求的分部工程及单位工程，严禁验收。

27. D。本题考核的是工程质量缺陷的概念。工程质量缺陷是指工程不符合国家或行业的有关技术标准、设计文件及合同中对质量的要求。

28. B。本题考核的是工程质量事故等级划分。特别重大事故，是指造成30人以上死亡，或者100人以上重伤，或者1亿元以上直接经济损失的事故；重大事故，是指造成10人以上30人以下死亡，或者50人以上100人以下重伤，或者5000万元以上1亿元以下直接经济损失的事故；较大事故，是指造成3人以上10人以下死亡，或者10人以上50人以下重伤，或者1000万元以上5000万元以下直接经济损失的事故；一般事故，是指造成3人以下死亡，或者10人以下重伤，或者100万元以上1000万元以下直接经济损失的事故。"以上"包本数。

29. A。本题考核的是设备制造的质量控制方式。采用驻厂监造方式实施设备监造时，项目监理机构应成立相应的监造小组，编制监造规划，监造人员直接进驻设备制造厂的制造现场，实施设备制造全过程的质量监控。

30. C。本题考核的是设备出厂前的检查。在设备运往现场前，项目监理机构应按设计要求检查设备制造单位对待运设备采取的防护和包装措施，并应检查是否符合运输、装卸、储存、安装的要求，以及相关的随机文件、装箱单和附件是否齐全，符合要求后由总监理工程师签认同意后方可出厂。

31. A。本题考核的是分部工程验收合格规定。分部工程质量验收合格应符合下列规定：(1) 所含分项工程的质量均应验收合格；(2) 质量控制资料应完整；(3) 有关安全、节能、环境保护和主要使用功能的抽样检验结果应符合相应规定；(4) 观感质量应符合要求。

32. D。本题考核的是动态投资的计算。静态投资部分由建筑安装工程费、设备工器具购置费、工程建设其他费和基本预备费组成。动态投资包括涨价预备费、建设期利息。该项目的动态投资＝200＋140＝340 万元。

33. A。本题考核的是检验试验费。检验试验费是指施工企业按照有关标准规定，对建筑以及材料、构件和建筑安装物进行一般鉴定、检查所发生的费用，包括自设试验室进行试验所耗用的材料等费用。

34. D。本题考核的是施工机械使用费。施工机械使用费包括折旧费、大修理费、经常修理费、安拆费及场外运费、人工费、燃料动力费、税费。

35. B。本题考核的是暂列金额。暂列金额是指包括在合同中，供工程任何部分的施工，或提供货物、材料、设备或服务，或提供不可预料事件之费用的一项金额。暂列金额是业主方的备用金。

36. C。本题考核的是建设期利息的计算。建设期利息的计算公式为：各年应计利息＝(年初借款本息累计＋本年借款额/2)×年利率，第 1 年应计利息＝300/2×6％＝9 万元；第 2 年应计利息＝(300＋9＋900/2)×6％＝45.54 万元。

37. C。本题考核的是基本预备费的计算。该项目的基本预备费的计算过程如下：基本预备费＝(设备及工器具购置费＋建筑安装工程费＋工程建设其他费)×基本预备费率＝(2500＋2000＋1500)×10％＝600 万元。

38. A。本题考核的是本利和的计算。本题的计算过程为：$F=P(1+i)^n=1000\times(1+8\%)^{10}=2158.92$ 万元。

39. C。本题考核的是一次支付现值的计算。本题的计算过程为：$P=F(1+i)^{-n}=500\times(1+7.5\%)^{-3}=402.48$ 万元。

40. C。本题考核的是等额支付现金终值计算。等额支付系列现金流量的终值计算公式为：$F=A\dfrac{(1+i)^n-1}{i}$，到第 3 年末可用于技术改造的资金总额$=100\times\dfrac{(1+5\%)^3-1}{5\%}$ ＝315.25 万元。

41. B。本题考核的是投资方案经济评价指标体系。选项 A、C、D 属于静态评价指标。

42. C。本题考核的是价值工程的核心。价值工程的核心是对产品进行功能分析。

43. A。本题考核的是建筑工程概算的编制方法。由于设计深度不够等原因，对一般附属、辅助和服务工程等项目，以及住宅和文化福利工程项目或投资比较小、比较简单的工程项目，可采用概算指标法编制概算。

44. A。本题考核的是施工图预算的"三级预算"。施工图预算的三级预算编制形式由建设项目总预算、单项工程综合预算、单位工程预算组成。

45. B。本题考核的是定额单价法编制施工图预算套价时应注意的事项。分项工程的名称、规格、计量单位与预算单价或单位估价表中所列内容完全一致时，可以直接套用预算单价；分项工程的主要材料品种与预算单价或单位估价表中规定材料不一致时，不能直接套用预算单价；需要按实际使用材料价格换算预算单价；分项工程施工工艺条件与预算单价或单位估价表不一致而造成人工、机械的数量增减时，一般调量不换价；分项工程不能直接套用定额、不能换算和调整时，应编制补充单位估价表。由于预算定额的时效性，在编制施工图预算时，应动态调整相应的人工、材料费用价差。

46. C。本题考核的是内部收益率指标的优点和不足。内部收益率指标考虑了资金的时间价值以及项目在整个计算期内的经济状况；能够直接衡量项目未回收投资的收益率；不需要事先确定一个基准收益率，而只需要知道基准收益率的大致范围即可。但不足的是内部收益率计算需要大量的与投资项目有关的数据，计算比较麻烦；对于具有非常规现金流量的项目来讲，其内部收益率往往不是唯一的，在某些情况下甚至不存在。

47. D。本题考核的是工程量清单的编制。工程量清单应由具有编制能力的招标人或受其委托，具有相应资质的工程造价咨询人编制。

48. D。本题考核的是分部分项工程量清单项目编码。在十二位数字中，一至二位为专业工程码；三至四位为附录分类顺序码；五至六位为分部工程顺序码；七、八、九位为分项工程项目名称顺序码；十至十二位为清单项目名称顺序码。

49. C。本题考核的是投标报价的审核内容。暂列金额应按照招标工程量清单中列出的金额填写，不得变动。故选项A正确。专业工程暂估价必须按照招标工程量清单中列出的金额填写。故选项B正确。计日工应按照招标工程量清单列出的项目和估算的数量，自主确定综合单价并计算计日工金额。故选项C错误。招标文件中要求投标人承担的风险内容和范围，投标人应将其考虑到综合单价中。故选项D正确。

50. D。本题考核的是成本加酬金合同的适用情况。成本加酬金合同计价方式主要适用于以下情况：（1）招标投标阶段工程范围无法界定，缺少工程的详细说明，无法准确估价。（2）工程特别复杂，工程技术、结构方案不能预先确定。故这类合同经常被用于一些带研究、开发性质的工程项目中。（3）时间特别紧急，要求尽快开工的工程。如抢救，抢险工程。（4）发包方与承包方之间有着高度的信任，承包方在某些方面具有独特的技术、特长或经验。

51. A。本题考核的是争议解决的方法。协商是解决合同争执的最基本、最常见和最有效的方法。

52. A。本题考核的是工程计量的方法。建筑工程保险费、第三方责任保险费、履约保证金一般按凭据法进行计量支付。

53. A。本题考核的是暂估价的概念。暂估价是指招标人在工程量清单中提供的用于支付必然发生但暂时不能确定价格的材料、工程设备的单价以及专业工程的金额。

54. A。本题考核的是合同价款的调整。价格调整公式为：

$$\Delta P = P_0 \left[A + \left(B_1 \times \frac{F_{t1}}{F_{01}} + B_2 \times \frac{F_{t2}}{F_{02}} + B_3 \times \frac{F_{t3}}{F_{03}} + L + B_n \times \frac{F_{tn}}{F_{0n}} \right) - 1 \right]$$

式中 ΔP——需调整的价格差额。

    P_0——约定的付款证书中承包人应得到的已完成工程量的金额。此项金额应不包括价格调整、不计质量保证金的扣留和支付、预付款的支付和扣回。约定的变更及其他金额已按现行价格计价的，也不计在内。

    A——定值权重（即不调部分的权重）。

B_1，B_2，B_3，$\cdots$，B_n——各可调因子的变值权重（即可调部分的权重），为各可调因子在签约合同价中所占的比例。

F_{t1}，F_{t2}，F_{t3}，$\cdots$，F_{tn}——各可调因子的现行价格指数，指约定的付款证书相关周期最后一天的前42d的各可调因子的价格指数。

F_{01}，F_{02}，F_{03}，$\cdots$，F_{0n}——各可调因子的基本价格指数，指基准日期的各可调因子的价格指数。

本题的计算过程为：调整的合同价的差额＝1000×（0.4＋0.6×0.4×1.2＋0.6×0.6）－1000＝48万元。

55. A。本题考核的是投资偏差分析。计算本题应掌握以下公式：

（1）投资偏差（CV）＝已完工作预算费用（$BCWP$）－已完工作实际费用（$ACWP$）

    ＝已完成工作量×预算单价－已完成工作量×实际单价

为负值时，超支；为正值时，节支。

（2）进度偏差（SV）＝已完工作预算费用（$BCWP$）－计划工作预算费用（$BCWS$）

    ＝已完成工作量×预算单价－计划工作量×预算单价

为负值时，延误；为正值时，提前。

费用偏差＝120×300－120×320＝－2400元；运行超支；

进度偏差＝120×300－100×300＝6000元；进度提前。

56. A。本题考核的是投资偏差原因分析。一般来说，产生投资偏差的原因有几种，如下图所示。

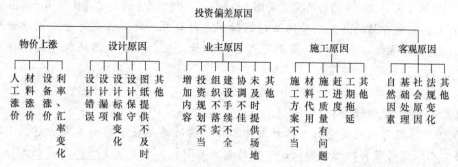

57. D。本题考核的是进度控制的技术措施。进度控制的技术措施主要包括：（1）审查承包商提交的进度计划，使承包商能在合理的状态下施工；（2）编制进度控制工作细则，指导监理人员实施进度控制；（3）采用网络计划技术及其他科学适用的计划方法，并结合电子计算机的应用，对建设工程进度实施动态控制。

58. C。本题考核的是分部分项工程进度计划的编制。分部分项工程进度计划是针对工程量较大或施工技术比较复杂的分部分项工程，在依据工程具体情况所制定的施工方案基础上，对其各施工过程所做出的时间安排。

59. D。本题考核的是流水施工参数的定义。将施工对象在平面或空间上划分成若干个劳动量大致相等的施工段落，称为施工段或流水段。流水节拍是指在组织流水施工时，某个专业工作队在一个施工段上的施工时间。流水强度是指流水施工的某施工过程（专业工作队）在单位时间内所完成的工程量。组织建设工程流水施工时，根据施工组织及计划安排需要而将计划任务划分成的子项称为施工过程。

60. C。本题考核的是有提前插入时间的固定节拍流水施工。提前插入时间，是指相邻两个专业工作队在同一施工段上共同作业的时间。在工作面允许和资源有保证的前提下，专业工作队提前插入施工，可以缩短流水施工工期。

61. A。本题考核的是网络图的组成。双代号网络图又称箭线式网络图，它是以箭线及其两端节点的编号表示工作，同时，节点表示工作的开始或结束以及工作之间的连接状态。

62. D。本题考核的是流水施工工期的计算。该分部工程的工期＝5＋3＋12＝20d。

63. D。本题考核的是流水步距和流水施工工期的计算。

(1) 流水步距等于流水节拍的最大公约数，即：$K=\min[6，6，4]=2d$；

(2) 专业工作队数＝6/2＋6/2＋4/2＝8个；

(3) $T=(m+n'-1)K=(4+8-1)\times2=22d$。

64. D。本题考核的是双代号网络图的绘制规则。图中存在⑥和⑦两个终点节点。

65. B。本题考核的是关键线路的确定。本题中的关键线路有：①→②→④→⑥→⑦→⑧→⑨→⑩、①→②→④→⑧→⑨→⑩、①→③→④→⑥→⑦→⑧→⑨→⑩、①→③→④→⑧→⑨→⑩，共4条。

66. A。本题考核的是总时差的计算。工作 M 的最迟开始时间＝22－10＝12，工作 N 的最迟开始时间＝20－5＝15，工作 K 的最迟完成时间为 min{12，15}＝12，所以，工作 K 的总时差为 $TF_K=LF_K-ES_K-D_K=12-6-4=2d$。

67. B。本题考核的是双代号时标网络计划中时间参数的计算。工作的最迟完成时间等于本工作的最早完成时间与其总时差之和，工作 C 的最迟完成时间＝2＋2＝4，即工作 C 的最迟完成时间为第4天，工作 I 的最迟完成时间＝8＋1＝9，即工作 I 的最迟完成时间为第9天。

68. C。本题考核的是双代号网络计划时间参数计算。计算工期等于以网络计划的终点节点为箭头节点的各个工作的最早完成时间的最大值。关键线路的持续时间即为计算工期。

本题中关键线路为：①—②—③—⑨—⑨—⑩。

计算工期＝6＋6＋6＋3＋1＝22d。

69. C。本题考核的是总时差的计算。工作的总时差是在不影响工期的前提下，该工作能够自由调度的所有时间，因此，工作的总时差即相当于是该工作所在最长工作线路的长度与工期之间的时间差。由图可知，该室内装饰装修工程的工期为15周，C 工作所在最长线路为 A→B→C→F→I，总长度为2＋2＋2＋4＋2＝12周，因此，C 工作的总时差＝15－12＝3周。

70. A。本题考核的是工程费用与工期的关系。施工方案不同，直接费也就不同；如果施工方案一定，工期不同，直接费也不同。直接费会随着工期的缩短而增加。间接费包括企业经营管理自用，一般会随着工期的缩短而减少。

71. D。本题考核的是资源优化的目的。资源优化的目的是通过改变工作的开始时间和完成时间，使资源按照时间的分布符合优化目标。

72. C。本题考核的是结束到开始（FTS）的搭接关系。从结束到开始的搭接关系如下图所示。

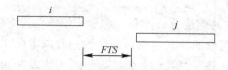

73. B。本题考核的是工期延误的处理。如果承包单位未能按合同规定的工期和条件完成整个工程，则应向业主支付投标书附件中规定的金额，作为该项违约的损失赔偿费。

74. D。本题考核的是分析进度偏差对后续工作及总工期的影响。如果工作的进度偏差大于该工作的总时差，则此进度偏差必将影响其后续工作和总工期；如果工作的进度偏差大于该工作的自由时差，则此进度偏差将对其后续工作产生影响；工作C的实际进度延长了6d，未超过总时差，所以不影响工期，超过自由时差1d，将使其紧后工作的最早开始时间推迟1d。

75. D。本题考核的是确定施工进度控制目标考虑的因素。确定施工进度控制目标的主要依据有：建设工程总进度目标对施工工期的要求；工期定额、类似工程项目的实际进度；工程难易程度和工程条件的落实情况等。

76. B。本题考核的是施工进度控制目标体系。按项目组成分解，确定各单位工程开工及动用日期。按承包单位分解，明确分工条件和承包责任。按施工阶段分解，划定进度控制分界点。按计划期分解，组织综合施工。

77. B。本题考核的是单位工程施工进度计划的编制程序。单位工程施工进度计划的编制程序：（1）划分工作项目；（2）确定施工顺序；（3）计算工程量；（4）计算劳动量和机械台班数；（5）确定工作项目的持续时间；（6）绘制施工进度计划图；（7）施工进度计划的检查与调整。

78. B。本题考核的是缩短某些工作的持续时间采取的经济措施。缩短某些工作的持续时间采取的经济措施包括：（1）实行包干奖励；（2）提高奖金数额；（3）对所采取的技术措施给予相应的经济补偿。选项A、D属于其他配套措施。选项C属于技术措施。

79. D。本题考核的是进度调整的系统过程。当出现的进度偏差影响到后续工作或总工期而需要采取进度调整措施时，应当首先确定可调整进度的范围，主要指关键节点、后续工作的限制条件以及总工期允许变化的范围。

80. D。本题考核的是监理工程师控制物资供应进度的工作内容。监理工程师控制物资供应进度的工作内容包括：协助业主进行物资供应的决策；组织物资供应招标工作；编制、审核和控制物资供应计划。

二、多项选择题

81. ACDE	82. ABE	83. ABC	84. DE	85. CE
86. CE	87. ABCE	88. BCE	89. ACDE	90. ABCD
91. ABD	92. BCE	93. ABE	94. ABCD	95. ABE
96. ACE	97. ACE	98. ACE	99. AB	100. CD

101. ACDE	102. ABCD	103. ABC	104. BCDE	105. BE
106. ABC	107. AB	108. ACDE	109. BE	110. ACE
111. BCD	112. ADE	113. ACDE	114. ACE	115. BCD
116. ADE	117. BCE	118. CE	119. ABC	120. AB

【解析】

81. ACDE。本题考核的是质量的概念。质量是指一组固有特性满足要求的程度。"固有特性"包括了明示的和隐含的特性，明示的特性一般以书面阐明或明确向顾客指出，隐含的特性是指惯例或一般做法。"满足要求"是指满足顾客和相关方的要求，包括法律法规及标准规范的要求。

82. ABE。本题考核的是建设工程质量的特性。建设工程质量的特性主要表现在以下七个方面：适用性、耐久性、安全性、可靠性、经济性、节能性、与环境的协调性。

83. ABC。本题考核的是政府对工程建设程序的管理。政府对工程建设程序管理包括工程报建、施工图设计文件审查、工程施工许可、工程材料和设备准用、工程质量监督、施工验收备案等管理。

84. DE。本题考核的是建设单位的质量责任。建设单位不得将应由一个承包单位完成的建设工程项目肢解成若干部分发包给几个承包单位；不得迫使承包方以低于成本的价格竞标；不得任意压缩合理工期；不得明示或暗示设计单位或施工单位违反建设强制性标准，降低建设工程质量。涉及建筑主体和承重结构变动的装修工程，建设单位应在施工前委托原设计单位或者相应资质等级的设计单位提出设计方案，经原审查机构审批后方可施工。

85. CE。本题考核的是施工单位的质量责任。实行总分包的工程，分包单位应按照分包合同约定对其分包工程的质量向总承包单位负责，总承包单位对分包工程的质量承担连带责任。

86. CE。本题考核的是质量管理体系文件的构成。质量手册是监理单位内部质量管理的纲领性文件和行动准则，应阐明监理单位的质量方针和质量目标，并描述其质量管理体系的文件，它对质量管理体系作出了系统、具体而又纲领性的阐述。

87. ABCE。本题考核的是控制图的观察与分析。点子排列没有缺陷，是指点子的排列是随机的，而没有出现异常现象。这里的异常现象是指点子排列出现了"链"、"多次同侧"、"趋势或倾向"、"周期性变动"、"接近控制界限"等情况。

88. BCE。本题考核的是设计交底的内容。设计交底的主要内容一般包括：施工图设计文件总体介绍，设计的意图说明，特殊的工艺要求，建筑、结构、工艺、设备等各专业在施工中的难点、疑点和容易发生的问题说明，对施工单位、监理单位、建设单位等对设计图纸疑问的解释等。

89. ACDE。本题考核的是工程开工报审表及相关资料的审查。在工程开始前，施工单位须做好施工准备工作，待开工条件具备时，应向项目监理机构报送工程开工报审表及相关资料。专业监理工程师重点审查施工单位的施工组织设计是否已由总监理工程师签认，是否已建立相应的现场质量、安全生产管理体系，管理及施工人员是否已到位，主要施工机械是否已具备使用条件，主要工程材料是否已落实到位。设计交底和图纸会审是否已完成；进场道路及水、电、通信等是否已满足开工要求。审查合格后，则由总监理工程师签署审核意见，并报建设单位批准后，总监理工程师签发开工令。否则，施工单位应进一步做好施工准备，待条件具备时，再次报送工程开工报审表。

90. ABCD。本题考核的是设备制造前的质量控制。设备制造前的质量控制包括：（1）熟悉图纸、合同，掌握标准、规范、规程、明确质量要求；（2）明确设备制造过程的要求及质量标准；（3）审查设备制造的工艺方案；（4）对设备制造分包单位的审查；（5）检验计划和检验要求的审查；（6）对生产人员上岗资格的检查；（7）用料的检查。

91. ABD。本题考核的是设备制造依据及工艺资料。设备制造依据及工艺资料主要包括以下内容：制造检验技术标准，设计图审查记录，制造图、零件图、装配图、工艺流程图，工艺设计；工艺设备设计及制造资料，主要及关键部件检验工艺设计和专用检测工具设计制造资料。

92. BCE。本题考核的是工程材料、构配件、设备质量控制的要点。由建设单位采购的主要设备由建设单位、施工单位、项目监理机构进行开箱检查，并由三方在开箱检查记录上签字。

93. ABE。本题考核的是检验批的划分。检验批可根据施工、质量控制和专业验收的需要，按工程量、楼层、施工段、变形缝进行划分。

94. ABCD。本题考核的是单位工程质量验收合格的规定。单位工程质量验收合格应符合下列规定：（1）所含分部工程的质量均应验收合格。（2）质量控制资料应完整。（3）所含分部工程中有关安全、节能、环境保护和主要使用功能的检验资料应完整。（4）主要使用功能的抽查结果应符合相关专业质量验收规范的规定。（5）观感质量应符合要求。

95. ABE。本题考核的是工程质量缺陷的成因。施工与管理不到位的原因包括不按图施工或未经设计单位同意擅自修改设计。例如，将铰接做成刚接，将简支梁做成连续梁，导致结构破坏；挡土墙不按图设滤水层、排水孔，导致压力增大、墙体破坏或倾覆；不按有关的施工规范和操作规程施工，浇筑混凝土时振捣不良，造成薄弱部位；砖砌体砌筑上下通缝，灰浆不饱满等均能导致砖墙破坏；施工组织管理紊乱，不熟悉图纸，盲目施工；施工方案考虑不周，施工顺序颠倒；图纸未经会审，仓促施工；技术交底不清，违章作业；疏于检查、验收等。

96. ACE。本题考核的是施工图设计评审的重点。施工图设计评审的重点是：使用功能是否满足质量目标和标准，设计文件是否齐全、完整，设计深度是否符合规定。

97. ACE。本题考核的是设备及工器具购置费的构成。设备及工器具购置费由设备原价、工器具原价和运杂费（包括设备成套公司服务费）组成。

98. ACE。本题考核的是工程建设其他费用的组成。工程建设其他费用可分为三类：第一类是土地使用费，包括土地征用及迁移补偿费和土地使用权出让金；第二类是与项目建设有关的费用，包括建设单位管理费、勘察设计费、研究试验费、建设工程监理费等；第三类是与未来企业生产经营有关的费用，包括联合试运转费、生产准备费、办公和生活家具购置费等。

99. AB。本题考核的是措施项目费的内容。措施项目费包括：安全文明施工费（环境保护费、文明施工费、安全施工费、临时设施费）；夜间施工增加费；二次搬运费；冬雨期施工增加费；已完工程及设备保护费；工程定位复测费；特殊地区施工增加费；大型机械设备进出场及安拆费；脚手架工程费。选项C属于规费。

100. CD。本题考核的是项目间接建设成本的组成。项目间接建设成本包括：项目管理费、开工试车费、业主的行政性费用、生产前费用、运费和保险费、地方税。

101. ACDE。本题考核的是功能的量化方法。功能的量化方法有很多，如理论计算法、技术测定法、统计分析法、类比类推法、德尔菲法等，可根据具体情况灵活选用。

102. ABCD。本题考核的是设计概算编制依据。设计概算编制依据主要有：（1）批准的可行性研究报告；（2）设计工程量；（3）项目涉及的概算指标或定额；（4）国家、行业和地方政府有关法律、法规或规定；（5）资金筹措方式；（6）正常的施工组织设计；（7）项目涉及的设备材料供应及价格；（8）项目的管理（含监理）、施工条件；（9）项目所在地区有关的气候、水文、地质地貌等自然条件；（10）项目所在地区有关的经济、人文等社会条件；（11）项目的技术复杂程度，以及新技术、专利使用情况等；（12）有关文件、合同、协议等。

103. ABC。本题考核的是工程量清单的作用。工程量清单的主要作用如下：（1）在招标投标阶段，工程量清单为投标人的投标竞争提供了一个平等和共同的基础；（2）工程量清单是建设工程计价的依据；（3）工程量清单是工程付款和结算的依据；（4）工程量清单是调整工程量、进行工程索赔的依据。

104. BCDE。本题考核的是发包人未按照规定支付竣工结算款的处理。发包人未按照规定支付竣工结算款的，承包人可催告发包人支付，并有权获得延迟支付的利息。发包人在竣工结算支付证书签发后或者在收到承包人提交的竣工结算款支付申请7d后的56d内仍未支付的，除法律另有规定外，承包人可与发包人协商将该工程折价，也可直接向人民法院申请将该工程依法拍卖。承包人应就该工程折价或拍卖的价款优先受偿。

105. BE。本题考核的是工程计量。选项A错误，监理人应在收到承包人提交的工程量报告后7d内完成对承包人提交的工程量报表的审核并报送发包人，以确定当月实际完成的工程量。选项B正确，工程量必须以承包人完成合同工程应予计量的工程量确定。选项C错误，采用经审定批准的施工图纸及其预算方式发包形成的总价合同，除按照工程变更规定的工程量增减外，总价合同各项目的工程量应为承包人用于结算的最终工程量。选项D错误，因承包人原因造成的超出合同工程范围施工或返工的工程量，发包人不予计量。选项E正确，承包人完成已标价工程量清单中每个项目的工程量并经发包人核实无误后，发承包人应对每个项目的历次计量报表进行汇总，以核实最终结算工程量，并应在汇总表上签字确认。

106. ABC。本题考核的是工期索赔。承包商提出工期索赔，通常是由于下述原因：（1）合同文件的内容出错或互相矛盾；（2）监理工程师在合理的时间内未曾发出承包商要求的图纸和指示；（3）有关放线的资料不准；（4）不利的自然条件；（5）在现场发现化石、钱币、有价值的物品或文物；（6）额外的样本与试验；（7）业主和监理工程师命令暂停工程；（8）业主未能按时提供现场；（9）业主违约；（10）业主风险；（11）不可抗力。以上这些原因要求延长工期，只要承包商能提出合理的证据，一般可获得监理工程师及业主的同意，有的还可索赔损失。

107. AB。本题考核的是FIDIC《施工合同条件》中承包人可引用的索赔条款。选项C、D可以索赔工期、成本和利润。选项E只可以索赔工期和成本，不能索赔利润。

108. ACDE。本题考核的是投标价格的编制原则。投标价格的编制原则：（1）投标价应由投标人或受其委托具有相应资质的工程造价咨询人编制。（2）投标人应依据行业部门的相关规定自主确定投标报价。(3) 执行工程量清单招标的，投标人必须按招标工程量清单填报价格。项目编码、项目名称、项目特征、计量单位、工程量必须与招标工程量清单一致。(4) 投标人的投标报价不得低于工程成本。(5) 投标人的投标报价高于招标控制价的应予废标。

109. BE。本题考核的是影响进度的因素分析。组织管理因素包括：向有关部门提出各种申请审批手续的延误；合同签订时遗漏条款、表达失当；计划安排不周密，组织协调不力，导致停工待料、相关作业脱节；领导不力，指挥失当，使参加工程建设的各个单位、各个专业、各个施工过程之间交接、配合上发生矛盾等。选项 A 属于勘察设计因素；选项 C、D 属于施工技术因素。

110. ACE。本题考核的是建设单位的计划系统。建设单位编制（也可委托监理单位编制）的进度计划包括工程项目前期工作计划、工程项目建设总进度计划和工程项目年度计划。

111. BCD。本题考核的是依次施工方式的特点。依次施工方式具有以下特点：(1) 没有充分地利用工作面进行施工，工期长；(2) 如果按专业成立工作队，则各专业队不能连续作业，有时间间歇，劳动力及施工机具等资源无法均衡使用；(3) 如果由一个工作队完成全部施工任务，则不能实现专业化施工，不利于提高劳动生产率和工程质量；(4) 单位时间内投入的劳动力、施工机具、材料等资源量较少，有利于资源供应的组织；(5) 施工现场的组织、管理比较简单。

112. ADE。本题考核的是确定流水节拍应考虑的因素。同一施工过程的流水节拍，主要由所采用的施工方法、施工机械以及在工作面允许的前提下投入施工的工人数、机械台数和采用的工作班次等因素确定。

113. ACDE。本题考核的是关键线路和关键工作的确定。关键线路是所有线路中最长的线路，这是判断关键线路的根本一条，关键线路上工作一定是关键工作，但关键工作也不一定只在关键线路上，更何况关键节点。因此选项 B 错误。答案选择 ACDE。

114. ACE。本题考核的是双代号网络计划时间参数的计算。本题的关键线路为①→②→③→④→⑤→⑥→⑧和①→②→③→④→⑤→⑦→⑧共 2 条，计算工期为 15d，所有节点均为关键节点，不是所有工作均为关键工作；工作 1—3 的总时差＝5－3－0＝2d，工作 1—4 的总时差＝5－4－0＝1d；工作 2—7 的总时差＝11－5－5＝1d，工作 2—7 的自由时差＝11－5－5＝1d。

115. BCD。本题考核的是选择压缩对象时宜在关键工作中考虑的因素。选择压缩对象时宜在关键工作中考虑下列因素：(1) 缩短持续时间对质量和安全影响不大的工作；(2) 有充足备用资源的工作；(3) 缩短持续时间所需增加的费用最少的工作。

116. ADE。本题考核的是进度监测的系统过程。为了全面、准确地掌握进度计划的执行情况，监理工程师应认真做好以下三方面的工作：(1) 定期收集进度报表资料；(2) 现场实地检查工程进展情况；(3) 定期召开现场会议。

117. BCE。本题考核的是横道图法进行实际进度与计划进度的比较。由图可知，第 8 个月结束工作实际完成工作量为 95%，拖欠 5% 的任务量，第 4 个月内没有进行本工作；第 3 个月末实际完成工作量为 35%，计划完成工作量为 45%，拖欠工作量 10%；第 7 个月末本工作实际完成工作量为 85%，计划完成工作量为 90%，拖欠 5% 的工作量；第 8 个月末本工作实际完成工作量为 95%，计划完成工作量为 100%，拖欠 5% 的工作量。

118. CE。本题考核的是前锋线比较法进行实际进度与计划进度的比较。第 3 周末检查时，工作 A 进度正常；工作 B 拖后 1 周，其总时差为 0，预计影响工期 1 周；工作 C 拖后 1 周，其总时差为 1 周，不影响工期。第 6 周末检查时，工作 G 拖后 2 周，其总时差为 2 周，不影响工期；工作 D 拖后 1 周，其总时差为 0，预计影响工期 1 周；工作 E 实际进度正常。第 4 周至第 6 周内，工作 A 实际进度正常，工作 B 实际进度拖后，工作 D 实际进度拖后，工作 E 实际进度拖后。

119. ABC。本题考核的是建设工程施工进度控制工作内容。监督施工进度计划的实施是建设工程施工进度控制的经常性工作。监理工程师不仅要及时检查承包单位报送的施工进度报表和分析资料，同时还要进行必要的现场实地检查，核实所报送的已完项目的时间及工程量，杜绝虚报现象。

120. AB。本题考核的是工程延期的审批程序。监理工程师在作出临时工程延期批准或最终工程延期批准之前，均应与业主和承包单位进行协商。

权威预测试卷（二）

一、单项选择题（共 80 题，每题 1 分。每题的备选项中，只有 1 个最符合题意）

1. 在工程建设中自始至终把（　　）作为对工程质量控制的基本原则。
A. 以人为核心　　　　　　　　　　B. 坚持质量标准
C. 质量第一　　　　　　　　　　　D. 坚持预防为主

2. 工程质量控制按其实施主体不同，分为自控主体和监控主体，下列属于监控主体的是（　　）。
A. 设计单位　　　　　　　　　　　B. 施工单位
C. 政府　　　　　　　　　　　　　D. 分包单位

3. 工程项目竣工后，（　　）应及时组织有关单位进行施工验收。
A. 施工单位　　　　　　　　　　　B. 设计单位
C. 建设单位　　　　　　　　　　　D. 监理单位

4. 关于建设工程项目质量管理体系认证的说法，错误的是（　　）。
A. 体系认证的对象是某一组织的质量保证体系
B. 证明某一组织质量管理体系注册资格的方式是颁发体系认证证书
C. 实行体系认证的基本依据等同采用国际通用质量保证标准的国家标准
D. 工程项目质量管理体系认证必须通过授权的机构进行

5. 适用于砂石基层、碎（砾）石基层、沥青结合料基层和面层的压实度测定方法是（　　）。
A. 环刀法　　　　　　　　　　　　B. 直接称量法
C. 水袋法　　　　　　　　　　　　D. 灌砂法

6. 表示混凝土拌合物的施工操作难易程度和抵抗离析作用的性质称为（　　）。
A. 安定性　　　　　　　　　　　　B. 和易性
C. 稳定性　　　　　　　　　　　　D. 透水性

7. 工程质量统计分析方法中，因果分析图的主要作用是（　　）。
A. 反映质量的变动情况
B. 判断工程质量是否处于受控状态
C. 对工程项目的总体质量进行评价

D. 系统整理分析某个质量问题（结果）与其产生原因之间关系

8. 采用计数值标准型二次抽样检验方案，在第一次抽检 n_1 后，检出不合格品数为 d_1 满足（　　）时，判定该批产品不合格。
A. $d_1 \leqslant c_1$
B. $d_1 > c_1$
C. $d_1 > c_2$
D. $c_1 < d_1 < c_2$

9. 施工单位向建设单位申请工程竣工验收的条件不包括（　　）。
A. 完成设计和合同约定的各项内容
B. 有完整的技术档案和施工管理资料
C. 有施工单位签署的工程保修书
D. 有工程质量监督机构的审核意见

10. 在抽样检验方案中，将合格批判定为不合格批而错误地拒收，属于（　　）风险。
A. 第一类
B. 第二类
C. 第三类
D. 第四类

11. 对涉及工程设计文件修改的工程变更，应由（　　）转交原设计单位修改工程设计文件。
A. 施工单位
B. 建设单位
C. 监理单位
D. 建设行政主管部门

12. 质量控制统计分析方法中最基本的一种方法是（　　），其他统计方法一般都要与其配合使用。
A. 直方图法
B. 分层法
C. 排列图法
D. 控制图法

13. 对用于工程的主要材料，在材料进场时（　　）应核查厂家生产许可证、出厂合格证、材质化验单及性能检测报告，审查不合格者一律不准用于工程。
A. 专业监理工程师
B. 总监理工程师
C. 项目经理
D. 总监理工程师代表

14. 实施见证取样后，试验室应出具一式两份的报告，分别由承包单位和项目监理机构保存，并作为归档材料，是（　　）的重要依据。
A. 工程竣工验收
B. 承包单位进行自检
C. 工序产品质量评定
D. 施工过程作业活动

15. 总监理工程师应在（　　）向施工单位发出工程开工令。
A. 工程开工报审表审查合格 3d 内
B. 收到工程开工报审表后
C. 开工日期 7d 前
D. 经建设单位认可后

16. 监理人员实施旁站监理时，发现施工企业有违反工程建设强制性标准行为时，应当（　　）。

    A. 责令施工企业整改　　　　　　　　B. 向施工企业项目经理报告

    C. 向建设单位驻工地代表报告　　　　D. 向建设行政主管部门报告

17. 如果变更涉及项目功能、结构主体安全，该工程变更要按有关规定报送（　　）进行审查与批准。

    A. 质量监督机构　　　　　　　　　　B. 原设计单位

    C. 施工图原审查机构及管理部门　　　D. 有资质的检测单位

18. 总监理工程师组织监理人员熟悉工程设计文件是项目监理机构实施（　　）的一项重要工作。

    A. 事前质量控制　　　　　　　　　　B. 事前投资控制

    C. 事前设计研讨　　　　　　　　　　D. 事前进度控制

19. 施工组织设计审查的基础是（　　）。

    A. 施工单位编审手续齐全　　　　　　B. 建设单位申请施工的手续齐全

    C. 监理单位资质达标　　　　　　　　D. 有符合质量标准的试验室

20. 施工单位提出的工程变更，当为要求进行某些材料/工艺/技术方面的技术修改时，应在工程变更单及其附件中说明要求修改的内容及原因，并附上有关文件和相应图纸。经各方同意签字后，由（　　）组织实施。

    A. 专业监理工程师　　　　　　　　　B. 项目经理

    C. 总监理工程师　　　　　　　　　　D. 施工单位技术负责人

21. 监理资料的管理应由（　　）负责，并指定专人具体实施。

    A. 总监理工程师　　　　　　　　　　B. 专业监理工程师

    C. 监理工程师代表　　　　　　　　　D. 监理员

22. 在初选确定供货厂商名单后，（　　）应与建设单位或采购单位一起对供货厂商做进一步现场实地考察调研，提出建议，与建设单位和相关单位一起做出考察结论。

    A. 项目监理机构　　　　　　　　　　B. 施工单位

    C. 设计单位　　　　　　　　　　　　D. 勘察单位

23. 向厂家订货的设备在制造过程中如需对设备的设计提出修改，应由原设计单位进行设计变更，并由（　　）审核设计变更文件和处理相关事宜。

    A. 原设计负责人　　　　　　　　　　B. 建设单位代表

    C. 总监理工程师　　　　　　　　　　D. 采购方负责人

24. 分部工程的划分应按（　　　）确定。

A. 专业性质、工程材料　　　　　B. 主要工种、材料、施工工艺

C. 独立施工条件、施工程序　　　D. 工程部位、专业性质

25. 室外工程可根据专业类别和工程规模划分单位工程或子单位工程、分部工程，下列属于单位工程的是（　　　）。

A. 室外设施工程　　　　　　　　B. 道路工程

C. 电气工程　　　　　　　　　　D. 土石方工程

26. 分项工程质量应由（　　　）组织项目专业技术负责人等进行验收。

A. 监理工程师　　　　　　　　　B. 施工单位技术负责人

C. 勘察、设计单位项目负责人　　D. 专业监理工程师

27. 根据工程质量事故造成损失的程度分级，属于重大事故的有（　　　）。

A. 50 人以上 100 人以下重伤

B. 3 人以上 10 人以下死亡

C. 1 亿元以上直接经济损失

D. 1000 万元以上 5000 万元以下直接经济损失

28. 质量事故发生后，由施工单位写出事故调查报告，需提交给（　　　）。

A. 建设行政主管部门和项目监理机构

B. 监理工程师和项目调查组负责人

C. 总监理工程师

D. 项目监理机构和建设单位

29. 某批混凝土试块经检测发现其强度值低于规范要求，后经法定检测单位对混凝土实体强度进行检测后，其实际强度达到规范允许和设计要求。这一质量事故宜采取的处理方法是（　　　）。

A. 加固处理　　　　　　　　　　B. 修补处理

C. 不作处理　　　　　　　　　　D. 返工处理

30. 承担工程勘察相关服务的监理单位，应协助建设单位编制（　　　）和选择工程勘察单位。

A. 勘察任务书　　　　　　　　　B. 勘察工作计划

C. 勘察方案　　　　　　　　　　D. 勘察成果评估报告

31. 在保修期限内，因工程质量缺陷造成建设工程所有人、使用人或者第三方人身、财产损害的，建设工程所有人、使用人或者第三方可以向（　　　）提出赔偿要求。

A. 施工单位　　　　　　　　　　B. 建设单位

C. 监理单位　　　　　　　　　　D. 设计单位

32. 不属于建设工程项目总投资中建设投资的是（　　　）。
A. 设备及工器具购置费　　　　　B. 土地使用费
C. 铺底流动资金　　　　　　　　D. 涨价预备费

33. 对施工阶段的投资控制应给予足够的重视，其中继续寻找通过设计挖潜节约投资的可能性为控制措施的（　　　）。
A. 组织措施　　　　　　　　　　B. 经济措施
C. 技术措施　　　　　　　　　　D. 合同措施

34. 某公司进口 100 辆小轿车，进口到岸价格总计折算为人民币 300 万元。如关税税率为 25%，增值税税率为 12%，消费税税率为 5%，则应缴纳的消费税为人民币（　　　）万元。
A. 19.74　　　　　　　　　　　B. 20.00
C. 16.02　　　　　　　　　　　D. 22.60

35. 建设单位管理费是指建设工程从立项、筹建、建设、联合试运转、竣工验收交付使用及后评价等全过程管理所需的费用，其内容不包括（　　　）。
A. 工程监理费　　　　　　　　　B. 差旅交通费
C. 工具用具使用费　　　　　　　D. 工程招标费

36. 某投资项目工程费用为 3000 万元，建设期为 2 年，分年的工程费用比例为第 1 年 35%，第 2 年 65%，建设期年内的平均价格上涨指数为 5%，则该项目的涨价预备费是（　　　）万元。
A. 252.38　　　　　　　　　　B. 199.88
C. 147.38　　　　　　　　　　D. 52.50

37. 某办公楼建筑工程造价为 2500 万元，安装工程造价为 1500 万元，装饰装修工程造价为 1300 万元，其中定额人工费占分部分项工程造价的 15%。措施费以分部分项工程费为计费基础，其中安全文明施工费费率为 1.5%，其他措施费费率合计 1%。其他项目费合计 1000 万元，规费费率为 8%，增值税率为 9%，则该办公楼的招标控制价为（　　　）万元。
A. 6443.10　　　　　　　　　　B. 6496.10
C. 6717.62　　　　　　　　　　D. 7080.75

38. 下列经济评价指标中，反映方案在计算期内获利能力的动态评价指标是（　　　）。
A. 总投资收益率　　　　　　　　B. 利息备付率
C. 净现值　　　　　　　　　　　D. 资本金净利润率

39. 资金所有者将 100 万元存入银行，1 年以后可以收回本金和利息共计 106 元，这里的 6 万元是本金 100 万元的(　　)。

A. 未来价值   B. 时间价值

C. 等效价值   D. 现在价值

40. 某公司希望所投资项目 2 年末有 100 万元资金，年复利率为 10%，则现在需要一次投入(　　)万元。

A. 82.64   B. 121

C. 90   D. 110

41. 如果以年利率 8% 投资某项目 100 万元，拟在今后 2 年中把复本利和在每年年末按相等的数额提取，每年可回收的资金为(　　)万元。

A. 56.08   B. 64.08

C. 48.08   D. 116.64

42. 某公司存入银行 10 万元，年利率为 2.79%，共存 5 年，按复利计息，则存款到期后的本利和为(　　)万元。

A. 11.395   B. 11.475

C. 11.595   D. 11.486

43. 某公司拟投资建设 1 个工业项目，希望建成后在 6 年内收回全部贷款的复本利和，预计项目每年获利 100 万元，银行贷款的年利率为 5.76%，则该项目的总投资应控制在(　　)万元以内。

A. 495.46   B. 475.36

C. 487.64   D. 496.57

44. 投资收益率是指方案达到设计生产能力后一个正常生产年份的(　　)的比率。

A. 年销售收入与方案固定资产投资   B. 年销售收入与方案总投资

C. 年净收益总额与方案投资总额   D. 年净收益总额与方案固定资产投资

45. 某项目各年的净现金流量见下表。该项目的投资回收期约为(　　)年。

某项目各年的净现金流量

年份	1	2	3	4	5
净现值流量（万元）	−600	−700	1800	1200	900
累计净现值流量（万元）	−600	−1300	500	1700	2600

A. 2.72   B. 1.72

C. 3.42   D. 2.38

46. 某投资项目 $NPV(16\%)=310.35$ 万元，$NPV(20\%)=89.20$ 万元，$NPV(23\%)=-78.12$ 万元，则该项目的财务内部收益率为（　　）。

    A. 21.60%　　　　　　　　　　B. 20.86%

    C. 21.40%　　　　　　　　　　D. 20.76%

47. 采用 0—1 评分法确定产品各部件功能重要性系数时，各部件功能得分见下表，则部件 A 的功能重要性系数是（　　）。

各部件功能得分表

部件	A	B	C	D	E
A	×	1	1	0	1
B		×	1	0	1
C			×	0	1
D				×	1
E					×
合计					

    A. 0.267　　　　　　　　　　B. 0.200

    C. 0.133　　　　　　　　　　D. 0.333

48. 某工程有 4 个设计方案，方案一的功能系统为 0.61，成本系数为 0.55；方案二的功能系数为 0.63，成本系数为 0.60；方案三的功能系数为 0.62，成本系数为 0.57；方案四的功能系数为 0.64，成本系数为 0.56。根据价值工程原理确定的最优方案为（　　）。

    A. 方案一　　　　　　　　　　B. 方案二

    C. 方案三　　　　　　　　　　D. 方案四

49. 建立工程进度报告制度及进度信息沟通网络属于进度控制的（　　）。

    A. 组织措施　　　　　　　　　B. 技术措施

    C. 经济措施　　　　　　　　　D. 合同措施

50. 下列任务中，属于建设工程实施阶段监理工程师进度控制任务的是（　　）。

    A. 审查施工总进度计划　　　　B. 编制单位工程施工进度计划

    C. 编制详细的出图计划　　　　D. 确定建设工期总目标

51. 下列合同形式中，承包人承担合同履行过程中主要风险的合同是（　　）。

    A. 固定单价合同　　　　　　　B. 成本加固定费用合同

    C. 最大成本加费用合同　　　　D. 固定总价合同

52. 某单价合同履行中，承包人提交了已完工程量报告，发包人认为需要到现场计量，并在计量前 24h 通知了承包人，但承包人收到通知后没有派人参加。则关于发包人现场计量结果的说法，正确的是（　　）。

    A. 以发包人的计量核实结果为准

B. 以承包人的计量核实结果为准

C. 由监理工程师根据具体情况确定

D. 双方的计量核实结果均无效

53. 根据《建设工程工程量清单计价规范》GB 50500—2013，因承包人原因导致工期延误的，计划进度日期后续工程的价格采用（　　）。

A. 计划进度日期

B. 实际进度日期

C. 计划进度日期与实际进度日期两者的较高者

D. 计划进度日期与实际进度日期两者的较低者

54. 根据《建设工程工程量清单计价规范》GB 50500—2013，因不可抗力事件导致的损害及其费用增加，应由承包人承担的是（　　）。

A. 工程本身的损害 　　　　　B. 承包人的施工机械损坏

C. 工程所需的修复费用 　　　D. 发包方现场的人员伤亡

55. 根据 FIDIC《施工合同条件》，在施工过程中遭遇不可抗力，承包人可以要求合理补偿（　　）。

A. 工期和成本 　　　　　　　B. 费用和利润

C. 利润 　　　　　　　　　　D. 只可索赔工期

56. 工程竣工结算书编制与核对的责任分工是（　　）。

A. 发包人编制，承包人核对 　　B. 监理机构编制，发包人核对

C. 承包人编制，发包人核对 　　D. 造价咨询人编制，承包人核对

57. 编制设备安装工程概算，当初步设计的设备清单不完备，可供采用的安装预算单价及扩大综合单价不全时，适宜采用的概算编制方法是（　　）。

A. 概算定额法 　　　　　　　B. 扩大单价法

C. 类似工程预算法 　　　　　D. 概算指标法

58. 设计单位来不及提供正式施工图纸，或虽有施工图但由于某些原因不能比较准确地计算工程量等，采用的合同计价方式为（　　）合同。

A. 固定总价 　　　　　　　　B. 纯单价

C. 估算工程量单价 　　　　　D. 可调单价

59. 流水施工方式所具有的特点不包括（　　）。

A. 尽可能地利用工作面进行施工，工期比较短

B. 施工现场的组织、管理比较复杂

C. 专业工作队能够连续施工

D. 为施工现场的文明施工和科学管理创造了有利条件

60. 某分部工程有3个施工过程，分为3个施工段组织加快的成倍节拍流水施工。已知各施工过程的流水节拍分别为4d、6d、2d，则拟采用的专业工作队数为(　　)个。
A. 2
B. 3
C. 4
D. 6

61. 某工程分3个施工段组织流水施工，若甲、乙施工过程在各施工段上的流水节拍分别为5d、4d、1d和3d、2d、3d，则甲、乙两个施工过程的流水步距为(　　)d。
A. 3
B. 4
C. 5
D. 6

62. 某工程双代号网络计划中，工作H的紧后工作有Q、S，工作Q的最迟开始时间为12，最早开始时间为8；工作S的最迟完成时间为14，最早完成时间为10；工作H的自由时差为4d。则工作H的总时差为(　　)d。
A. 2
B. 4
C. 5
D. 8

63. 在下图某混凝土工程双代号网络计划中，关键线路为(　　)。

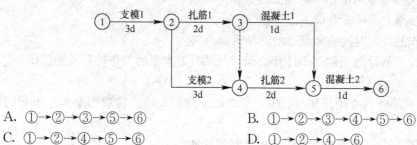

A. ①→②→③→⑤→⑥
B. ①→②→③→④→⑤→⑥
C. ①→②→④→⑤→⑥
D. ①→②→④→⑥

64. 某工程单代号网络计划如下图所示（时间单位：d），工作C的最迟开始时间是(　　)。

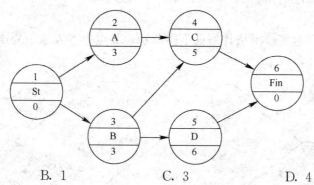

A. 0
B. 1
C. 3
D. 4

65. 某工程双代号时标网络计划如下图所示，其中工作B的总时差和自由时差(　　)周。

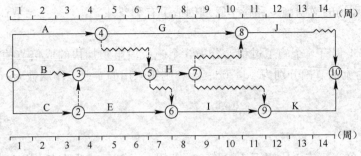

A. 均为 1
B. 分别为 4 和 1
C. 分别为 2 和 1
D. 均为 4

66. 在上题所示双代号时标网络计划中，如果 A、H、K 三项工作共用一台施工机械而必须顺序施工，则在不影响总工期的前提下，该施工机械在现场的最小闲置时间是（   ）周。

A. 2
B. 3
C. 4
D. 5

67. 关于双代号网络计划中关键线路和关键工作的表述，正确的是（   ）。
A. 两端为关键节点的工作一定是关键工作
B. 在关键线路上不可能有虚工作存在
C. 各项工作的持续时间总和最小的就是关键线路
D. 当网络计划的计划工期等于计算工期时，总时差为零的工作就是关键工作

68. 在工程网络计划费用优化过程中，如果被压缩对象的直接费用率大于工程间接费用率，则说明（   ）。
A. 压缩关键工作的持续时间会使工程总费用增加
B. 压缩关键工作的持续时间不会使工程总费用增加
C. 压缩关键工作的持续时间会使工程总费用减少
D. 缩短后工作的持续时间不能小于其最短持续时间

69. 某工程单代号搭接网络计划如下图所示，节点中下方数字为该工作的持续时间，其中的关键工作为（   ）。

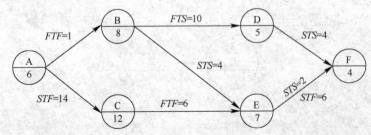

A. 工作 A、工作 C 和工作 E
B. 工作 B、工作 D 和工作 F

C. 工作 C、工作 E 和工作 F　　　　　D. 工作 B、工作 E 和工作 F

70. 通过实际进度与计划进度的比较，发现进度偏差时，为了采取有效措施调整进度计划，首先应（　　）。
   A. 确定后续工作和总工期的限制条件
   B. 分析产生进度偏差的原因
   C. 分析进度偏差对后续工作的影响
   D. 分析进度偏差对总工期的影响

71. 采用列表比较法进行实际进度与计划进度的比较，下列说法正确的是（　　）。
   A. 如果工作尚有总时差大于原有总时差，说明该工作实际进度拖后
   B. 如果工作尚有总时差小于原有总时差，说明该工作实际进度超前
   C. 如果工作尚有总时差小于原有总时差，且为负值，则实际进度影响总工期
   D. 如果工作尚有总时差与原有时差相等，则说明实际进度超前

72. 当采用前锋线比较法比较实际进度与计划进度时，如果实际进展点落在检查日期的左侧，则表示该工作（　　）。
   A. 实际进度拖后　　　　　　　　　　B. 实际进度超前
   C. 实际进度与计划进度一致　　　　　D. 超额完成任务量

73. 对某网络计划在某时刻进行检查，发现工作 A 尚需作业天数为 4d，该工作到计划最迟完成时间尚需 3d，则该工作（　　）。
   A. 可提前 1d 完成　　　　　　　　　B. 正常
   C. 影响总工期 1d　　　　　　　　　D. 影响总工期 3d

74. 在建设工程监理规划的指导下，由项目监理班子中进度控制部门的监理工程师负责编制的更具有实施性和操作性的监理业务文件是（　　）。
   A. 工程进度报告　　　　　　　　　　B. 单位工程施工进度计划
   C. 施工总进度计划　　　　　　　　　D. 施工进度控制工作细则

75. 为了履行设计合同，按期提交施工图设计文件，设计单位应采取有效措施，控制建设工程设计进度，这些有效措施不包括（　　）。
   A. 建立计划部门　　　　　　　　　　B. 建立健全设计技术经济定额
   C. 实行设计工作技术经济责任制　　　D. "边设计、边准备、边施工"

76. 当建设工程有总承包单位时，监理工程师对于单位工程施工进度计划，只负责（　　）。
   A. 审核　　　　　　　　　　　　　　B. 编制
   C. 备案　　　　　　　　　　　　　　D. 监管

77. 施工总进度计划编制过程中，主要实物工程量的计算应根据批准的（　　），按单位工程分别计算。

    A. 年度计划项目表　　　　　　　　B. 工程项目进度平衡表

    C. 工程项目一览表　　　　　　　　D. 投资计划年度分配表

78. 下列属于监理工程师协助业主进行物资供应决策的内容是（　　）。

    A. 对投标文件进行技术评价

    B. 向业主推荐优选的物资供应单位

    C. 根据设计图纸和进度计划确定物资供应要求

    D. 由于物资供应紧张或不足而使施工进度拖延现象发生的可能性

79. 调整建设工程进度计划时，可以通过（　　）改变某些工作之间的逻辑关系。

    A. 组织平行作业　　　　　　　　　B. 增加资源投入

    C. 提高劳动效率　　　　　　　　　D. 设置限制时间

80. 发生延期事件的工程部位，无论其是否处在施工进度计划的关键线路上，只有当所延长的时间超过其相应的（　　）而影响工期时，才能批准工程延期。

    A. 总工期　　　　　　　　　　　　B. 自由时差

    C. 总时差　　　　　　　　　　　　D. 合同工期

二、多项选择题（共 40 题，每题 2 分。每题的备选项中，有 2 个或 2 个以上符合题意，至少有 1 个错项。错选，本题不得分；少选，所选的每个选项得 0.5 分）

81. 建设工程质量的特点有（　　）。

    A. 影响因素多　　　　　　　　　　B. 质量波动大

    C. 终检的局限性　　　　　　　　　D. 结果控制要求高

    E. 评价方法的特殊性

82. 某建设工程项目施工采用施工总承包方式，其中的幕墙工程、设备安装工程分别进行专业分包，对幕墙工程，施工质量实施监督控制的主体有（　　）。

    A. 建设单位　　　　　　　　　　　B. 设备安装单位

    C. 幕墙设计单位　　　　　　　　　D. 幕墙玻璃供应商

    E. 建设行政主管部门

83. 施工图审查的主要内容包括（　　）。

    A. 是否满足对环境保护要求的满足程度

    B. 是否符合工程建设强制性标准

    C. 地基基础和主体结构的安全性

    D. 采用的新工艺、新材料是否安全可靠、经济合理

    E. 注册执业人员是否按规定在施工图上加盖相应的图章和签字

84. 下面关于施工单位对建设工程质量最低保修期限的说法，正确的有( )。

A. 装修工程为 2 年
B. 给水排水管道为 5 年
C. 电气设备安装工程为 2 年
D. 有防水要求的卫生间为 2 年
E. 供热与供冷系统，为 2 个采暖期、供冷期

85. 监理单位组织编制质量管理体系文件时应遵循( )原则。

A. 符合性
B. 确定性
C. 相容性
D. 可操作性
E. 依附性

86. 监理工作中的主要手段有( )。

A. 旁站
B. 巡视
C. 监理指令
D. 抽样检验
E. 平行检验和见证取样

87. 在施工质量管理的工具和方法中，直方图一般用来( )。

A. 了解产品质量的波动情况
B. 掌握质量特性的分布规律，对质量状况进行分析判断
C. 估算施工生产过程总体的不合格品率，评价过程能力
D. 影响质量主次因素
E. 找出影响质量问题的主要因素

88. 在运用控制图法时，可以认为生产过程基本上处于稳定状态的条件是( )。

A. 点子几乎全部落在控制界限之内
B. 连续 20 点以上处于控制界限内
C. 控制界限内的点子排列没有缺陷
D. 连续 35 点中有 2 点超出控制界限
E. 连续 100 点中仅有 5 点超出控制界限

89. 施工现场质量管理检查的主要内容有( )。

A. 现场质量责任制
B. 分包单位管理制度
C. 工地例会制度
D. 施工组织设计编制及审批
E. 项目部质量管理体系

90. 施工单位提出工程变更的情形一般有( )。

A. 图纸不便施工，变更后更经济、方便
B. 图纸出现错、漏、碰、缺等缺陷而无法施工
C. 采用新材料、新产品、新工艺、新技术的需要
D. 建设工程项目周期长、涉及的关系复杂

E. 施工单位考虑自身利益，为费用索赔而提出工程变更

91. 采取巡回监控质量控制方式实施设备监造时，质量控制的主要任务是（   ）。
A. 做好预控和技术复核
B. 监督管理制造厂商不断完善质量管理体系
C. 复核专职质检人员质量检验的准确性、可靠性
D. 审查设备制造生产计划和工艺方案
E. 监督检查主要材料进厂使用的质量控制

92. 下列施工过程的质量验收环节中，应由专业监理工程师组织验收的有（   ）。
A. 单位工程
B. 单项工程
C. 分部工程
D. 分项工程
E. 检验批

93. 进行工程质量事故处理的主要依据有（   ）。
A. 相关的法律法规
B. 质量事故的实况资料
C. 有关合同及合同文件
D. 工程建设惯例
E. 有关的工程技术文件、资料、档案

94. 建设工程施工质量不符合要求时，正确的处理方法有（   ）。
A. 经返工或返修的检验批，应重新进行验收
B. 经有资质的检测单位检测鉴定达到设计要求的检验批，应予以验收
C. 经有资质的检测单位检测鉴定达不到设计要求，但经原设计单位核算认可能满足结构安全和使用功能的检验批，可予以验收
D. 经返修或加固的分项、分部工程，虽然改变外形尺寸但仍能满足安全使用要求，严禁验收
E. 经返修或加固处理仍不能满足安全使用要求的分部工程，经鉴定后降低安全等级使用

95. 关于施工图预算对施工单位的作用中，下列说法正确的有（   ）。
A. 施工图预算是招标投标的重要基础
B. 施工图预算是确定投标报价的依据
C. 施工图预算是施工单位进行施工准备的依据
D. 施工图预算是控制施工成本的依据
E. 施工图预算是拨付进度款及办理结算的依据

96. 编制建筑单位工程概算的方法一般有（   ）。
A. 预算单价法
B. 扩大单价法
C. 概算定额法
D. 实物法

E. 概算指标法

97. 下列属于建筑安装工程费中企业管理费的有（   ）。
A. 固定资产使用费
B. 劳动保险费
C. 职工教育经费
D. 财产保险费
E. 社会保险费

98. 建筑安装工程费中的安全文明施工费包括（   ）。
A. 环境保护费
B. 冬雨期施工增加费
C. 临时设施费
D. 夜间施工增加费
E. 特殊地区施工增加费

99. 估算建设项目设备购置费时，可直接作为设备原价的有（   ）。
A. 进口设备抵岸价
B. 国产标准设备出厂价
C. 国产标准设备订货合同价
D. 国产非标准设备成本价
E. 进口设备出厂价

100. 关于投资收益率指标优劣的说法，正确的有（   ）。
A. 经济意义明确、直观，计算简便
B. 一定程度上反映了投资效果的优劣
C. 考虑了资金时间价值
D. 考虑了投资收益的时间因素
E. 正常生产年份的选择比较困难

101. 某企业从银行借入一笔1年期的短期借款，年利率12%，按月复利计息，则关于该项借款利率的说法，正确的有（   ）。
A. 利率为连续复利
B. 年实际利率为12%
C. 月有效利率为1%
D. 月名义利率为1%
E. 季实际利率大于3%

102. 工程设计质量管理的依据包括（   ）。
A. 专业规划的要求
B. 项目批准文件
C. 合同文件
D. 施工组织设计文件
E. 体现建设单位建设意图的设计规划大纲

103. 建设工程项目投资的特点不包括（   ）。
A. 建设工程投资数额巨大
B. 建设工程投资确定依据简单
C. 建设工程投资确定层次繁多
D. 建设工程投资不需单独计算
E. 建设工程投资需动态跟踪调整

104. 应用价值工程进行方案创造时，比较常用的方法有（　　）。

A. 头脑风暴法
B. 会议调查法
C. 专家检查法
D. 哥顿法
E. 专家意见法

105. 施工图预算的编制依据包括（　　）。

A. 施工定额
B. 项目技术复杂程度
C. 批准的施工图设计图纸
D. 相应预算定额或地区单位估价表
E. 地方政府发布的区域发展规划

106. 现场签证的范围一般包括（　　）。

A. 适用于施工合同范围以外零星工程的确认
B. 承包人原因导致的人工、设备窝工及有关损失
C. 确认修改施工方案引起的工程量或费用增减
D. 在工程施工过程中发生变更后需要现场确认的工程量
E. 工程变更导致的工程施工措施费增减

107. 某工程主要工作是混凝土浇筑，中标的综合单价是 400 元/m^3，计划工程量是 8000m^3。施工过程中因原材料价格提高使实际单价为 500 元/m^3，实际完成并经监理工程师确认的工程量是 9000m^3。若采用赢得值法进行综合分析，正确的结论有（　　）。

A. 已完工作预算费用为 360 万元
B. 投资偏差为 90 万元，费用节省
C. 进度偏差为 40 万元，进度拖延
D. 已完工作实际费用为 450 万元
E. 计划工作预算费用为 320 万元

108. 施工准备工作计划中施工准备的工作内容通常包括（　　）。

A. 技术准备
B. 物资准备
C. 劳动组织准备
D. 生产准备
E. 施工现场准备和施工场外准备

109. 利用横道图表示工程进度计划，存在着的缺点有（　　）。

A. 不利于建设工程进度的动态控制
B. 不能明确反映出影响工期的关键工作
C. 不能反映出工作所具有的机动时间
D. 不便于缩短工期和降低工程成本
E. 不便于进度控制人员避免矛盾

110. 下列关于流水施工参数的说法中，正确的有（　　）。

A. 流水步距的数目取决于参加流水的施工过程数
B. 流水强度表示工作队在一个施工段上的施工时间

C. 流水步距的大小取决于流水节拍

D. 流水节拍可以表明流水施工的速度和节奏性

E. 划分施工段的目的是为组织流水施工提供足够的空间

111. 固定节拍流水施工是一种最理想的流水施工方式，其特点不包括（　　）。

A. 所有施工过程在相应施工段上的流水节拍均相等

B. 相邻施工过程的流水步距不相等

C. 各施工过程在各施工段的流水节拍不全相等

D. 专业工作队数等于施工过程数

E. 各个专业工作队在各施工段上能够连续工作

112. 某工程双代号网络计划如下图所示，已标明各项工作的最早开始时间（ES_{i-j}）、最迟开始时间（LS_{i-j}）和持续时间（D_{i-j}）。该网络计划表明（　　）。

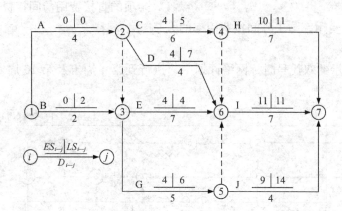

A. 工作 B 的总时差和自由时差相等

B. 工作 D 的总时差和自由时差相等

C. 工作 C 和工作 E 均为关键工作

D. 工作 G 的总时差、自由时差分别为 2d、0d

E. 工作 J 的总时差和自由时差相等

113. 某分部工程双代号网络计划如下图所示，图中错误包括（　　）。

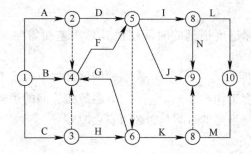

A. 有多个起点节点   B. 有多个终点节点

C. 存在循环回路   D. 节点编号重复

E. 节点编号有误

114. 资源优化的前提条件是(　　)。

A. 在优化过程中，不改变网络计划中各项工作之间的逻辑关系

B. 在优化过程中，不改变网络计划中各项工作的持续时间

C. 网络计划中各项工作的资源强度为常数

D. 保证工程总成本最低时的工期安排

E. 在网络计划中找出直接费用率最小的关键工作，缩短其持续时间

115. 在费用优化的步骤中，对于选定的压缩对象，可首先比较的内容有(　　)。

A. 直接费用率   B. 直接费用与工程间接费用

C. 间接费用率   D. 各项的直接费用与间接费用的比值

E. 组合直接费用率与工程间接费用率的大小

116. 下图所示的双代号时标网络计划中，执行到第 4 周末及第 10 周末时，检查其实际进度如图中前锋线所示，检查结果表明(　　)。

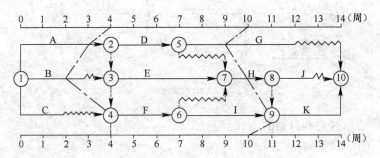

A. 第 4 周末检查时工作 A 拖后 1 周，影响工期 1 周

B. 第 10 周末检查时工作 G 拖后 1 周，但不影响工期

C. 第 4 周末检查时工作 B 拖后 1 周，但不影响工期

D. 第 10 周末检查时工作 I 提前 1 周，可使工期提前 1 周

E. 在第 5 周到第 10 周内，工作 F 和工作 I 的实际进度正常

117. 当某项工作实际进度拖延的时间超过其总时差而需要对进度计划进行调整时，需要考虑的是(　　)。

A. 总工期的限制条件   B. 网络计划中后续工作的限制条件

C. 该工作是否为关键工作   D. 后续工作间的逻辑关系

E. 该工作的实际进度拖延的时间是否超过自由时差

118. 在建设工程施工过程中，缩短某些工作的持续时间的其他配套措施包括(　　)。

A. 采用更先进的施工机械　　　　　B. 改善外部配合条件

C. 改善劳动条件　　　　　　　　　D. 提高奖金数额

E. 实施强有力的调度

119. 工程施工过程中，监理工程师获得工程实际进度情况的方式有（　　　）。

A. 收集有关进度报表资料　　　　　B. 查阅施工日志和记录

C. 现场跟踪检查工程实际进展　　　D. 组织施工负责人参加现场会议

E. 审核工程进度款支付凭证

120. 物资供应计划的编制依据是（　　　）。

A. 储备方式　　　　　　　　　　　B. 需求计划

C. 场地条件　　　　　　　　　　　D. 储备计划

E. 货源资料

权威预测试卷（二）参考答案及解析

一、单项选择题

1. C	2. C	3. C	4. D	5. D
6. B	7. D	8. C	9. D	10. A
11. B	12. B	13. A	14. C	15. C
16. A	17. C	18. A	19. A	20. C
21. A	22. A	23. C	24. D	25. A
26. D	27. A	28. D	29. C	30. A
31. B	32. C	33. C	34. A	35. A
36. A	37. D	38. C	39. B	40. A
41. A	42. B	43. A	44. C	45. A
46. A	47. A	48. D	49. A	50. A
51. D	52. A	53. D	54. D	55. A
56. C	57. C	58. B	59. C	60. D
61. D	62. D	63. C	64. D	65. C
66. C	67. D	68. A	69. B	70. B
71. C	72. A	73. D	74. D	75. D
76. A	77. C	78. C	79. A	80. C

【解析】

1. C。本题考核的是工程质量控制原则。项目监理机构在进行投资、进度、质量三大目标控制时，在处理三者关系时，应坚持"百年大计，质量第一"，在工程建设中自始至终把"质量第一"作为对工程质量控制的基本原则。

2. C。本题考核的是工程质量控制主体。工程质量控制的自控主体包括施工单位、勘察设计单位；工程质量控制的监控主体包括政府、建设单位和工程监理单位。

3. C。本题考核的是建设单位的质量责任。工程项目竣工后，建设单位应及时组织设计、施工、工程监理等有关单位进行施工验收，未经验收备案或验收备案不合格的，不得交付使用。

4. D。本题考核的是质量管理体系的认证。质量管理体系认证具有的特征有：（1）体系认证的对象是某一组织的质量保证体系，故选项 A 正确；（2）实行体系认证的基本依据等同采用国际通用质量保证标准的国家标准，故选项 C 正确；（3）鉴定某一组织管理体系是否可以认证的基本方法是管理体系审核，认证机构必须是与供需双方既无行政隶属关系，又无经济利害关系的第三方，才能保证审核的科学性、公正性与权威性，故选项 D 错误；（4）证明某一组织质量管理体系注册资格的方式是颁发体系认证证书，故选项 B 正确。

5. D。本题考核的是压实度测定方法。施工现场测定土料、无机结合料、砂砾混合料及沥青混合料等的压实度，一般有环刀法、灌砂法、直接称量法、蜡封称量法、取土器法和水袋法等。灌砂法适用于砂石基层、碎（砾）石基层、沥青结合料基层和面层等。

6. B。本题考核的是普通混凝土拌合物和易性的概念。普通混凝土拌合物性能试验包括混凝土拌合物和易性的检验和评定、泌水性试验、凝结时间测定、堆积密度测定、均匀系数试验、捣实因数试验、含气量测定及水灰比分析等。表示混凝土拌合物的施工操作难易程度和抵抗离析作用的性质称为和易性。

7. D。本题考核的是因果分析图法。因果分析图法是利用因果分析图来系统整理分析某个质量问题（结果）与其产生原因之间关系的有效工具。因果分析图也称特性要因图，又因其形状常被称为树枝图或鱼刺图。

8. C。本题考核的是二次抽样检验。二次抽样检验包括五个参数，即：(N, n_1, n_2, c_1, c_2)。其中：n_1 为第一次抽取的样本数；n_2 为第二次抽取的样本数；c_1 为第一次抽取样本时的不合格判定数；c_2 为第二次抽取样本时的不合格判定数。二次抽样的操作程序：在检验批量为 N 的一批产品中，随机抽取 n_1 件产品进行检验。发现 n_2 中的不合格数为 d_1，则：（1）若 $d_1 \leqslant c_1$，判定该批产品合格。（2）若 $d_1 > c_2$，判定该批产品不合格。（3）若 $c_1 < d_1 \leqslant c_2$，不能判断是否合格，则在同批产品中继续随机抽取 n_2 件产品进行检验。若发现 n_2 中有 d_2 件不合格品，则将 $(d_1 + d_2)$ 与 c_2 比较进行判断：若 $d_1 + d_2 \leqslant c_2$，判定该批产品合格；若 $d_1 + d_2 > c_2$，判定该批产品不合格。

9. D。本题考核的是建设工程竣工验收具备的条件。建设工程竣工验收应当具备下列条件：（1）完成建设工程设计和合同约定的各项内容；（2）有完整的技术档案和施工管理资料；（3）有工程使用的主要建筑材料、建筑构配件和设备的进场试验报告；（4）有勘察、设计、施工、工程监理等单位分别签署的质量合格文件；（5）有施工单位签署的工程保修书。

10. A。本题考核的是抽样检验风险。（1）第一类风险：弃真错误。即：合格批被判定为不合格批，其概率记为 α。此类错误对生产方或供货方不利，故称为生产方风险或供货方风险。（2）第二类风险：存伪错误。即：不合格批被判定为合格批，其概率记为 β。此类错误对用户不利，故称为用户风险。

11. B。本题考核的是工程变更处理制度。对涉及工程设计文件修改的工程变更，应由建设单位转交原设计单位修改工程设计文件。必要时，项目监理机构应建议建设单位组织设计、施工等单位召开论证工程设计文件的修改方案的专题会议。

12.B。本题考核的是工程质量统计分析方法。分层法是质量控制统计分析方法中最基本的一种方法。其他统计方法一般都要与分层法配合使用。

13. A。本题考核的是工程材料、构配件、设备质量控制的要点。对用于工程的主要材料，在材料进场时专业监理工程师应核查厂家生产许可证、出厂合格证、材质化验单及性能检测报告，审查不合格者一律不准用于工程。

14. C。本题考核的是实施见证取样的要求。实施见证取样后，试验室应出具一式两份的报告，分别由承包单位和项目监理机构保存，并作为归档材料，是工序产品质量评定的重要依据。

15. C。本题考核的是开工令的签发。总监理工程师应在开工日期7d前向施工单位发出工程开工令。

16. A。本题考核的是施工单位有违反工程建设强制性标准行为的处理。发现施工单位有违反工程建设强制性标准行为的，应责令施工单位立即整改；发现其施工活动已经或者可能危及工程质量的，应当及时向专业监理工程师或总监理工程师报告，由总监理工程师下达暂停令，指令施工单位整改。

17. C。本题考核的是工程变更的控制。如果变更涉及项目功能、结构主体安全，该工程变更还要按有关规定报送施工图原审查机构及管理部门进行审查与批准。

18. A。本题考核的是图纸会审与设计交底。总监理工程师组织监理人员熟悉工程设计文件是项目监理机构实施事前质量控制的一项重要工作。

19. A。本题考核的是施工组织设计审查质量控制要点。施工组织设计的审查必须是在施工单位编审手续齐全的基础上，由施工单位填写施工组织设计报审表，并按合同约定时间报送项目监理机构。

20.C。本题考核的是工程变更的控制。施工单位提出的工程变更，当为要求进行某些材料/工艺/技术方面的技术修改时，即根据施工现场具体条件和自身的技术、经验和施工设备等，在不改变原设计文件原则的前提下，提出的对设计图纸和技术文件的某些技术上的修改要求，应在工程变更单及其附件中说明要求修改的内容及原因或理由，并附上有关文件和相应图纸。经各方同意签字后，由总监理工程师组织实施。

21. A。本题考核的是监理资料的管理。监理资料的管理应由总监理工程师负责，并指定专人具体实施。总监理工程师作为项目监理机构的负责人应根据合同要求，结合监理项目的大小、工程复杂程度配置一至多名专职熟练的资料管理人员具体实施资料的管理工作。

22. A。本题考核的是向生产厂家订购设备的质量控制。在初选确定供货厂商名单后，项目监理机构应与建设单位或采购单位一起对供货厂商做进一步现场实地考察调研，提出建议，与建设单位和相关单位一起做出考察结论。

23. C。本题考核的是设备制造过程的质量控制。在设备制造过程中，如由于设备订货方、原设计单位、监造单位或设备制造单位需要对设备的设计提出修改时，应由原设计单位出具书面设计变更通知或变更图，并由总监理工程师审核设计变更及因变更引起的费用增减和制造工期的变化。

24. D。本题考核的是分部工程的划分。分部工程是单位工程的组成部分，一个单位工程往往由多个分部工程组成。分部工程可按专业性质、工程部位确定。

25．A。本题考核的是室外工程的划分。室外工程的划分见下表：

单位工程	子单位工程	分部工程
室外设施	道路	路基、基层、面层、广场与停车场、人行道、人行地槽、挡土墙、附属构筑物
	边坡	土石方、挡土墙、支护
附属建筑及室外环境	附属建筑	车棚、围墙、大门、挡土墙
	室外环境	建筑小品、亭台、水景、连廊、花坛、场坪绿化、景观桥

26．D。本题考核的是分项工程质量验收。分项工程应由专业监理工程师组织施工单位项目专业技术负责人等进行验收。

27．A。本题考核的是工程质量事故等级划分。重大事故，是指造成10人以上30人以下死亡，或者50人以上100人以下重伤，或者5000万元以上1亿元以下直接经济损失的事故。选项B、D属于较大事故；选项C属于特别重大事故。

28．D。本题考核的是施工单位的质量事故调查报告。质量事故发生后，施工单位有责任就所发生的质量事故进行周密的调查、研究，掌握情况，并在此基础上写出调查报告，提交项目监理机构和建设单位。

29．C。本题考核的是不作处理的规定。通常不用专门处理的情况有以下几种：（1）不影响结构安全和正常使用；（2）有些质量缺陷，经过后续工序可以弥补；（3）经法定检测单位鉴定合格；（4）出现的质量缺陷，经检测鉴定达不到设计要求，但经原设计单位核算，仍能满足结构安全和使用功能。

30．A。本题考核的是工程监理单位勘察质量管理的主要工作。工程监理单位应协助建设单位编制工程勘察任务书和选择工程勘察单位，并协助签订工程勘察合同。

31．B。本题考核的是工程保修的相关规定。在保修期限内，因工程质量缺陷造成建设工程所有人、使用人或者第三方人身、财产损害的，建设工程所有人、使用人或者第三方可以向建设单位提出赔偿要求。

32．C。本题考核的是建设投资的组成。建设投资，由设备及工器具购置费、建筑安装工程费、工程建设其他费用、预备费（包括基本预备费和涨价预备费）和建设期利息组成。

33．C。本题考核的是施工阶段投资控制的技术措施。施工阶段投资控制的技术措施包括：（1）对设计变更进行技术经济比较，严格控制设计变更；（2）继续寻找通过设计挖潜节约投资的可能性；（3）审核承包商编制的施工组织设计，对主要施工方案进行技术经济分析。

34．A。本题考核的是进口设备消费税的计算。进口设备消费税的计算公式为：消费税 $=\dfrac{\text{到岸价} \times \text{人民币外汇牌价} + \text{关税}}{1 - \text{消费税率}} \times \text{消费税率}$，本题中消费税 $=\dfrac{300 + 300 \times 25\%}{1 - 5\%} \times 5\% = 19.74$ 万元。

35．A。本题考核的是建设单位管理费的内容。建设单位管理费的内容包括：建设单位开办费、建设单位经费。其中建设单位经费包括工作人员的基本工资、工资性津贴、职工福利费、劳动保护费、劳动保险费、办公费、差旅交通费、工会经费、职工教育经费、固定资产使用费、工具用具使用费、技术图书资料费、生产人员招募费、工程招标费、合同契约公证费、工程质量监督检测费、工程咨询费、法律顾问费、审计费、业务招待费、排污费、竣工交付使用清理及竣工验收费、后评价等费用，不包括应计入设备、材料预算价格的建设单位采购及保管设备材料所需的费用。

36. A。本题考核的是涨价预备费的计算。涨价预备费的计算公式为：$PC=\sum_{t=1}^{n}I_t\left[(1+f)^t-1\right]$。本题的计算过程为：

(1) 第 1 年的涨价预备费 $=3000\times35\%\times\left[(1+5\%)^1-1\right]=52.50$ 万元；

(2) 第 2 年的涨价预备费 $=3000\times65\%\times\left[(1+5\%)^2-1\right]=199.88$ 万元；

则，该项目的涨价预备费 $=52.50+199.88=252.38$ 万元。

37. D。本题考核的是招标控制价的计算。本题的计算过程见下表。

序号	内容	计算过程
1	分部分项工程费	1.1+1.2+1.3=2500+1500+1300=5300 万元
1.1	建筑工程造价	2500 万元
1.2	安装工程造价	1500 万元
1.3	装饰装修工程造价	1300 万元
2	措施项目费	分部分项工程费×2.5%=5300×2.5%=132.5 万元
2.1	安全文明施工费	分部分项工程费×1.5%=5300×1.5%=79.5 万元
3	其他项目费	1000 万元
4	规费	分部分项工程费×15%×8%=5300×15%×8%=63.6 万元
5	增值税（扣除不列入计税范围的工程设备金额）	(1+2+3+4)×9%=(5300+132.5+1000+63.6)×9%=584.65 万元
招标控制价合计=5300+132.5+1000+63.6+584.65=7080.75 万元。		

38. C。本题考核的是经济评价指标。净现值（NPV）是反映方案在计算期内获利能力的动态评价指标。

39. B。本题考核的是资金时间价值的概念。资金所有者将 100 万元存入银行，1 年以后可以收回本金和利息共计 106 元，这里的 6 万元是本金 100 万元的时间价值。

40. A。本题考核的是一次支付现值的计算。根据一次支付现值公式 $P=F(1+i)^{-n}$，现在需要一次投入资金 $=100\times(1+10\%)^{-2}=82.64$ 万元。

41. A。本题考核的是等额资金回收的计算。等额资金回收计算公式为：$A=P\dfrac{i(1+i)^n}{(1+i)^n-1}$，本题的计算过程为：每年可回收的资金 $=100\times\dfrac{8\%\times(1+8\%)^2}{(1+8\%)^2-1}=56.08$ 万元。

42. B。本题考核的是本利和的计算。本题的计算过程为：$F=P(1+i)^n=10\times(1+2.79\%)^5=11.475$ 万元。

43. A。本题考核的是等额资金现值的计算。等额资金现值的公式为：$P=A\dfrac{(1+i)^n-1}{i(1+i)^n}$，本题的计算过程为：$P=100\times\dfrac{(1+5.76\%)^6-1}{5.76\%\times(1+5.76\%)^6}=495.46$ 万元。

44. C。本题考核的是投资收益率的概念。投资收益率是指方案达到设计生产能力后一个正常生产年份的年净收益总额与方案投资总额的比率。

45. A。本题考核的是投资回收期的计算。项目投资回收期的计算公式为：$P_t = ($累计净现金流量出现正值的年份数$-1) + \dfrac{\text{上一年累计净现金流量的绝对值}}{\text{出现正值年份的净现金流量}}$，本题的计算过程为：项目的投资回收期$= 3 - 1 + \dfrac{|-1300|}{1800} = 2.72$ 年。

46. A。本题考核的是用线性内插法计算财务内部收益率。线性内插法的计算公式为$IRR = i_1 + \dfrac{NPV_1}{NPV_1 + |NPV_2|}(i_2 - i_1)$，本题的计算过程为：该项目的财务内部收益率$= 20\%$ $+ \dfrac{89.20}{89.20 + |-78.12|} \times (23\% - 20\%) = 21.60\%$。

47. A。本题考核的是0—1评分法评定评价对象的功能重要性。各部件功能重要性系数计算见下表。

各部件功能重要性系数计算表

部件	A	B	C	D	E	功能总分	修正得分	功能重要性系数
A	×	1	1	0	1	3	4	0.267
B	0	×	1	0	1	2	3	0.200
C	0	0	×	0	1	1	2	0.133
D	1	1	1	×	1	4	5	0.333
E	0	0	0	0	×	0	1	0.067
合计						10	15	1.000

48. D。本题考核的是价值工程原理的运用。本题的计算过程为：方案一的价值系数$= 0.61/0.55 = 1.11$；方案二的价值系数$= 0.63/0.60 = 1.05$；方案三的价值系数$= 0.62/0.57 = 1.09$；方案四的价值系数$= 0.64/0.56 = 1.14$；根据价值工程原理确定的最优方案为方案四。

49. A。本题考核的是进度控制的措施。进度控制的组织措施主要包括：（1）建立进度控制目标体系，明确建设工程现场监理组织机构中进度控制人员及其职责分工；（2）建立工程进度报告制度及进度信息沟通网络；（3）建立进度计划审核制度和进度计划实施中的检查分析制度；（4）建立进度协调会议制度：包括协调会议举行的时间、地点，协调会议的参加人员等；（5）建立图纸审查、工程变更和设计变更管理制度。

50. A。本题考核的是监理工程师在建设工程实施阶段进度控制的主要任务。为了有效地控制建设工程进度，监理工程师要在设计准备阶段向建设单位提供有关工期的信息，协助建设单位确定工期总目标，并进行环境及施工现场条件的调查和分析。在设计阶段和施工阶段，监理工程师不仅要审查设计单位和施工单位提交的进度计划，更要编制监理进度计划，以确保进度控制目标的实现。

51. D。本题考核的是固定总价合同。合同总价只有在设计和工程范围发生变更的情况下才能随之做相应的变更，除此之外，合同总价一般不能变动。因此，采用固定总价合同，承包方要承担合同履行过程中的主要风险，要承担实物工程量、工程单价等变化而可能造成损失的风险。

52. A。本题考核的是单价合同计量。发包人认为需要进行现场计量核实时，应在计量前24h通知承包人，承包人应为计量提供便利条件并派人参加。双方均同意核实结果时，则双方应在上述记录上签字确认。承包人收到通知后不派人参加计量，视为认可发包人的计量核实结果。发包人不按照约定时间通知承包人，致使承包人未能派人参加计量，计量核实结果无效。

53. D。本题考核的是发生合同工程工期延误的合同价款调整。发生合同工程工期延误的，应按照下列规定确定合同履行期应予调整的价格：（1）因非承包人原因导致工期延误的，计划进度日期后续工程的价格，应采用计划进度日期与实际进度日期两者的较高者；（2）因承包人原因导致工期延误的，则计划进度日期后续工程的价格，采用计划进度日期与实际进度日期两者的较低者。

54. B。本题考核的是不可抗力事件导致的人员伤亡、财产损失及其费用增加的承担原则。因不可抗力事件导致的人员伤亡、财产损失及其费用增加，发承包双方应按以下原则分别承担并调整合同价款和工期：（1）合同工程本身的损害、因工程损害导致第三方人员伤亡和财产损失以及运至施工场地用于施工的材料和待安装的设备的损害，由发包人承担；（2）发包人、承包人人员伤亡由其所在单位负责，并承担相应费用；（3）承包人的施工机械设备损坏及停工损失，应由承包人承担；（4）停工期间，承包人应发包人要求留在施工场地的必要的管理人员及保卫人员的费用应由发包人承担；（5）工程所需清理、修复费用，应由发包人承担。

55. A。本题考核的是 FIDIC《施工合同条件》中承包人可引用的索赔条款。根据 FIDIC《施工合同条件》，承包商在施工过程中遭遇不可抗力时，承包人可以要求工期和成本的索赔。根据《标准施工招标文件》，承包商在施工过程中遭遇不可抗力时，承包人只可索赔工期。

56. C。本题考核的是工程竣工结算书的编制与核对。工程竣工结算由承包人或受其委托具有相应资质的工程造价咨询人编制，由发包人或受其委托具有相应资质的工程造价咨询人核对。

57. D。本题考核的是设备安装工程概算编制方法。当初步设计的设备清单不完备，或安装预算单价及扩大综合单价不全，无法采用预算单价法和扩大单价法时，可采用概算指标编制概算。

58. B。本题考核的是纯单价合同。纯单价合同主要适用于没有施工图，工程量不明，却急需开工的紧迫工程，如设计单位来不及提供正式施工图纸，或虽有施工图但由于某些原因不能比较准确地计算工程量等。

59. B。本题考核的是流水施工方式的特点。流水施工方式具有以下特点：（1）尽可能地利用工作面进行施工，工期比较短；（2）各工作队实现了专业化施工，有利于提高技术水平和劳动生产率；（3）专业工作队能够连续施工，同时能使相邻专业队的开工时间最大限度地搭接；（4）单位时间内投入的劳动力、施工机具、材料等资源量较为均衡，有利于资源供应的组织；（5）为施工现场的文明施工和科学管理创造有利条件。

60. D。本题考核的是专业工作队数的计算。每个施工过程成立的专业工作队数目可按 $b_j = t_j / K$ 计算，式中，b_j 表示第 j 个施工过程的专业工作队数目；t_j 表示第 j 个施工过程的流水节拍；K 表示流水步距。流水步距等于流水节拍的最大公约数，即：$K=\min[4, 6, 2]=2d$，专业工作队数 $=4/2+6/2+2/2=6$ 个。

61. D。本题考核的是流水步距的计算。本题的计算工程为：

（1）各施工过程流水节拍的累加数列：

施工过程甲：5，9，10；

施工过程乙：3，5，8。

（2）错位相减求得差数列：

$$\begin{array}{r} 5,\quad 9,\quad 10 \\ -)\quad\ 3,\quad 5,\quad 8 \\ \hline 5,\quad 6,\quad 5,\quad -8 \end{array}$$

流水步距 $K=\max[5,6,5,-8]=6d$。

62. D。本题考核的是总时差的计算。工作 H 的总时差 $=\min\{(12-8)，(14-10)\}+4=8d$。

63. C。本题考核的是双代号网络计划中关键线路的确定。从起点节点到终点节点的通路，通路上各项工作的持续时间总和最大的就是关键线路。本题中的关键线路为①→②→④→⑤→⑥。

64. D。本题考核的是单代号网络计划中最迟开始时间的计算。工作 i 的最迟开始时间 LS_i 等于该工作的最早开始时间 ES_i 与其总时差 TF_i 之和。$ES_A=0$，$EF_A=3$；$ES_B=0$，$EF_B=3$；$ES_C=3$，$EF_C=8$；$ES_D=3$，$EF_D=9$；工期为 9d。$TF_C=9-8=1d$，$LS_C=ES_C+TF_C=3+1=4d$。

65. C。本题考核的是双代号时标网络计划中总时差和自由时差的计算。工作 B 的总时差 $=14-(2+3+4+3)=2$ 周；工作 B 的自由时差就是该工作箭线中波形线的水平投影长度，即 1 周。

66. C。本题考核的是机械在现场的最小闲置时间的计算。工作 A 的总时差为 1 周，机械在现场的最小闲置时间 $=14-(4+2+3)-1=4$ 周。

67. D。本题考核的是关键线路和关键工作的特点。选项 A 错误，关键工作两端的节点必为关键节点，但两端为关键节点的工作不一定是关键工作。选项 B 错误，在关键线路上可能有虚工作存在。选项 C 错误，各项工作的持续时间总和最长的就是关键线路。选项 D 正确，当网络计划的计划工期等于计算工期时，总时差为零的工作就是关键工作。

68. A。本题考核的是费用优化。如果被压缩对象的直接费用率或组合直接费用率大于工程间接费用率，说明压缩关键工作的持续时间会使工程总费用增加，此时应停止缩短关键工作的持续时间，在此之前的方案即为优化方案。

69. B。本题考核的是单代号搭接网络计划中关键工作的确定。本题中工作 A 的最早开始时间就等于零，即：$ES_A=0$，$EF_A=6$。其他工作的最早开始时间和最早完成时间计算如下。

（1）$EF_B=EF_A+FTF_{A,B}=6+1=7$，$ES_B=EF_B-D_B=7-8=-1$，工作 B 的最早开始时间出现负值，显然是不合理的。为此，应将工作 B 与虚拟工作 S（起点节点）用虚箭线相连，重新计算工作 B 的最早开始时间和最早完成时间得：$ES_B=0$，$EF_B=ES_B+D_B=0+8=8$。

（2）$EF_C=ES_A+STF_{A,C}=0+14=14$，$ES_C=EF_C-D_C=14-12=2$。

（3）$ES_D=EF_B+FTS_{B,D}=8+10=18$，$EF_D=EF_B+D_D=18+5=23$。

（4）工作E同时有两项紧前工作B和C，应根据工作E与工作B和工作C之间的搭接关系分别计算其最早开始时间，然后从中取最大值。首先，根据工作E与工作B之间的搭接关系，得：$ES_E=ES_B+STS_{B,E}=0+4=4$，$EF_E=ES_E+D_E=4+7=11$；其次，根据工作E与工作C之间的搭接关系，得：$EF_E=EF_C+FTF_{C,E}=14+6=20$，$ES_E=EF_E-D_E=20-7=13$，所以$ES_E=13$，$EF_E=20$。

（5）工作F不仅有两项紧前工作D和E，而且在该工作与其紧前工作E之间存在着两种搭接关系，应分别计算后取其中的最大值。首先，根据工作F与工作D之间的STS时距，得：$ES_F=ES_D+STS_{D,F}=18+4=22$，$EF_F=ES_F+D_F=22+4=26$；其次，根据工作F与工作E之间的$STS$时距，得：$ES_E=ES_E+STS_{E,F}=13+2=15$，$EF_F=ES_F+D_F=15+4=19$；第三，根据工作E与工作F之间的$STF$时距，得：$EF_F=ES_E+STF_{E,F}=13+6=19$，$ES_F=EF_F-D_F=19-4=15$。所以$ES_F=22$，$EF_F=26$。

由此可得：$LAG_{A,C}=EF_C-ES_A-STF_{A,C}=14-0-14=0$；$LAG_{A,B}=EF_B-EF_A-FTF_{A,B}=8-6-1=1$；$LAG_{B,E}=ES_E-ES_B-STS_{B,E}=13-0-4=9$；$LAG_{B,D}=ES_D-EF_B-FTS_{B,D}=18-8-10=0$；$LAG_{C,E}=EF_E-EF_C-FTF_{C,E}=20-14-6=0$；$LAG_{D,F}=ES_F-ES_D-STS_{D,F}=22-18-4=0$；$LAG_{E,F}=\min\{(22-13-2),(26-13-6)\}=7$；关键线路为A→B→D→F，所以关键工作为工作B、工作D、工作F。

70. B。本题考核的是进度调整的系统过程。进度调整的系统过程包括：（1）分析进度偏差产生的原因；（2）分析进度偏差对后续工作和总工期的影响；（3）确定后续工作和总工期的限制条件；（4）采取措施调整进度计划；（5）实施调整后的进度计划。

71. C。本题考核的是列表比较法进行实际进度与计划进度的比较。进行实际进度与计划进度的比较：（1）如果工作尚有总时差与原有总时差相等，说明该工作实际进度与计划进度一致；（2）如果工作尚有总时差大于原有总时差，说明该工作实际进度超前，超前的时间为二者之差；（3）如果工作尚有总时差小于原有总时差，且仍为非负值，说明该工作实际进度拖后，拖后的时间为二者之差，但不影响总工期；（4）如果工作尚有总时差小于原有总时差，且为负值，说明该工作实际进度拖后，拖后的时间为二者之差，此时工作实际进度偏差将影响总工期。

72. A。本题考核的是前锋线比较法进行实际进度与计划进度的比较。工作实际进展位置点落在检查日期的左侧，表明该工作实际进度拖后，拖后的时间为二者之差；工作实际进展位置点与检查日期重合，表明该工作实际进度与计划进度一致；工作实际进展位置点落在检查日期的右侧，表明该工作实际进度超前，超前的时间为二者之差。

73. C。本题考核的是分析进度偏差对后续工作及总工期的影响。在工程项目实施过程中，当通过实际进度与计划进度的比较，发现有进度偏差时，需要分析该偏差对后续工作及总工期的影响，工作A预计影响工期＝4−3＝1d。

74. D。本题考核的是施工进度控制工作细则。施工进度控制工作细则是在建设工程监理规划的指导下，由项目监理班子中进度控制部门的监理工程师负责编制的更具有实施性和操作性的监理业务文件。

75. D。本题考核的是设计单位的进度控制措施。为了履行设计合同，按期提交施工图设计文件，设计单位应采取有效措施，控制建设工程设计进度，包括：（1）建立计划部门，负责设计单位年度计划的编制和工程项目设计进度计划的编制；（2）建立健全设计技术经济定额，并按定额要求进行计划的编制与考核；（3）实行设计工作技术经济责任制，将职工的经济利益与其完成任务的数量和质量挂钩；（4）编制切实可行的设计总进度计划、阶段性设计进度计划和设计进度作业计划；（5）认真实施设计进度计划，力争设计工作有节奏、有秩序、合理搭接地进行；（6）坚持按基本建设程序办事，尽量避免进行"边设计、边准备、边施工"的"三边"设计；（7）不断分析总结设计进度控制工作经验，逐步提高设计进度控制工作水平。

76. A。本题考核的是施工进度计划的编制或审核。当建设工程有总承包单位时，监理工程师只需对总承包单位提交的施工总进度计划进行审核即可。

77. C。本题考核的是施工总进度计划的编制步骤和方法。施工总进度计划的编制步骤和方法：（1）计算工程量；（2）确定各单位工程的施工期限；（3）确定各单位工程的开竣工时间和相互搭接关系；（4）编制初步施工总进度计划；（5）编制正式施工总进度计划。根据批准的工程项目一览表，按单位工程分别计算其主要实物工程量，不仅是为了编制施工总进度计划，而且还为了编制施工方案和选择施工、运输机械，初步规划主要施工过程的流水施工，以及计算人工、施工机械及建筑材料的需要量。

78. C。本题考核的是监理工程师协助业主进行物资供应决策的内容。监理工程师协助业主进行物资供应决策的内容包括：（1）根据设计图纸和进度计划确定物资供应要求；（2）提出物资供应分包方式及分包合同清单，并获得业主认可；（3）与业主协商提出对物资供应单位的要求以及在财务方面应负的责任。

79. A。本题考核的是改变某些工作间的逻辑关系调整施工进度计划。改变某些工作间的逻辑关系，这种方法的特点是不改变工作的持续时间，而只改变工作的开始时间和完成时间。容易采用平行作业的方法来调整施工进度计划。

80. C。本题考核的是工程延期的审批原则。延期事件的工程部位，无论其是否处在施工进度计划的关键线路上，只有当所延长的时间超过其相应的总时差而影响到工期时，才能批准工程延期。

二、多项选择题

81. ABCE	82. AE	83. BCE	84. ACE	85. ABCD
86. ABCE	87. ABC	88. AC	89. ABDE	90. ABCE
91. BCDE	92. DE	93. ABCE	94. ABC	95. BCD
96. BE	97. ABCD	98. AC	99. ABC	100. ABE
101. CDE	102. ABCE	103. BD	104. ACDE	105. BCD
106. ACDE	107. ADE	108. ABCE	109. ABCD	110. ADE
111. BC	112. ABDE	113. BCDE	114. ABC	115. AE
116. ABD	117. AB	118. BCE	119. ACD	120. BDE

【解析】

81. ABCE。本题考核的是建设工程质量的特点。建设工程质量的特点是由建设工程本身和建设生产的特点决定的，包括影响因素多、质量波动大、质量隐蔽性、终检的局限性、评价方法的特殊性。

82. AE。本题考核的是工程质量控制的监控主体。监控主体是指对他人质量能力和效果的监控者，包括政府、建设单位、工程监理单位。

83. BCE。本题考核的是施工图审查的主要内容。施工图审查的主要内容包括：（1）是否符合工程建设强制性标准；（2）地基基础和主体结构的安全性；（3）勘察设计企业和注册执业人员以及相关人员是否按规定在施工图上加盖相应的图章和签字；（4）其他法律、法规、规章规定必须审查的内容。

84. ACE。本题考核的是最低保修期限。在正常使用条件下，建设工程的最低保修期限为：（1）基础设施工程、房屋建筑工程的地基基础和主体结构工程，为设计文件规定的该工程的合理使用年限；（2）屋面防水工程、有防水要求的卫生间、房间和外墙面的防渗漏，为5年；（3）供热与供冷系统，为2个采暖期、供冷期；（4）电气管线、给水排水管道、设备安装和装修工程，为2年。

85. ABCD。本题考核的是质量管理体系文件的编制原则。监理单位组织编制质量管理体系文件时应遵循的原则有：符合性、确定性、相容性、可操作性、系统性、独立性。

86. ABCE。本题考核的是监理工作中的主要手段。监理工作中的主要手段为：监理指令、旁站、巡视、平行检验和见证取样。

87. ABC。本题考核的是直方图的用途。通过直方图的观察与分析，可了解产品质量的波动情况，掌握质量特性的分布规律，以便对质量状况进行分析判断。同时可通过质量数据特征值的计算，估算施工生产过程总体的不合格品率，评价过程能力等。

88. AC。本题考核的是控制图法的运用。当控制图同时满足以下两个条件：一是点子几乎全部落在控制界限之内；二是控制界限内的点子排列没有缺陷。我们就可以认为生产过程基本上处于稳定状态。

89. ABDE。本题考核的是施工现场质量管理检查的主要内容。施工现场质量管理检查的主要内容包括：（1）项目部质量管理体系；（2）现场质量责任制；（3）主要专业工种操作岗位证书；（4）分包单位管理制度；（5）图纸会审记录；（6）地质勘察资料；（7）施工技术标准；（8）施工组织设计编制及审批；（9）物资采购管理制度；（10）施工设施和机械设备管理制度；（11）计量设备配备；（12）检测试验管理制度；（13）工程质量检查验收制度等。

90. ABCE。本题考核的是施工单位提出工程变更的情形。施工单位提出工程变更的情形一般有：（1）图纸出现错、漏、碰、缺等缺陷而无法施工；（2）图纸不便施工，变更后更经济、方便；（3）采用新材料、新产品、新工艺、新技术的需要；（4）施工单位考虑自身利益，为费用索赔而提出工程变更。

91. BCDE。本题考核的是巡回监控质量控制的主要任务。对某些设备（如制造周期长的设备），则可采用巡回监控的方式。采取这种方式实施设备监造时，质量控制的主要任务是监督管理制造厂商不断完善质量管理体系，审查设备制造生产计划和工艺方案，监督检查主要材料进厂使用的质量控制，复核专职质检人员质量检验的准确性、可靠性。

92. DE。本题考核的是施工过程质量验收。检验批应由专业监理工程师组织施工单位项目专业质量检查员、专业工长等进行验收。分项工程应由专业监理工程师组织施工单位项目专业技术负责人等进行验收。分部工程应由总监理工程师组织施工单位项目负责人和项目技术负责人等进行验收。建设单位收到工程竣工报告后，应由建设单位项目负责人组织监理、施工、设计、勘察等单位项目负责人进行单位工程验收。

93. ABCE。本题考核的是工程质量事故处理的主要依据。进行工程质量事故处理的主要依据有四个方面：一是相关的法律法规；二是具有法律效力的工程承包合同、设计委托合同、材料或设备购销合同以及监理合同或分包合同等合同文件；三是质量事故的实况资料；四是有关的工程技术文件、资料、档案。

94．ABC。本题考核的是工程施工质量不符合要求时的处理。工程施工质量不符合要求时的处理：（1）经返工或返修的检验批，应重新进行验收；（2）经有资质的检测单位鉴定达到设计要求的检验批，应予以验收；（3）经有资质的检测单位检测鉴定达不到设计要求但经原设计单位核算认可能满足结构安全和使用功能的检验批，可予以验收；（4）经返修或加固的分项、分部工程，满足安全及使用要求时，可按技术处理方案和协商文件进行验收；（5）通过返修或加固仍不能满足安全或重要使用要求的分部工程及单位工程，严禁验收。

95．BCD。本题考核的是施工图预算对承包人的作用。施工图预算对承包人的作用包括：（1）施工图预算是确定投标报价的依据；（2）施工图预算是施工单位进行施工准备的依据，是施工单位在施工前组织材料、机具、设备及劳动力供应的重要参考，是施工单位编制进度计划、统计完成工作量、进行经济核算的参考依据；（3）施工图预算是控制施工成本的依据。

96．BE。本题考核的是建筑工程概算的编制方法。编制建筑单位工程概算一般有扩大单价法、概算指标法两种，可根据编制条件、依据和要求的不同适当选取。

97．ABCD。本题考核的是企业管理费的内容。企业管理费的内容包括管理人员工资、办公费、差旅交通费、固定资产使用费、工具用具使用费、劳动保险和职工福利费、劳动保护费、检验试验费、工会经费、职工教育经费、财产保险费、财务费、税金、技术转让费、技术开发费、投标费、业务招待费、绿化费、广告费、公证费、法律顾问费、审计费、咨询费等。选项E属于规费。

98．AC。本题考核的是安全文明施工费的组成。建筑安装工程费中的安全文明施工费包括环境保护费、文明施工费、安全施工费、临时设施费。

99．ABC。本题考核的是设备原价。国产标准设备原价一般指的是设备制造厂的交货价，即出厂价。如设备是由设备成套公司供应，则以订货合同价为设备原价。进口设备抵岸价也可以直接作为设备原价。

100．ABE。本题考核的是投资收益率指标的优点与不足。投资收益率指标的经济意义明确、直观，计算简便，在一定程度上反映了投资效果的优劣，可适用于各种投资规模。但不足的是，没有考虑投资收益的时间因素，忽视了资金具有时间价值的重要性；指标计算的主观随意性太强，换句话说，就是正常生产年份的选择比较困难，如何确定带有一定的不确定性和人为因素。

101．CDE。本题考核的是实际利率和名义利率的计算。年实际利率＝$(1+r/m)^m-1=(1+12\%/12)^{12}-1=12.68\%$。月有效利率＝月名义利率＝$12\%/12=1\%$。季实际利率＝$(1+12\%/12)^3-1=3.03\%$（$r$ 为年名义利率；m 为年计息次数）。

102．ABCE。本题考核的是工程设计质量管理的依据。工程设计质量管理的依据包括：（1）有关工程建设及质量管理方面的法律、法规，城市规划，国家规定的建设工程勘察、设计深度要求。铁路、交通、水利等专业建设工程，还应当依据专业规划的要求。（2）有关工程建设的技术标准。（3）项目批准文件，如项目可行性研究报告、项目评估报告及选址报告。（4）体现建设单位建造意图的设计规划大纲、纲要和合同文件。（5）反映项目建设过程中和建成后所需要的有关技术、资源、经济、社会协作等方面的协议、数据和资料。

103. BD。本题考核的是建设工程项目投资的特点。建设工程项目投资的特点包括：（1）建设工程项目投资数额巨大；（2）建设工程项目投资差异明显；（3）建设工程项目投资需单独计算；（4）建设工程项目投资确定依据复杂；（5）建设工程项目投资确定层次繁多；（6）建设工程项目投资需动态跟踪调整。

104. ACDE。本题考核的是价值工程新方案创造的方法。价值工程新方案创造的方法：头脑风暴法、哥顿法、专家意见法、专家检查法。

105. BCD。本题考核的是施工图预算的编制依据。施工图预算的编制依据有：（1）国家、行业和地方政府发布的计价依据，有关法律、法规和规定；（2）建设项目有关文件、合同、协议等；（3）批准的概算；（4）批准的施工图设计图纸及相关标准图集和规范；（5）相应预算定额和地区单位估价表；（6）合理的施工组织设计和施工方案等文件；（7）项目有关的设备、材料供应合同、价格及相关说明书；（8）项目所在地区有关的气候、水文、地质地貌等的自然条件；（9）项目的技术复杂程度，以及新技术、专利使用情况等；（10）项目所在地区有关的经济、人文等社会条件；（11）建筑工程费用定额和各类成本与费用价差调整的有关规定；（12）造价工作手册及有关工具书。

106. ACDE。本题考核的是现场签证的范围。现场签证的范围一般包括：（1）施工合同范围以外零星工程的确认；（2）在工程施工过程中发生变更后需要现场确认的工程量；（3）非承包人原因导致的人工、设备窝工及有关损失；（4）符合施工合同规定的非承包人原因引起的工程量或费用增减；（5）确认修改施工方案引起的工程量或费用增减；（6）工程变更导致的工程施工措施费增减等。

107. ADE。本题考核的是赢得值法。已完工作预算费用＝已完成工作量×预算单价＝9000×400＝3600000 元＝360 万元；计划工作预算费用＝计划工作量×预算单价＝8000×400＝3200000 元＝320 万元；已完工作实际费用＝已完成工作量×实际单价＝9000×500＝4500000 元＝450 万元；由此可知选项 A、D、E 正确。投资偏差＝已完工作预算费用－已完工作实际费用＝360－450＝－90 万元，项目运行超出预算费用。进度偏差＝已完工作预算费用－计划工作预算费用＝360－420＝40 万元，进度提前。由此可知选项 B、C 错误。

108. ABCE。本题考核的是施工准备工作计划中施工准备的工作内容。施工准备的工作内容通常包括：技术准备、物资准备、劳动组织准备、施工现场准备和施工场外准备。

109. ABCD。本题考核的是横道图工程进度计划存在的缺点。利用横道图表示工程进度计划，存在下列缺点：（1）不能明确地反映出各项工作之间错综复杂的相互关系，因而在计划执行过程中，当某些工作的进度由于某种原因提前或拖延时，不便于分析其对其他工作及总工期的影响程度，不利于建设工程进度的动态控制；（2）不能明确地反映出影响工期的关键工作和关键线路，也就无法反映出整个工程项目的关键所在，因而不便于进度控制人员抓住主要矛盾；（3）不能反映出工作所具有的机动时间，看不到计划的潜力所在，无法进行最合理的组织和指挥；（4）不能反映工程费用与工期之间的关系，因而不便于缩短工期和降低工程成本。

110. ADE。本题考核的是流水施工参数。选项 A 正确，流水步距的数目取决于参加流水的施工过程数。选项 B 错误，流水强度是指流水施工的某施工过程（专业工作队）在单位时间内所完成的工程量。选项 C 错误，流水步距的大小取决于相邻两个施工过程（或专业工作队）在各个施工段上的流水节拍及流水施工的组织方式。选项 D 正确，流水节拍是流水施工的主要参数之一，它表明流水施工的速度和节奏性。选项 E 正确，划分施工段的目的就是为了组织流水施工。由于建设工程体形庞大，可以将其划分成若干个施工段，从而为组织流水施工提供足够的空间。

111. BC。本题考核的是固定节拍流水施工的特点。固定节拍流水施工是一种最理想的流水施工方式，其特点如下：（1）所有施工过程在各个施工段上的流水节拍均相等；（2）相邻施工过程的流水步距相等，且等于流水节拍；（3）专业工作队数等于施工过程数，即每一个施工过程成立一个专业工作队，由该队完成相应施工过程所有施工段上的任务；（4）各个专业工作队在各施工段上能够连续作业，施工段之间没有空闲时间。

112. ABDE。本题考核的是双代号网络计划时间参数的计算。工作 B 的总时差＝4－2－0＝2，工作 B 的自由时差＝4－2－0＝2d，二者相等，故选项 A 正确。本题的关键线路为①→②→③→⑥→⑦，工作 C 为非关键工作。工作 D 的总时差＝11－4－4＝3d，工作 D 的自由时差＝11－4－4＝3d，二者相等，故选项 B 正确。工作 G 的总时差＝11－5－4＝2d，工作 G 的自由时差＝9－5－4＝0d，故选项 D 正确。工作 J 的总时差＝18－4－9＝5d，工作 J 的自由时差＝18－4－9＝5d，故选项 E 正确。

113. BCDE。本题考核的是双代号网络图的绘制规则。图中存在⑨、⑩两个终点节点；⑥→④节点编号有误；存在循环回路④→⑤→⑥→④；存在两个节点⑧。

114. ABC。本题考核的是资源优化的前提条件。资源优化的前提条件是：（1）在优化过程中，不改变网络计划中各项工作之间的逻辑关系；（2）在优化过程中，不改变网络计划中各项工作的持续时间；（3）网络计划中各项工作的资源强度（单位时间所需资源数量）为常数，而且是合理的；（4）除规定可中断的工作外，一般不允许中断工作，应保持其连续性。

115. AE。本题考核的是费用优化方法。对于选定的压缩对象（一项关键工作或一组关键工作），首先比较的内容是其直接费用率或组合直接费用率与工程间接费用率的大小。

116. ABD。本题考核的是前锋线比较法进行实际进度与计划进度的比较。第 4 周末检查时，工作 A 拖后 1 周，工作 A 的总时差为 0，影响工期 1 周，故选项 A 正确。工作 B 拖后 2 周，工作 B 的总时差为 1 周，影响工期 1 周，故选项 C 错误。第 10 周末检查时，工作 G 拖后 1 周，不影响工期，因为工作的总时差为 2 周，故选项 B 正确。工作 I 提前 1 周，将影响工期 1 周，因为工作 I 的总时差为 0，故选项 D 正确。在第 5 周到第 10 周内，工作 I 实际进度提前 1 周，故选项 E 错误。

117. AB。本题考核的是进度计划的调整方法。当某项工作实际进度拖延的时间超过其总时差而需要对进度计划进行调整时，除需考虑总工期的限制条件外，还应考虑网络计划中后续工作的限制条件。

118. BCE。本题考核的是施工进度计划的调整。施工进度计划的其他配套措施包括：（1）改善外部配合条件；（2）改善劳动条件；（3）实施强有力的调度等。

119. ACD。本题考核的是施工进度的检查方式。在建设工程施工过程中，监理工程师可以通过以下方式获得其实际进展情况：定期地、经常地收集由承包单位提交的有关进度报表资料；由驻地监理人员现场跟踪检查建设工程的实际进展情况。除上述两种方式外，由监理工程师定期组织现场施工负责人召开现场会议，也是获得建设工程实际进展情况的一种方式。

120. BDE。本题考核的是物资供应计划的编制依据。物资供应计划是反映物资的需要与供应的平衡、挖潜利库，安排供应的计划。它的编制依据是需求计划、储备计划和货源资料等。它的作用是组织指导物资供应工作。

权威预测试卷（三）

一、单项选择题（共 80 题，每题 1 分。每题的备选项中，只有 1 个最符合题意）

1. 任何建筑产品在适用、耐久、安全、可靠、经济以及与环境协调性方面都必须达到基本要求。但不同专业的工程，其环境条件、技术经济条件的差异使其质量特点有不同的（　　）。

    A. 侧重面   B. 选择范围

    C. 内在界定   D. 内在关系

2. 加强隐蔽工程质量验收和监督管理，是基于工程质量具有（　　）的特点而提出的要求。

    A. 波动大   B. 影响因素多

    C. 终检局限性   D. 评价方法特殊性

3. 除国务院建设行政主管部门确定的限额以下的小型工程外，工程施工许可证应在工程（　　）向工程所在地县级以上人民政府建设行政主管部门申请领取。

    A. 开工前，由施工单位   B. 招标前，由建设单位

    C. 招标前，由施工单位   D. 开工前，由建设单位

4. 在工程开工前，（　　）应负责办理有关施工图设计文件审查、工程施工许可证和工程质量监督手续，组织设计交底。

    A. 施工单位   B. 设计单位

    C. 监理单位   D. 建设单位

5. 因设计原因导致质量缺陷的，在工程保修期内的正确做法是（　　）。

    A. 施工企业不仅要负责保修，还要承担保修费用

    B. 施工企业不负责保修，应由建设单位另行组织维修

    C. 施工企业仅负责保修，由此发生的费用可向建设单位索赔

    D. 施工企业仅负责保修，由此发生的费用可向设计单位索赔

6. 工程竣工预验收合格后，项目监理机构应编写工程质量评估报告，并应经（　　）审核签字后报建设单位。

    A. 总监理工程师和工程监理单位技术负责人

    B. 施工单位项目负责人和建设单位项目负责人

    C. 施工单位技术负责人和总监理工程师

D. 专业监理工程师和施工单位技术负责人

7. 下列质量数据中，可以用来描述离散趋势，适用于均值有较大差异的总体之间离散程度比较的特征值是(　　)。
　　A. 总体平均数　　　　　　　　　B. 算术平均数
　　C. 中位数　　　　　　　　　　　D. 变异系数

8. 施工单位采购的某类钢材分多批次进场时，为了保证在抽样检测中样品分布均匀、更具代表性，最合适的随机抽样方法是(　　)。
　　A. 分层抽样　　　　　　　　　　B. 等距离法抽样
　　C. 整群抽样　　　　　　　　　　D. 多阶段抽样

9. 能确切说明数据分布的离散程度和波动规律的特征值是(　　)。
　　A. 极差　　　　　　　　　　　　B. 均值
　　C. 变异系数　　　　　　　　　　D. 标准偏差

10. 下列直方图中，表明生产过程处于正常、稳定状态的是(　　)。

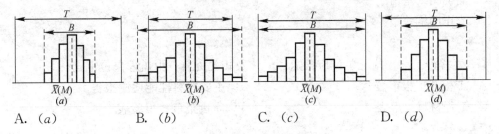

　　A. (a)　　　B. (b)　　　C. (c)　　　D. (d)

11. 某建设工程项目在施工过程中出现混凝土强度不足的质量问题，采用系统整理分析某个质量问题（结果）与其产生原因之间的关系。这种方法是(　　)。
　　A. 直方图法　　　　　　　　　　B. 排列图法
　　C. 控制图法　　　　　　　　　　D. 因果分析图法

12. 下列水泥品种中，属于不合格品的是(　　)。
　　A. 水泥中氧化镁不符合相应产品标准规定的
　　B. 水泥的初凝时间不符合相应产品标准规定的
　　C. 水泥的终凝时间不符合相应产品标准规定的
　　D. 水泥安定性不符合相应产品标准规定的

13. 根据《建筑地基基础设计规范》GB 50007—2011，地基土载荷试验符合规定的是(　　)。
　　A. 试验基坑宽度不应小于承压板宽度或直径的2倍
　　B. 应保持试验土层的原状结构和天然湿度

C. 最大加载量不应小于设计要求的 3 倍

D. 加荷分级不应少于 10 级

14. 对于钢筋冷拔低碳钢丝电阻点焊骨架和网片焊点需要进行( )。

A. 常温抗剪试验

B. 常温静力拉伸试验

C. 常温弯曲试验

D. 常温抗折试验

15. 施工图设计文件审查合格后,( )应及时主持召开图纸会审会议,与会各方会签会议纪要。

A. 建设单位

B. 施工单位

C. 项目监理机构

D. 设计单位

16. 关于总监理工程师组织监理人员熟悉工程设计文件的目的的说法,错误的是( )。

A. 通过熟悉工程设计文件,了解设计意图和工程设计特点

B. 通过熟悉工程设计文件,了解工程关键部位的质量要求

C. 发现图纸差错

D. 改正图纸差错

17. 工程开工前,施工单位应报送( )及相关资料,由监理单位审查。

A. 工程开工报审表

B. 主要材料性能检测报告

C. 工程材料报审表

D. 质量报审、报验表

18. 下列属于施工现场质量管理检查记录资料的是( )。

A. 各种试验检验报告

B. 质量自检资料

C. 工程质量检验制度

D. 监理工程师的验收资料

19. 施工组织设计是指导施工单位进行施工的( )文件。

A. 控制性

B. 实施性

C. 指导性

D. 竞争性

20. 项目监理机构对施工现场进行的定期或不定期的检查活动,称为( )。

A. 旁站

B. 巡视

C. 驻厂检查

D. 平行检验

21. 对进场材料、试块、试件、钢筋接头的取样过程应该在( )现场监督下完成。

A. 施工项目技术负责人

B. 施工企业质量管理人员

C. 专业监理工程师

D. 建设单位法定代表人

22. 对于特别重要设备，监理单位可以采取（　　）的质量控制方式。

A. 驻厂监造　　　　　　　　　　　　B. 巡回监控

C. 定点监控　　　　　　　　　　　　D. 旁站监控

23. 对设备制造过程中的分包单位，（　　）应严格审查分包单位的资质情况，分包的范围和内容，分包单位的实际生产能力和质量管理体系，试验、检验手段等内容。

A. 分包单位技术负责人　　　　　　　B. 施工总承包单位项目负责人

C. 专业监理工程师　　　　　　　　　D. 总监理工程师

24. 涉及安全、节能、环境保护等项目的专项验收要求应由（　　）组织专家论证。

A. 监理单位　　　　　　　　　　　　B. 建设单位

C. 设计单位　　　　　　　　　　　　D. 施工单位

25. 在钢筋混凝土工程的施工质量验收中，规定"钢筋应平直、无损伤、表面不得有裂纹、油污、颗粒状或片状老锈"，这属于检验批质量的（　　）项目。

A. 主控　　　　　　　　　　　　　　B. 一般

C. 辅助　　　　　　　　　　　　　　D. 基本

26. 某项目前 3 年累计净现值为 80 万元，第 4、5 年年末净现金流量分别为 40 万元、36 万元，若基准收益率为 10％，则该项目 5 年内累计净现值为（　　）万元。

A. 129.67　　　　　　　　　　　　　B. 143.52

C. 163.60　　　　　　　　　　　　　D. 184.20

27. 某建设项目，当折现率 $i_1 = 10％$ 时，净现值 $NPV_1 = 200$ 万元，$i_2 = 12％$ 时，财务净现值 $NPV_2 = -100$ 万元，用内插公式法可求得其内部收益率大约为（　　）。

A. 11％　　　　　　　　　　　　　　B. 12％

C. 13％　　　　　　　　　　　　　　D. 14％

28. 某工程混凝土浇筑过程中发生脚手架倒塌，造成 11 名施工人员当场死亡，此次工程质量事故等级应认定为（　　）。

A. 一般事故　　　　　　　　　　　　B. 较大事故

C. 重大事故　　　　　　　　　　　　D. 特别重大事故

29. 项目监理机构向建设单位提交的质量事故书面报告的内容不包括（　　）。

A. 事故责任者的认定　　　　　　　　B. 工程及各参建单位名称

C. 事故处理的过程及结果　　　　　　D. 事故发生原因的初步判断

30. 有些工程在发现其质量缺陷时，其状态可能尚未达到稳定仍会继续发展，应选择的最适用工程质量事故处理方案的辅助方法是（　　）。

A. 试验验证   B. 定期观测

C. 专家论证   D. 方案比较

31. 监理工程师对（　　）的审核与评定是勘察阶段质量控制最重要的工作。

A. 勘察成果   B. 勘察单位

C. 勘察方案   D. 勘察任务书

32. 根据现行《建筑安装工程费用项目组成》（建标［2013］44 号）的规定，为了保证职工工资水平不受物价影响，支付给个人的物价补贴应计入建筑安装工程费用中的（　　）。

A. 人工费   B. 劳动保护费

C. 职工福利费   D. 规费

33. 根据《建设工程工程量清单计价规范》，关于暂列金额的说法，正确的是（　　）。

A. 由承包单位依据项目情况，按计价规定估算

B. 由建设单位掌握使用，若有余额，则归建设单位

C. 在施工过程中，由承包单位使用，监理单位监管

D. 由建设单位估算金额，承包单位负责使用，余额双方协商处理

34. 某采用装运港船上交货价的进口设备，货价为 1000 万元人民币。国外运费为 90 万元人民币，国外运输保险费为 10 万元人民币，进口关税为 150 万元人民币，则该设备的到岸价为（　　）万元人民币。

A. 1250   B. 1150

C. 1100   D. 1090

35. 在进口设备的交货方式中，采用装运港船上交货价（FOB）时，卖方的责任是（　　）。

A. 承担货物装船后的一切费用和风险

B. 负责办理出口手续

C. 负责租船或订舱

D. 办理在目的港的进口和收货手续

36. 某工程采用的进口设备拟由设备成套公司供应，则该设备的采购费用在估价时应计入（　　）。

A. 建设管理费   B. 设备原价

C. 进口设备抵岸价   D. 设备运杂费

37. 某单位投资一项资金，规模为 200 万元，年利率为 4%，期限为 3 年，则该单位到期能收回的资金约为（　　）万元。

A. 220   B. 225

C. 210   D. 250

38. 某新建项目，项目建设期为2年，第1年贷款800万元，第2年贷款600万元，贷款年利率为6%，则该项目建设期利息总和为（ ）万元。

A. 84   B. 91.4

C. 134.9   D. 144

39. 某项目投资现金流量的数据见下表，则该项目的静态投资回收期为（ ）。

投资现金流量的数据表

计算期（年）	0	1	2	3	4	5	6	7	8
现金流入（万元）				800	1200	1200	1200	1200	1200
现金流出（万元）		600	900	500	700	700	700	700	700

A. 5.4   B. 5.0

C. 5.2   D. 6.0

40. 关于净现值指标的优点与不足，下列说法错误的是（ ）。

A. 净现值指标不能反映项目投资中单位投资的使用效率

B. 净现值指标没有考虑资金的时间价值

C. 净现值指标全面考虑了项目在整个计算期内的经济状况

D. 净现值指标能够直接以金额表示项目的盈利水平

41. 下列方案经济评价指标体系中，属于盈利能力评价指标的是（ ）。

A. 净现金流量   B. 利息备付率

C. 累计盈余资金   D. 净现值

42. 单位工程验收应由（ ）组织。

A. 施工单位项目负责人   B. 监理单位技术负责人

C. 设计单位项目负责人   D. 建设单位项目负责人

43. 经返修或加固处理仍不能满足安全或重要使用要求的分部工程及单位工程，应（ ）。

A. 严禁验收   B. 重新验收

C. 允许通过验收   D. 按技术处理方案和协商文件进行验收

44. 价值工程中所述的"价值"是对象的（ ）。

A. 使用价值   B. 经济价值

C. 比较价值   D. 交换价值

45. 价值工程对象选择的正确与否，主要决定于价值工程活动人员的经验及工作态度的对象选择方法是(   )。

A. ABC 分析法
B. 百分比分析法
C. 强制确定法
D. 因素分析法

46. 下列投资概算中，属于单位建筑工程概算的是(   )。

A. 机械设备及安装工程概算
B. 电气设备及安装工程概算
C. 工器具及生产家具购置费用概算
D. 通风工程概算

47. 定额单价法编制施工图预算的过程包括：①计算工程量；②套单价（计算定额基价）；③计算主材费；④编制工料分析表；⑤准备资料，熟悉施工图纸。正确的排列顺序是(   )。

A. ④⑤②①③
B. ④⑤①②③
C. ⑤①②④③
D. ⑤②①③④

48. 由招标人针对招标工程项目具体编制的工程量清单项目名称顺序码属于项目编码分级的(   )。

A. 第一级
B. 第三级
C. 第四级
D. 第五级

49. 某工程按月编制的资金使用计划如下图所示，若 6 月、8 月实际投资额为 1000 万元和 700 万元，其余月份的实际投资额与计划投资额均相同，关于该工程投资额的说法，正确的是(   )。

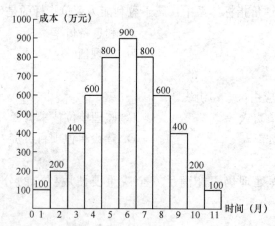

A. 第 6 月末计划累计完成投资额为 3100 万元
B. 第 8 月末计划累计完成投资额为 4500 万元
C. 第 6 月末实际累计完成投资额为 3000 万元
D. 第 8 月末实际累计完成投资额为 4600 万元

50. 根据《建设工程工程量清单计价规范》GB 50500—2013，关于招标控制价编制及应用的说法，正确的是（   ）。

 A. 招标人应在招标文件中如实公布招标控制价，对所编制的招标控制价可以进行上浮但不能进行下调

 B. 招标文件提供了暂估单价的材料，其材料费用应计入其他项目清单费

 C. 措施项目费包括规费、税金等在内

 D. 规费和税金必须按有关部门的规定计算，不得作为竞争性费用

51. 在编制投资支出计划时，要在项目总的方面考虑总的预备费，也要在（   ）中安排适当的不可预见费。

 A. 前期工作 B. 企业管理费
 C. 主要分项工程 D. 所有的分项工程

52. 在不影响建设工程总进度的前提下，对节约建设单位的建设资金贷款利息有利的工作时间安排是（   ）。

 A. 前期工作按最早时间安排、后期工作按最迟时间安排

 B. 前期工作按最迟时间安排，后期工作按最早时间安排

 C. 所有工作都按最早开始时间开始

 D. 所有工作都按最迟开始时间开始

53. 工程计量的依据不包括（   ）。

 A. 质量合格证书 B. 施工组织设计文件
 C. 设计图纸 D. 工程量清单前言和技术规范

54. 某土方工程，招标文件中估计工程量为 150 万 m^3，合同中规定：土方工程单价为 8 元/m^3，当实际工程量超过估计工程量 15% 时，调整单价，单价调为 6 元/m^3。工程结束时实际完成土方工程量为 180 万 m^3，则土方工程款为（   ）万元。

 A. 1080 B. 1335
 C. 1380 D. 1425

55. 某工程合同总额 500 万元，工程预付款为合同总额的 20%，主要材料、构件占合同总额的 60%，则工程预付款的起扣点为（   ）万元。

 A. 333.33 B. 300
 C. 166.67 D. 100

56. 某工程项目预付款 120 万元，合同约定：每月进度款按结算价的 80% 支付；每月支付安全文明施工费 20 万元；预付款从开工的第 4 个月起分 3 个月等额扣回，开工后前 6 个月结算价见下表，则第 5 个月应支付的款项为（   ）万元。

月份	1	2	3	4	5	6
结算价（万元）	200	210	220	220	220	240

A. 136　　　　　　　　　　　　　B. 152

C. 156　　　　　　　　　　　　　D. 160

57. 关于赢得值法及相关评价指标的说法，正确的是（　　）。

A. 进度偏差为负值时，表示实际进度快于计划进度

B. 赢得值法可定量判断进度、费用的执行效果

C. 投资（进度）偏差适于同一项目和不同项目比较时采用

D. 进度偏差是相对值指标，相对值越大的项目，表明偏离程度越严重

58. 建设工程设计准备阶段进度控制的任务不包括（　　）。

A. 编制详细的出图计划

B. 编制工程项目总进度计划

C. 编制设计准备阶段详细工作计划，并控制其执行

D. 收集有关工期的信息，进行工期目标和进度控制决策

59. 下列建设工程进度影响因素中，属于业主因素的是（　　）。

A. 地下埋藏文物的保护、处理　　　　B. 合同签订时遗漏条款、表达失当

C. 施工场地条件不能及时提供　　　　D. 特殊材料及新材料的不合理使用

60. 某建设工程流水施工的横道图见下表，则关于该工程施工组织的说法，正确的是（　　）。

施工过程名称	施工进度（d）									
	3	6	9	12	15	18	21	24	27	30
支模板	Ⅰ-1	Ⅰ-2	Ⅰ-3	Ⅰ-4	Ⅱ-1	Ⅱ-2	Ⅱ-3	Ⅱ-4		
绑扎钢筋		Ⅰ-1	Ⅰ-2	Ⅰ-3	Ⅰ-4	Ⅱ-1	Ⅱ-2	Ⅱ-3	Ⅱ-4	
浇混凝土			Ⅰ-1	Ⅰ-2	Ⅰ-3	Ⅰ-4	Ⅱ-1	Ⅱ-2	Ⅱ-3	Ⅱ-4

注：Ⅰ、Ⅱ表示楼层；1、2、3、4表示施工段。

A. 各层内施工过程间不存在技术间歇和组织间歇

B. 所有施工过程由于施工楼层的影响，均可能造成施工不连续

C. 由于存在两个施工楼层，每一施工过程均可安排 2 个施工队伍

D. 在施工高峰期（第 9 日～第 24 日期间），所有施工段上均有工人在施工

61. 在组织流水施工时，某个专业工作队在一个施工段上的施工时间，称为（　　）。
A. 施工过程 　　　　　　　　　　　B. 流水节拍
C. 流水强度 　　　　　　　　　　　D. 流水步距

62. 某分部工程流水施工计划中，施工过程数目 $n=3$；施工段数目 $m=6$；流水步距 $K=1$；组织间歇 $Z=0$；工艺间歇 $G=0$；提前插入时间 $C=0$；流水施工工期 $T=11d$，因此其所需专业工作队数目 $n'=$（　　）。
A. 6 　　　　　　　　　　　　　　　B. 8
C. 9 　　　　　　　　　　　　　　　D. 12

63. 某分部工程有 2 个施工过程，各分为 4 个施工段组织流水施工，流水节拍分别为 3d、4d、3d、3d 和 2d、5d、4d、3d，则流水步距和流水施工工期分别为（　　）d。
A. 3 和 16 　　　　　　　　　　　B. 3 和 17
C. 5 和 18 　　　　　　　　　　　D. 5 和 19

64. 工作 A 有四项紧后工作 B、C、D、E，其持续时间分别为：B=3d、C=4d、D=8d、E=8d、$LF_B=10$、$LF_C=12$、$LF_D=13$、$LF_E=15$，则 LF_A 为（　　）。
A. 4 　　　　　　　　　　　　　　　B. 5
C. 7 　　　　　　　　　　　　　　　D. 8

65. 某工程双代号时标网络计划如下图所示，其关键线路为（　　）。

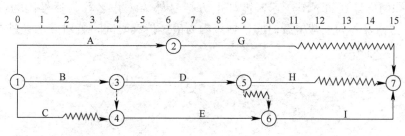

A. ①→②→⑦ 　　　　　　　　　　B. ①→④→⑥→⑦
C. ①→③→⑤→⑥→⑦ 　　　　　　D. ①→③→④→⑥→⑦

66. 在工程网络计划中，关键工作是指（　　）的工作。
A. 时间间隔为零 　　　　　　　　　B. 自由时差最小
C. 总时差最小 　　　　　　　　　　D. 流水步距为零

67. 某分部工程双代号网络图计划如下图所示，其中工作 F 的总时差和自由时差（　　）d。

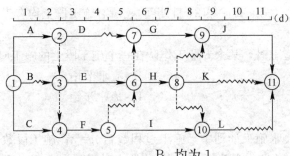

A. 均为 0

B. 均为 1

C. 分别为 2 和 0

D. 分别为 1 和 0

68. 在双代号网络计划中，当计划工期等于计算工期时，关于关键节点特性的说法，错误的是（ ）。

A. 开始节点和完成节点均为关键节点的工作，一定是关键工作

B. 以关键节点为完成节点的工作，其总时差和自由时差必然相等

C. 当两个关键节点间有多项工作，且工作间的非关键节点无其他内向箭线和外向箭线时，则两个关键节点间各项工作的总时差均相等

D. 当两个关键节点间有多项工作，且工作间的非关键节点有外向箭线而无其他内向箭线时，则两个关键节点间各项工作的总时差不一定相等

69. 工程网络计划工期优化的目的是使（ ）。

A. 计划工期满足合同工期

B. 要求工期满足合同工期

C. 计算工期满足计划工期

D. 计算工期满足要求工期

70. 已知网络计划如下图所示，箭杆上方括号外为工作名称，括号内为优先压缩顺序；箭杆下方括号外为正常持续时间，括号内为最短持续时间，若对其工期进行压缩，应首先压缩（ ）工作。

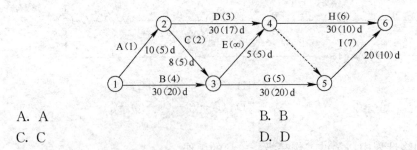

A. A

B. B

C. C

D. D

71. 能够说明工作的持续时间缩短一个时间单位，所需增加的直接费增多的是工作的（ ）。

A. 直接费用率增大

B. 直接费用率减小

C. 工程间接费用率增大

D. 工程间接费用率减小

72. 在进度监测的系统过程中，监理工程师可以了解工程实际进度状况，同时也可以协调有关方面的进度关系的过程是(　　)。

A. 定期收集进度报表资料　　　　　　B. 现场实地检查工程进展情况

C. 定期召开现场会议　　　　　　　　D. 实际进度数据的加工处理

73. 下列属于监理单位设计进度监控内容的是(　　)。

A. 编制切实可靠的设计总进度计划

B. 落实设计工作技术经济责任制

C. 按照设计技术经济定额进行考核

D. 审查设计进度计划的合理性和可行性

74. 当大型建设工程，采取分期分批发包又没有一个负责全部工程的总承包单位时，需要监理工程师编制(　　)。

A. 专项施工方案　　　　　　　　　　B. 单位工程进度计划

C. 施工总进度计划　　　　　　　　　D. 工程项目年度计划

75. 如果监理工程师在审查施工进度计划的过程中发现问题，应及时向(　　)提出书面修改意见（也称整改通知书），协助其修改。

A. 承包单位　　　　　　　　　　　　B. 监理单位

C. 建设单位　　　　　　　　　　　　D. 设计单位

76. 在建设工程施工过程中，因施工单位原因造成实际进度拖延，监理工程师确认施工单位修改后的施工进度计划，表明(　　)。

A. 解除施工单位应负的责任　　　　　B. 批准合同工期延长

C. 施工进度计划满足合同工期要求　　D. 同意施工单位在合理状态下施工

77. 某工作是由三个性质相同的分项工程合并而成的。各分项工程的工程量和时间定额分别是：$Q_1 = 2300 m^3$，$Q_2 = 3400 m^3$，$Q_3 = 2700 m^3$，$H_1 = 0.15$ 工日/m^3，$H_2 = 0.20$ 工日/m^3，$H_3 = 0.40$ 工日/m^3。则该工作的综合时间定额是(　　)工日/m^3。

A. 0.21　　　　　　　　　　　　　　B. 0.25

C. 0.33　　　　　　　　　　　　　　D. 0.35

78. 在调整施工进度计划时，应利用费用优化的原理选择(　　)的关键工作作为压缩对象。

A. 直接费用率最低　　　　　　　　　B. 间接费用率最低

C. 组合费用率最高　　　　　　　　　D. 费用增加量最小

79. 当工程延期事件具有持续性时，根据工程延期的审批程序，监理工程师应在调查核实阶段性报告的基础上完成的工作是(　　)。

A. 尽快做出延长工期的临时决定

B. 及时向政府有关部门报告

C. 要求承包单位提出工程延期意向申请

D. 重新审核施工合同条件

80. 关于工程延期审批原则的说法，正确的是( )。

A. 导致工期拖延确实属于承包单位的原因

B. 工程延期事件必须位于施工进度计划的关键线路上

C. 承包单位应在合同规定的有效期内以书面形式提出意向通知

D. 批准的工程延期必须符合实际情况

二、多项选择题（共40题，每题2分。每题的备选项中，有2个或2个以上符合题意，至少有1个错项。错选，本题不得分；少选，所选的每个选项得0.5分）

81. 在工程项目建设中，参与工程建设的各方，应根据国家颁布的《建设工程质量管理条例》以及合同、协议及有关文件的规定承担相应的质量责任，下列表述正确的有( )。

A. 建设单位应根据工程特点，配备相应的质量管理人员

B. 施工单位对所承包的工程项目的施工质量负责

C. 勘察、设计单位必须在其资质等级许可的范围内承揽任务

D. 如果工程监理单位与承包单位串通，谋取非法利益，给建设单位造成损失的，应承担主要责任

E. 勘察、设计单位在工程开工前，负责办理工程质量监督手续

82. 建设工程承包单位向建设单位提交工程竣工验收报告时，应向建设单位出具工程质量保修书，质量保修书中应明确的内容包括( )。

A. 质量保证金返还方式   B. 保修范围

C. 保修期限   D. 保修责任

E. 保修承诺

83. 建筑工程项目申请领取施工许可证应当具备的条件包括( )。

A. 已经办理了建设工程用地批准手续

B. 已经办理了招标投标核准手续

C. 已经确定建筑施工企业

D. 有满足施工需要的资金安排

E. 应当办理建设工程规划许可证的，已经取得建设工程规划许可证

84. 在正常使用条件下，最低保修期限不低于2年的工程有( )。

A. 装修工程   B. 外墙防渗漏

C. 设备安装   D. 防水工程

E. 给水排水管道

85. 根据标准的要求，质量手册应编写的内容有（　　）。
A. 职责范围
B. 质量手册说明
C. 资源管理
D. 文件化体系要求
E. 产品实现和测量

86. 工程项目质量控制系统的说法中，正确的有（　　）。
A. 项目质量控制系统只用于特定监理项目的质量控制
B. 项目质量控制系统用于监理单位的质量管理
C. 项目质量控制系统的控制目标是监理项目的质量标准或合同要求
D. 项目质量控制系统并非监理单位永久性的质量管理体系
E. 项目质量控制系统需进行第三方认证

87. 下列情形中，应判定为不合格品的是（　　）。
A. 受力钢筋无出厂合格证或试验报告，且钢材品种、规格和设计图纸中的品种、规格不一致
B. 机械性能检验项目不齐全，或某一机械性能指标不符合有关标准规定
C. 使用进口钢材和改制钢材时，焊接前未进行化学成分检验和焊接试验
D. 每批钢筋取样送检试验结果有一项不合格
E. 钢材出厂合格证和试验报告单不符合有关标准规定的基本要求

88. 项目监理机构审查施工单位报送的施工控制测量成果检验表及相关资料时，应重点审查（　　）是否符合标准及规范的要求。
A. 测量依据
B. 测量管理制度
C. 测量人员资格
D. 测量手段
E. 测量成果

89. 旁站监理人员的主要职责包括（　　）。
A. 做好旁站记录，保存旁站原始资料
B. 检查施工机械、建筑材料准备情况
C. 检查施工单位现场质检人员到岗、特殊工种人员持证上岗情况
D. 核查现场监督关键部位、关键工序的施工执行施工方案情况
E. 查验施工单位的施工测量定位放线情况

90. 在巡视过程中，对原材料的检查要点包括检查施工现场原材料、构配件的（　　）。
A. 有无使用不合格材料，有无使用质量合格证明资料欠缺的材料
B. 是否在允许范围，是否存在安全隐患
C. 规格、型号等是否符合设计要求

D. 是否已见证取样，并检测合格

E. 是否已按程序报验并允许使用

91. 关于市场采购设备质量控制的说法，正确的有（　　）。

A. 负责设备采购质量控制的监理人员应熟悉和掌握设计文件中设备的各项要求、技术说明和规范标准

B. 应了解和把握总承包单位或设备安装单位负责设备采购人员的技术能力情况

C. 总承包单位或安装单位负责采购的设备，采购前应向项目监理机构提交设备采购方案，按程序审查同意后方可实施

D. 设备由建设单位直接采购的，由项目监理机构编制设备采购方案

E. 设备采购方案最终应获得监理单位的批准

92. 固定总价合同适用于（　　）的工程。

A. 工期短   B. 工程结构、技术简单

C. 工期长   D. 规模大

E. 施工强度大

93. 按照酬金的计算方式不同，成本加酬金合同的形式主要有（　　）。

A. 最大成本加税金合同   B. 最高限额成本加固定最大酬金

C. 成本加奖罚   D. 成本加固定金额酬金

E. 成本加固定百分比酬金

94. 工程质量事故按造成的人员伤亡或者直接经济损失进行分类，可分为（　　）。

A. 特别重大事故   B. 重大事故

C. 较大事故   D. 一般事故

E. 微小事故

95. 勘察成果评估报告的内容包括（　　）。

A. 勘察工作概况   B. 勘察报告编制深度

C. 与勘察标准的符合情况   D. 勘察任务书的完成情况

E. 勘察进度要求

96. 施工设计图重点应审查（　　）。

A. 设计图纸是否符合现场和施工的实际条件

B. 施工图是否符合现行标准、规程、规范、规定的要求

C. 选型、选材、造型、尺寸、节点等设计图纸是否满足质量要求

D. 采用设计依据、参数、标准是否满足质量要求

E. 选用设备、材料等是否先进、合理

97. 对施工阶段的投资控制仅仅靠控制工程款的支付是不够的，应从组织、经济、技术、合同等多方面采取措施，下列措施中属于合同措施的有（　　）。

A. 参与合同修改、补充工作，着重考虑它对投资控制的影响

B. 参与处理索赔事宜

C. 审核承包商编制的施工组织设计

D. 对工程施工过程中的投资支出做好分析与预测

E. 经常或定期向建设单位提交项目投资控制及其存在问题的报告

98. 关于设备运杂费的构成及计算的说法中，正确的有（　　）。

A. 运费和装卸费是由设备制造厂交货地点至施工安装作业面所发生的费用

B. 进口设备运杂费是由离岸港口或边境车站至工地仓库所发生的费用

C. 原价中没有包含的、为运输而进行包装所支出的各种费用应计入包装费

D. 采购与仓库保管费不含采购人员和管理人员的工资

E. 设备运杂费为设备原价与设备运杂费率的乘积

99. 根据现行《建筑安装工程费用项目组成》（建标［2013］44号），下列费用中，属于企业管理费的有（　　）。

A. 检验试验费　　　　　　　　　　　B. 固定资产使用费

C. 仪器仪表使用费　　　　　　　　　D. 劳动保护费

E. 劳动保险和职工福利费

100. 按国家法律、法规规定，由省级政府和省级有关权力部门规定必须缴纳或计取的费用简称规费，其费用包括（　　）。

A. 暂列金额　　　　　　　　　　　　B. 工伤保险费

C. 生育保险费　　　　　　　　　　　D. 住房公积金

E. 劳动保险费

101. 国产非标准设备原价的计算方法有（　　）。

A. 成本计算估价法　　　　　　　　　B. 系列设备插入估价法

C. 定额估价法　　　　　　　　　　　D. 生产费用估价法

E. 分部组合估价法

102. 与未来企业生产经营有关的其他费用包括（　　）。

A. 生产职工培训费　　　　　　　　　B. 办公和生活家具购置费

C. 无负荷联动试运转费用　　　　　　D. 工程保险费

E. 试转运所需的原料、燃料、油料和动力的费用

103. 关于投资回收期指标优缺点的说法，正确的有（　　）。

A. 投资回收期指标计算简便，但其包含的经济意义不明确

B. 投资回收期指标不能全面反映方案整个计算期内的现金流量

C. 投资回收期指标在一定程度上显示了资本的周转速度

D. 投资回收期指标可以独立用于投资方案的选择

E. 投资回收期指标可以独立用于投资项目的排队

104. 设计方案综合评价常用的定性方法有( )。

A. 专家意见法   B. 用户意见法

C. 头脑风暴法   D. 费用效益分析法

E. 方案经济效果评价法

105. 设备及安装工程概算审查的重点有( )。

A. 审查单价   B. 安装费用的计算

C. 设备清单   D. 审查材料预算价格

E. 审查工程量

106. 建筑工程施工质量验收中，检验批质量验收的内容包括( )。

A. 质量资料   B. 主控项目

C. 允许偏差项目   D. 一般项目

E. 观感质量

107. 在工程项目施工中，影响工程质量问题的成因有很多，其中属于违反法规行为的是( )。

A. 无图施工   B. 无证设计

C. 超常的低价中标   D. 擅自修改设计

E. 技术交底不清

108. 根据《建设工程工程量清单计价规范》GB 50500—2013，关于工程计量的说法，正确的是( )。

A. 发包人应在收到承包人已完成工程量报告后 14d 内核实

B. 总价合同的工程量必须以原始的施工图纸为依据计量

C. 工程师对承包人超出设计图纸要求增加的工程量和自身原因造成返工的工程量，不予计量

D. 所有工程内容必须按月计量

E. 单价合同的工程量必须以承包人完成合同工程应予计量的工程量确定

109. 为了确保建设工程进度控制目标的实现，可采取的经济措施包括( )。

A. 对工期延误收取误期损失赔偿金

B. 对工期提前给予奖励

C. 加强索赔管理，公正地处理索赔

D. 对应急赶工给予优厚的赶工费用

E. 加强风险管理，在合同中应充分考虑风险因素及其对进度的影响

110. 监理总进度分解计划，按工程进展阶段分解包括(   )。

A. 设计准备阶段进度计划
B. 动用前准备阶段进度计划
C. 设计阶段进度计划
D. 竣工阶段进度计划
E. 施工阶段进度计划

111. 确定流水步距时，一般应满足的基本要求包括(   )。

A. 各施工过程按各自流水速度施工，始终保持工艺先后顺序

B. 相邻施工过程的流水步距必须相等

C. 各施工过程的专业工作队投入施工后尽可能保持连续作业

D. 相邻两个施工过程在满足连续施工的条件下，能最大限度地实现合理搭接

E. 相邻两个专业工作队在满足连续施工的条件下，尽可能少搭接

112. 某分部工程双代号网络计划如下图所示，其绘图错误的有(   )。

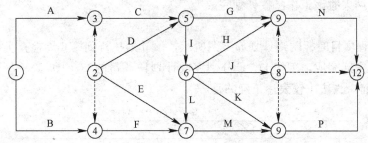

A. 多个起点节点
B. 多个终点节点
C. 节点编号重复
D. 存在循环回路
E. 工作代号重复

113. 某工程项目时标网络图如下图所示，则(   )。

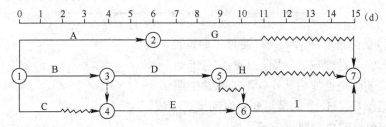

A. 工作 I 的最早开始时间为第 10 天
B. 工作 D 的总时差为 3d
C. 工作 C 的自由时差为 2d
D. 工作 C 的最迟开始时间为第 2 天
E. 工作 D 的最迟完成时间为第 12 天

114. 在网络计划的费用优化方法中，当需要缩短关键工作的持续时间时，其缩短值

的确定必须符合的原则有（　　　）。

    A. 缩短后工作的持续时间不能小于其最短持续时间

    B. 缩短后工作的持续时间小于最短持续时间

    C. 缩短持续时间的工作不能变成非关键工作

    D. 缩短持续时间的工作要变成关键工作

    E. 缩短后工作的直接费用率小于间接费用率

115. 某工作计划进度与实际进度如下图所示，从图中可获得的正确信息有（　　　）。

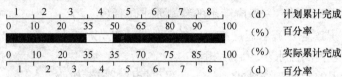

    A. 第 4 天至第 5 天的实际进度为匀速进展

    B. 第 3 天至第 6 天的计划进度为匀速进展

    C. 实施过程中实际停工累计 0.5d

    D. 前 4d 实际工作量与计划工作量相同

    E. 第 8 天结束时该工作已按计划完成

116. 某工程项目时标网络计划如下图所示，该计划执行到第 6 周检查实际进度时，发现 A 和 B 已经全部完成，工作 D、E 分别完成计划任务量的 20% 和 50%，工作 C 尚需 3 周完成，则用前锋线法比较表述正确的是（　　　）。

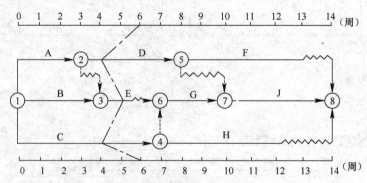

    A. 工作 D 实际进度拖后 2 周，使总工期延长 1 周

    B. 工作 E 实际进度拖后 1 周，不影响总工期

    C. 工作 C 实际进度拖后 2 周，不影响总工期

    D. 后续工作 G、H、J 的最早开始时间推迟 2 周

    E. 该工程项目的总工期将延长 3 周

117. 编制施工总进度计划的工作内容有（　　　）。

    A. 确定施工作业场地范围　　　　　　B. 计算工程量

    C. 确定各单位工程的施工期限　　　　D. 计算劳动量和机械台班数

    E. 确定各分部分项工程的相互搭接关系

118. 监理工程师在下达工程开工令之前，要特别考虑的问题有（   ）等，以避免由于上述问题缺乏准备而造成工程延期。

A. 征地、拆迁问题是否已解决　　　　B. 设计图纸能否及时提供

C. 设备、材料供应是否充足　　　　　D. 付款方面有无问题

E. 施工进度是否安排合理

119. 为减少或避免工程延期事件的发生，监理工程师应（   ）。

A. 根据合同规定处理工程延期事件

B. 在详细调查研究的基础上合理批准工程延期时间

C. 尽量多干预、多协调

D. 提醒业主履行施工承包合同中所规定的职责

E. 选择合适的时机下达工程开工令

120. 由于某些原因承包单位有权提出延长工期的申请，监理工程师应按合同规定批准工程延期时间，其中合同所涉及的任何可能造成工程延期的原因有（   ）等。

A. 延期交图　　　　　　　　　　　B. 工程暂停

C. 异常恶劣的气候条件　　　　　　D. 业主未及时付款

E. 对合格工程的剥离检查

权威预测试卷（三）参考答案及解析

一、单项选择题

1. A	2. C	3. D	4. D	5. C
6. A	7. D	8. D	9. D	10. D
11. D	12. C	13. B	14. A	15. A
16. D	17. A	18. C	19. B	20. B
21. C	22. A	23. D	24. B	25. B
26. A	27. C	28. C	29. A	30. B
31. A	32. A	33. B	34. C	35. B
36. B	37. B	38. B	39. A	40. B
41. D	42. D	43. A	44. C	45. D
46. D	47. C	48. D	49. D	50. D
51. C	52. D	53. B	54. D	55. A
56. C	57. B	58. A	59. C	60. A
61. B	62. A	63. D	64. B	65. D
66. C	67. D	68. A	69. D	70. B
71. A	72. C	73. D	74. C	75. A
76. D	77. B	78. D	79. A	80. D

【解析】

1. A。本题考核的是建设工程质量的特性。适用、耐久、安全、可靠、经济以及环境

适应性，都是必须达到的基本要求，缺一不可。但是对于不同门类、不同专业的工程，如工业建筑、民用建筑、公共建筑、住宅建筑、道路建筑，可根据其所处的特定地域环境条件、技术经济条件的差异，有不同的侧重面。

2. C。本题考核的是工程质量的特点。工程质量的特点包括：影响因素多、质量波动大、质量隐蔽性、终检的局限性、评价方法的特殊性。工程项目建成后不可能像一般工业产品那样依靠终检来判断产品质量，或将产品拆卸、解体来检查其内在质量，或对不合格零部件进行更换。而工程项目的终检（竣工验收）无法进行工程内在质量的检验，发现隐蔽的质量缺陷。因此，加强隐蔽工程质量验收和监督管理，是基于工程质量终检局限性的特点而提出来的。

3. D。本题考核的是建设工程施工许可的申领。建设工程开工前，建设单位应当按照国家有关规定向工程所在地县级以上人民政府建设行政主管部门申请领取施工许可证；但是，国务院建设行政主管部门确定的限额以下的小型工程除外。

4. D。本题考核的是建设单位的质量责任。建设单位在工程开工前，负责办理有关施工图设计文件审查、工程施工许可证和工程质量监督手续，组织设计和施工单位认真进行设计交底。

5. C。本题考核的是保修义务的承担和经济责任的承担。建设工程在保修范围和保修期限内发生质量问题的施工单位应当履行保修义务。保修义务的承担和经济责任的承担应按下列原则处理：（1）施工单位未按国家有关标准、规范和设计要求施工，造成的质量问题，由施工单位负责返修并承担经济责任；（2）由于设计方面的原因造成的质量问题，先由施工单位负责维修，其经济责任按有关规定通过建设单位向设计单位索赔。

6. A。本题考核的是工程质量验收制度。施工单位完工，自检合格提交单位工程竣工验收报审表及竣工资料后，项目监理机构应组织审查资料和组织工程竣工预验收。工程竣工预验收合格后，项目监理机构应编写工程质量评估报告，并应经总监理工程师和工程监理单位技术负责人审核签字后报建设单位。

7. D。本题考核的是质量数据的特征值。描述数据离散趋势的特征值包括极差、标准偏差、变异系数。变异系数适用于均值有较大差异的总体之间离散程度的比较。

8. D。本题考核的是抽样检验方法。当总体很大时，很难一次抽样完成预定的目标。多阶段抽样是将各种单阶段抽样方法结合使用，通过多次随机抽样来实现的抽样方法。如检验钢材、水泥等。

9. D。本题考核的是描述数据离散趋势的特征值。标准偏差简称标准差或均方差，标准差的平方是方差，有鲜明的数理统计特征，能确切说明数据分布的离散程度和波动规律，是最常用的反映数据变异程度的特征值。

10. D。本题考核的是直方图的观察与分析。正常型直方图中，B 在 T 中间，质量分布中心 $\overline{X}$ 与质量标准中心 M 重合，实际数据分布与质量标准相比两侧还有一定余地。因此正确答案为 D。图 (a) 虽与图 (d) 相似，但其两侧余地太大，说明加工过于精细，不经济。

11. D。本题考核的是因果分析图法。因果分析图法是利用因果分析图来系统整理分析某个质量问题（结果）与其产生原因之间关系的有效工具。因果分析图也称特性要因图，又因其形状常被称为树枝图或鱼刺图。

12. C。本题考核的是水泥的废品与不合格品。水泥的氧化镁、三氧化硫、初凝时间、安定性中的任一项不符合相应产品标准规定时，均为废品。水泥的细度、终凝时间、不溶物和烧失量中的任一项不符合相应产品标准规定或混合材料掺加量超过最高限量或强度低于商品强度等级时，为不合格品。水泥包装标志中水泥品种、强度等级、生产厂家名称和出厂编号不全的，属于不合格品；强度低于标准相应强度等级规定指标时为不合格品。

13. B。本题考核的是地基土承载力试验。根据《建筑地基基础设计规范》GB 50007—2011，地基土载荷试验要点如下：（1）试验基坑宽度不应小于承压板宽度或直径的3倍。应保持试验土层的原状结构和天然湿度。宜在拟试压表面用粗砂或中砂层找平，其厚度不超过20mm；（2）加荷分级不应少于8级。最大加载量不应小于设计要求的两倍；（3）每级加载后，按间隔10min、10min、10min、15min、15min，以后为每隔半小时测读一次沉降量。当在连续2h内，每小时的沉降量小于0.1mm时，则认为已趋稳定，可加下一级荷载。

14. A。本题考核的是钢筋连接施工试验。对于钢筋冷拔低碳钢丝电阻点焊骨架和网片焊点需要进行常温抗剪试验。试验目的是测定焊点能够承受的最大抗剪力。

15. A。本题考核的是图纸会审。建设单位应及时主持召开图纸会审会议，组织项目监理机构、施工单位等相关人员进行图纸会审，并整理成会审问题清单，由建设单位在设计交底前约定的时间内提交设计单位。

16. D。本题考核的是图纸会审与设计交底。总监理工程师组织监理人员熟悉工程设计文件的目的：一是通过熟悉工程设计文件，了解设计意图和工程设计特点、工程关键部位的质量要求；二是发现图纸差错，将图纸中的质量隐患消灭在萌芽之中。

17. A。本题考核的是工程开工条件审查。总监理工程师应组织专业监理工程师审查施工单位报送的开工报审表及相关资料，并对开工应具备的条件进行逐项审查，全部符合要求时签署审查意见，报建设单位得到批准后，再由总监理工程师签发工程开工令。

18. C。本题考核的是施工现场质量管理检查记录资料。施工现场质量管理检查记录资料主要包括施工单位现场质量管理制度，质量责任制；主要专业工种操作上岗证书；分包单位资质及总承包施工单位对分包单位的管理制度；施工图审查核对资料（记录），地质勘察资料；施工组织设计、施工方案及审批记录；施工技术标准；工程质量检验制度；混凝土搅拌站（级配填料拌合站）及计量设置；现场材料、设备存放与管理等。

19. B。本题考核的是施工组织设计审查。施工组织设计是指导施工单位进行施工的实施性文件。项目监理机构应审查施工单位报审的施工组织设计，符合要求时，应由总监理工程师签认后报建设单位。

20. B。本题考核的是巡视的定义。巡视是项目监理机构对施工现场进行的定期或不定期的检查活动，是项目监理机构对工程实施建设监理的方式之一。旁站是指项目监理机构对工程的关键部位或关键工序的施工质量进行的监督活动。平行检验是指项目监理机构在施工单位自检的同时，按有关规定、建设工程监理合同约定对同一检验项目进行的检测试验活动。

21. C。本题考核的是见证取样的工作程序。施工单位在对进场材料、试块、试件、钢筋接头等实施见证取样前要通知负责见证取样的专业监理工程师，在该专业监理工程师现场监督下，施工单位按相关规范的要求，完成材料、试块、试件等的取样过程。

22. A。本题考核的是设备制造的质量控制方式。对于特别重要设备，监理单位可以采取驻厂监造的方式。采取这种方式实施设备监造时，项目监理机构应成立相应的监造小组，编制监造规划，监造人员直接进驻设备制造厂的制造现场，实施设备制造全过程的质量监控。

23. D。本题考核的是对设备制造分包单位的审查。对设备制造过程中的分包单位，总监理工程师应严格审查分包单位的资质情况，分包的范围和内容，分包单位的实际生产能力和质量管理体系，试验、检验手段等内容，符合要求的予以确认。

24. B。本题考核的是工程施工质量验收基本规定。当专业验收规范对工程中的验收项目未作出相应规定时，应由建设单位组织监理、设计、施工等相关单位制定专项验收要求。涉及安全、节能、环境保护等项目的专项验收要求应由建设单位组织专家论证。

25. B。本题考核的是检验批质量验收。检验批质量验收一般项目是指除主控项目以外的检验项目。为了使检验批的质量满足工程安全和使用功能的基本要求，保证工程质量，各专业工程质量验收规范对各检验批一般项目的合格质量给予了明确的规定。如钢筋连接的一般项目为：钢筋的接头宜设置在受力较小处；同一纵向受力钢筋不宜设置两个或两个以上接头；接头末端至钢筋弯起点的距离不应小于钢筋直径的10倍。"钢筋应平直、无损伤，表面不得有裂纹、油污、颗粒状或片状老锈"，"施工缝的位置应在混凝土的浇筑前按设计要求和施工技术方案确定，施工缝的处理应按施工技术方案执行"等都是一般项目。

26. A。本题考核的是净现值的计算。该项目5年内累计净现值＝80＋40×（1＋10%）$^{-4}$＋36×（1＋10%）$^{-5}$＝129.67万元。

27. C。本题考核的是"内插法"计算内部收益率。本题的计算过程为：

$$IRR = i_1 + \frac{NPV_1}{NPV_1 + |\ NPV_2\ |}(i_2 - i_1)$$

$$= 10\% + \frac{20}{200 + |-100\ |} \times (12\% - 10\%) = 11.33\%。$$

28. C。本题考核的是工程质量事故等级划分。重大事故，是指造成10人以上30人以下死亡，或者50人以上100人以下重伤，或者5000万元以上1亿元以下直接经济损失的事故。

29. A。本题考核的是质量事故书面报告的内容。质量事故书面报告应包括如下内容：（1）工程及各参建单位名称；（2）质量事故发生的时间、地点、工程部位；（3）事故发生的简要经过、造成工程损伤状况、伤亡人数和直接经济损失的初步估计；（4）事故发生原因的初步判断；（5）事故发生后采取的措施及处理方案；（6）事故处理的过程及结果。

30. B。本题考核的是工程质量事故处理方案的辅助方法。工程质量事故处理方案的辅助方法包括：试验验证、定期观测、专家论证、方案比较。有些工程在发现其质量缺陷时，其状态可能尚未达到稳定仍会继续发展，在这种情况下一般不宜过早作出决定，可以对其进行一段时间的观测，然后再根据情况作出决定。

31. A。本题考核的是工程勘察成果的审查要点。监理工程师对勘察成果的审核与评定是勘察阶段质量控制最重要的工作。审核与评定包括程序性审查和技术性审查。

32. A。本题考核的是人工费的组成。人工费内容包括：计时工资或计件工资、奖金、津贴补贴、加班加点工资、特殊情况下支付的工资。津贴补贴：是指为了补偿职工特殊或额外的劳动消耗和因其他特殊原因支付给个人的津贴，以及为了保证职工工资水平不受物价影响支付给个人的物价补贴。如流动施工津贴、特殊地区施工津贴、高温（寒）作业临时津贴、高空津贴等。

33. B。本题考核的是暂列金额的相关规定。暂列金额由建设单位根据工程特点，按有关计价规定估算。施工过程中由建设单位掌握使用、扣除合同价款调整后如有余额，归建设单位所有。

34. C。本题考核的是进口设备到岸价的计算。进口设备的到岸价=离岸价+国外运费+国外运输保险费，进口设备的货价=离岸价×人民币外汇牌价，则该设备的到岸价=1000+90+10=1100万元。

35. B。本题考核的是采用装运港船上交货价（FOB）时卖方的责任。采用装运港船上交货价（FOB）时卖方的责任是：负责在合同规定的装运港口和规定的期限内，将货物装上买方指定的船只，并及时通知买方；负责货物装船前的一切费用和风险；负责办理出口手续；提供出口国政府或有关方面签发的证件；负责提供有关装运单据。

36. D。本题考核的是设备运杂费的构成。设备运杂费通常由下列各项构成：（1）国产标准设备由设备制造厂交货地点起至工地仓库（或施工组织设计指定的需要安装设备的堆放地点）止所发生的运费和装卸费。进口设备则由我国到岸港口、边境车站起至工地仓库（或施工组织设计指定的需要安装设备的堆放地点）止所发生的运费和装卸费。（2）在设备出厂价格中没有包含的设备包装和包装材料器具费；在设备出厂价或进口设备价格中如已包括了此项费用，则不应重复计算。（3）供销部门的手续费，按有关部门规定的统一费率计算。（4）建设单位（或工程承包公司）的采购与仓库保管费。它是指采购、验收、保管和收发设备所发生的各种费用，包括设备采购、保管和管理人员工资、工资附加费、办公费、差旅交通费、设备供应部门办公和仓库所占固定资产使用费、工具用具使用费、劳动保护费、检验试验费等。这些费用可按主管部门规定的采购保管费率计算。

37. B。本题考核的是一次支付终值公式。一次支付终值公式：$F=P(1+i)^n$，按公式计算可得正确答案为选项 B。

38. B。本题考核的是建设期利息的计算。建设期利息计算公式为：各年应计利息=（年初借款本息累计+本年借款额/2）×年利率。本题的计算过程为：第 1 年应计利息=$800/2×6\%=24$ 万元；第 2 年应计利息=$(800+24+600/2)×6\%=67.4$ 万元；该项目建设期利息总和=$24+67.4=91.4$ 万元。

39. A。本题考核的是静态投资回收期的计算。当技术方案实施后各年的净收益不相同时，静态投资回收期可根据累计净现金流量求得，其计算公式为：

$$P_t = T - 1 + \frac{\left| \sum\limits_{t=0}^{T-1}(CI-CO)_t \right|}{(CI-CO)_T}$$

式中，T 为技术方案各年累计净现金流量首次为正或零的年数；$\left| \sum\limits_{t=0}^{T-1}(CI-CO)_t \right|$ 为技术方案第（$T-1$）年累计净现金流量的绝对值；$(CI-CO)_T$ 为技术方案第 T 年的净现金流量。技术方案累计净现金流量见下表：

技术方案累计净现金流量

计算期（年）	0	1	2	3	4	5	6	7	8
现金流入（万元）	—	—	—	800	1200	1200	1200	1200	1200
现金流出（万元）	—	600	900	500	700	700	700	700	700
净现金流量（万元）	—	−600	−900	300	500	500	500	500	500
累计净现金流量（万元）	—	−600	−1500	−1200	−700	−200	300	800	1300

由此可得，$P_t = (6-1) + |-200|/500 = 5.4$ 年。

40. B。本题考核的是净现值指标的优点与不足。净现值指标考虑了资金的时间价值，并全面考虑了项目在整个计算期内的经济状况；经济意义明确直观，能够直接以金额表示项目的盈利水平；判断直观。净现值不能反映项目投资中单位投资的使用效率，不能直接说明在项目运营期各年的经营成果。

41. D。本题考核的是经济评价指标体系。盈利能力评价指标包括：投资收益率、净现值。选项 B 属于偿债能力评价指标。

42. D。本题考核的是单位工程质量验收。建设单位收到工程竣工报告后，应由建设单位项目负责人组织监理、施工、设计、勘察等单位项目负责人进行单位工程验收。

43. A。本题考核的是工程施工质量不符合要求时的处理。工程施工质量验收不符合要求的处理规定包括：（1）经返工或返修的检验批，应重新进行验收；（2）经有资质的检测单位检测鉴定能够达到设计要求的检验批，应予以验收；（3）经有资质的检测单位检测鉴定达不到设计要求，但经原设计单位核算认可能够满足安全和使用功能要求时，该检验批可予以验收；（4）经返修或加固处理的分项、分部工程，满足安全及使用功能要求时，可按技术处理方案和协商文件的要求予以验收；（5）经返修或加固处理仍不能满足安全或重要使用要求的分部工程及单位工程，严禁验收。

44. C。本题考核的是价值工程方法。价值工程中所述的"价值"是指作为某种产品（或作业）所具有的功能与获得该功能的全部费用的比值。它不是对象的使用价值，也不是对象的经济价值和交换价值，而是对象的比较价值。

45. D。本题考核的是对象选择的方法。因素分析法的缺点是缺乏定量依据、准确性较差，对象选择的正确与否，主要决定于价值工程活动人员的经验及工作态度。

46. D。本题考核的是单位建筑工程概算的内容。单位建筑工程概算包括：一般土建工程概算、给水排水工程概算、供暖工程概算、通风工程概算、电气照明工程概算、特殊构筑物工程概算。

47. C。本题考核的是定额单价法编制施工图预算的基本步骤。定额单价法编制施工图预算的基本步骤：（1）编制前的准备工作；（2）熟悉图纸和预算定额以及单位估价表；（3）了解施工组织设计和施工现场情况；（4）划分工程项目和计算工程量；（5）套单价（计算定额基价）；（6）工料分析；（7）计算主材费（未计价材料费）；（8）按费用定额取费；（9）计算汇总工程造价；（10）复核；（11）编制说明、填写封面。

48. D。本题考核的是分部分项工程量清单项目编码。项目编码是分部分项工程量清单项目名称的数字标识。现行计量规范项目编码由十二位数字构成。一至二位（第一级）为专业工程码，三至四位（第二级）为附录分类顺序码；五至六位（第三级）为分部工程顺序码；七、八、九位（第四级）为分项工程项目名称顺序码；十至十二位（第五级）为清单项目名称顺序码。

49. D。本题考核的是时标网络图上按月编制的资金使用计划。本题的计算过程如下：

6月末计划累计完成投资额＝100＋200＋400＋600＋800＋900＝3000万元，故选项A错误。

6月末实际累计完成投资额＝100＋200＋400＋600＋800＋1000＝3100万元，故选项C错误。

8月末计划累计完成投资额＝100＋200＋400＋600＋800＋900＋800＋600＝4400万元，故选项B错误。

8月末实际累计完成投资额＝100＋200＋400＋600＋800＋1000＋800＋700＝4600万元，故选项D正确。

50. D。本题考核的是招标控制价的编制。选项A错误，招标人应在招标文件中如实公布招标控制价，不得对所编制的招标控制价进行上浮或下调。选项B错误，如招标文件提供了暂估单价材料的，按暂估的单价计入综合单价。选项C错误，措施项目应按招标文件中提供的措施项目清单确定，措施项目采用分部分项工程综合单价形式进行计价的工程量，应按措施项目清单中的工程量确定综合单价；以"项"为单位的方式计价的，价格包括除规费、税金以外的全部费用。

51. C。本题考核的是投资支出计划的编制。在完成工程项目投资目标分解之后，接下来就要具体地分配投资，编制工程分项的投资支出计划，从而得到详细的资金使用计划表。在编制投资支出计划时，要在项目总的方面考虑总的预备费，也要在主要的工程分项中安排适当的不可预见费，避免在具体编制资金使用计划时，可能发现个别单位工程或工程量表中某项内容的工程量计算有较大出入，使原来的投资预算失实，并在项目实施过程中对其尽可能地采取一些措施。

52. D。本题考核的是对节约建设单位的建设资金贷款利息有利的时间安排。一般而言，所有工作都按最迟开始时间开始，对节约发包人的建设资金贷款利息是有利的，但同时，也降低了项目按期竣工的保证率。因此，监理工程师必须合理地确定投资支出计划，达到既节约投资支出，又能控制项目工期的目的。

53. B。本题考核的是工程计量的依据。工程计量的依据包括：质量合格证书、工程量清单前言和技术规范、设计图纸。

54. D。本题考核的是工程价款的计算。本题的计算过程如下：

合同约定范围内（15%以内）的工程款为：150×（1＋15%）×8＝1380万元；

超过15%之后部分工程量的工程款为：[180－150×（1＋15%）]×6＝45万元；

则土方工程款合计＝1380＋45＝1425万元。

55. A。本题考核的是起扣点的计算。起扣点的计算公式：$T=P-M/N$，式中，T为起扣点，即工程预付款开始扣回的累计已完工程价值；P为承包工程合同总额；M为工程预付款数额；N为主要材料及构件所占比重。由此可知，工程预付款的起扣点＝500－500×20%/60%＝333.33万元。

56. C。本题考核的是进度款的支付。本题的计算过程如下：

支付价款＝结算款×支付比例＋安全文明施工费－预付款扣回部分

5月份结算价为220万元，则5月份进度款＝220×80%＋20－120÷3＝156万元。

57. B。本题考核的是赢得值法及相关评价指标的内容。选项 A 错误，进度偏差为负值表示进度延误，实际进度落后于计划进度。选项 B 正确，引入赢得值法即可定量地判断进度、投资的执行效果。选项 C 错误，投资（进度）偏差仅适合于对同一项目做偏差分析。选项 D 错误，投资（进度）偏差反映的是绝对偏差。

58. A。本题考核的是设计准备阶段进度控制的任务。设计准备阶段进度控制的任务：(1) 收集有关工期的信息，进行工期目标和进度控制决策；(2) 编制工程项目总进度计划；(3) 编制设计准备阶段详细工作计划，并控制其执行；(4) 进行环境及施工现场条件的调查和分析。

59. C。本题考核的是建设工程进度的业主影响因素。业主因素包括业主使用要求改变而进行设计变更；应提供的施工场地条件不能及时提供或所提供的场地不能满足工程正常需要；不能及时向施工承包单位或材料供应商付款等。

60. A。本题考核的是流水施工的横道图表示法。选项 A 正确，从横道图中可以看出，楼层Ⅰ内、楼层Ⅱ内都没有体现出技术间歇与组织间歇。注意关键点是"各层内"。选项 B 错误，不会导致施工不连续。选项 C 错误，不止可以安排 2 个施工队伍。在第 9 日～第 24 日期间每天仅有三个施工段上有工人施工，而施工组织中设置的是四个施工段，故选项 D 错误。

61. B。本题考核的是流水节拍的定义。流水节拍是指在组织流水施工时，某个专业工作队在一个施工段上的施工时间。

62. A。本题考核的是专业工作队数的计算。根据公式：$T=(m+n'-1)K+\sum G+\sum Z-\sum C=(6+6-1)\times1+0+0-0=11d$，可得：$11=(6+n'-1)\times1,n'=6$。

63. D。本题考核的是流水步距和流水施工工期的计算。根据错位相减求得差数列：

$$\begin{array}{rrrrr} 3, & 7, & 10, & 13 & \\ -) & 2, & 7, & 11, & 14 \\ \hline 3, & 5, & 3, & 2, & -14 \end{array}$$

流水步距＝max[3,5,3,2,−14]=5d；

流水施工工期＝5＋2＋5＋4＋3＝19d。

64. B。本题考核的是最迟完成时间的计算。工作 A 的 $LF=\min\{(10-3),(12-4),(13-8),(15-8)\}=5$。

65. D。本题考核的是双代号网络计划中关键线路的确定。时标网络计划中的关键线路可从网络计划的终点节点开始，逆着箭线方向进行判定。凡自始至终不出现波形线路即为关键线路。本题中的关键线路为①→③→④→⑥→⑦。

66. C。本题考核的是关键工作的确定。在网络计划中，总时差最小的工作为关键工作。

67. D。本题考核的是双代号网络计划中时间参数的计算。工作 F 的总时差＝11−(2＋2＋3＋3)=1d；自由时差就是该工作箭线中波形线的水平投影长度，即为 0。

68. A。本题考核的是关键节点的特性。关键节点的特性：(1) 开始节点和完成节点均为关键节点的工作，不一定是关键工作；(2) 以关键节点为完成节点的工作，其总时差和自由时差必然相等；(3) 当两个关键节点间有多项工作，且工作间的非关键节点无其他内向箭线和外向箭线时，则两个关键节点间各项工作的总时差均相等；(4) 当两个关键节点间有多项工作，且工作间的非关键节点有外向箭线而无其他内向箭线时，则两个关键节点间各项工作的总时差不一定相等。

69. D。本题考核的是工期优化的目的。工期优化，是指网络计划的计算工期不满足要求工期时，通过压缩关键工作的持续时间以满足要求工期目标的过程。

70. B。本题考核的是工期优化。初始网络计划的关键线路为①→③→⑤→⑥，计算工期为80d，所以首先应选择工作B作为压缩对象。

71. A。本题考核的是费用优化。工作的直接费用率越大，说明将该工作的持续时间缩短一个时间单位，所需增加的直接费就越多；反之，将该工作的持续时间缩短一个时间单位，所需增加的直接费就越少。

72. C。本题考核的是进度计划执行中的跟踪检查。为了全面、准确地掌握进度计划的执行情况，监理工程师应认真做好以下三方面的工作：（1）定期收集进度报表资料；（2）现场实地检查工程进展情况；（3）定期召开现场会议。定期召开现场会议，监理工程师通过与进度计划执行单位的有关人员面对面的交谈，既可以了解工程实际进度状况，同时也可以协调有关方面的进度关系。

73. D。本题考核的是监理单位对设计进度的监控。对于设计进度的监控应实施动态控制。在设计工作开始之前，首先应由监理工程师审查设计单位所编制的进度计划的合理性和可行性。在进度计划实施过程中，监理工程师应定期检查设计工作的实际完成情况，并与计划进度进行比较分析。一旦发现偏差，就应在分析原因的基础上提出纠偏措施，以加快设计工作进度。必要时，应对原进度计划进行调整或修订。

74. C。本题考核的是施工进度计划的编制。对于大型建设工程，由于单位工程较多、施工工期长，且采取分期分批发包又没有一个负责全部工程的总承包单位时，就需要监理工程师编制施工总进度计划。

75. A。本题考核的是施工进度计划审核。如果监理工程师在审查施工进度计划的过程中发现问题，应及时向承包单位提出书面修改意见（也称整改通知书），并协助承包单位修改。

76. D。本题考核的是建设工程施工进度控制工作内容。监理工程师对修改后的施工进度计划的确认，并不是对工程延期的批准，他只是要求承包单位在合理的状态下施工。因此，监理工程师对进度计划的确认，并不能解除承包单位应负的一切责任，承包单位需要承担赶工的全部额外开支和误期损失赔偿。

77. B。本题考核的是综合时间定额的计算。综合时间定额 $H = \dfrac{Q_1 H_1 + Q_2 H_2 + \cdots + Q_i H_i + \cdots + Q_n H_n}{Q_1 + Q_2 + \cdots + Q_i + \cdots + Q_n} = (2300 \times 0.15 + 3400 \times 0.20 + 2700 \times 0.40)/(2300 + 3400 + 2700) = 0.25$ 工日/m³。

78. D。本题考核的是施工进度计划的调整。在调整施工进度计划时，应利用费用优化的原理选择费用增加量最小的关键工作作为压缩对象。

79. A。本题考核的是工程延期的审批程序。监理工程师应在调查核实阶段性报告的基础上，尽快作出延长工期的临时决定。

80. D。本题考核的是为工程延期的审批原则。监理工程师在审批工程延期时应遵循下列原则：（1）监理工程师批准的工程延期必须符合合同条件；（2）发生延期事件的工程部位，无论其是否处在施工进度计划的关键线路上，只有当所延长的时间超过其相应的总时差而影响到工期时，才能批准工程延期；（3）批准的工程延期必须符合实际情况。

二、多项选择题

81. ABC	82. BCD	83. ACDE	84. ACE	85. BCDE
86. ACD	87. ABCE	88. ACE	89. ABCD	90. ACDE
91. ABC	92. AB	93. BCDE	94. ABCD	95. ABCD
96. ABC	97. AB	98. CE	99. ABDE	100. BCD
101. ABCE	102. ABE	103. BC	104. AB	105. BC
106. ABD	107. BCD	108. CE	109. ABD	110. ABCE
111. ACD	112. AC	113. ACD	114. AC	115. BE
116. ABD	117. BC	118. ABD	119. ABDE	120. ABE

【解析】

81. ABC。本题考核的是工程参建各方的质量责任。选项D错误，如果工程监理单位与承包单位串通，谋取非法利益，给建设单位造成损失的，应当与承包单位承担连带赔偿责任。选项E错误，建设单位在工程开工前，负责办理有关施工图设计文件审查、工程施工许可证和工程质量监督手续。

82. BCD。本题考核的是质量保修书中应明确的内容。建设工程承包单位在向建设单位提交工程竣工验收报告时，应向建设单位出具工程质量保修书，质量保修书中应明确建设工程保修范围、保修期限和保修责任等。

83. ACDE。本题考核的是办理施工许可证应满足的条件。办理施工许可证应满足的条件是：（1）已经办理该建设工程用地批准手续；（2）依法应当办理建设工程规划许可证的在城市规划区的建设工程，已经取得建设工程规划许可证；（3）需要拆迁的，其拆迁进度符合施工要求；（4）已经确定建筑施工企业；（5）有满足施工需要的资金安排、施工图纸及技术资料；（6）有保证工程质量和安全的具体措施。

84. ACE。本题考核的是工程质量保修年限。在正常使用条件下，建设工程的最低保修期限为：（1）基础设施工程、房屋建筑工程的地基基础和主体结构工程，为设计文件规定的该工程的合理使用年限；（2）屋面防水工程、有防水要求的卫生间、房间和外墙面的防渗漏，为5年；（3）供热与供冷系统，为2个采暖期、供冷期；（4）电气管线、给水排水管道、设备安装和装修工程，为2年。

85. BCDE。本题考核的是质量手册的内容。根据标准的要求，质量手册应编写的内容有：质量手册说明、管理承诺、文件化体系要求、管理职责、资源管理、产品实现和测量、分析、改进等内容。

86. ACD。本题考核的是工程项目质量控制系统与质量管理体系的区别。工程项目质量控制系统是面向对象而建立的质量控制工作体系，与质量管理体系相比，有如下不同点：（1）项目质量控制系统只用于特定监理项目的质量控制，而不是用于监理单位的质量管理，即建立的目的不同；（2）项目质量控制系统涉及具体项目监理机构实施监理过程所有的监理活动，而不是某个监理单位的管理活动，即服务的范围不同；（3）项目质量控制系统的控制目标是监理项目的质量标准或合同要求，并非某个具体监理单位的质量管理目标，即控制的目标不同；（4）项目质量控制系统与监理项目相融合，是项目监理机构一次性的质量工作系统，并非监理单位永久性的质量管理体系，即作用的时效不同；（5）项目质量控制系统的有效性一般由监理单位或项目监理机构进行自我评价与诊断，并非监理单位质量管理体系需进行第三方认证，即评价的方式不同。

87. ABCE。本题考核的是不合格品的判定。当出现下列情形，应判为不合格品：（1）当受力钢筋无出厂合格证或试验报告，且钢材品种、规格和设计图纸中的品种、规格不一致。（2）机械性能检验项目不齐全，或某一机械性能指标不符合有关标准规定。（3）使用进口钢材和改制钢材时，焊接前未进行化学成分检验和焊接试验。（4）钢材出厂合格证和试验报告单不符合有关标准规定的基本要求。

88. ACE。本题考核的是项目监理机构对施工控制测量成果检验表及相关资料的审查。项目监理机构收到施工单位报送的施工控制测量成果报验表后，由专业监理工程师审查。专业监理工程师应审查施工单位的测量依据、测量人员资格和测量成果是否符合规范及标准要求，符合要求的，予以签认。

89. ABCD。本题考核的是旁站人员的主要职责。旁站人员的主要职责是：（1）检查施工单位现场质检人员到岗、特殊工种人员持证上岗及施工机械、建筑材料准备情况；（2）在现场监督关键部位、关键工序的施工执行施工方案以及工程建设强制性标准情况；（3）核查进场建筑材料、构配件、设备和商品混凝土的质量检验报告等，并可在现场监督施工单位进行检验或者委托具有资格的第三方进行复验；（4）做好旁站记录，保存旁站原始资料。

90. ACDE。本题考核的是巡视的相关规定。施工现场原材料、构配件的采购和堆放是否符合施工组织设计（方案）要求：其规格、型号等是否符合设计要求；是否已见证取样，并检测合格；是否已按程序报验并允许使用；有无使用不合格材料，有无使用质量合格证明资料欠缺的材料。

91. ABC。本题考核的是市场采购设备质量控制。选项 D 错误，设备由建设单位直接采购的，项目监理机构要协助编制设备采购方案。选项 E 错误，设备采购方案最终应获得建设单位的批准。

92. AB。本题考核的是固定总价合同的适用范围。固定总价合同的适用范围有：（1）工程范围清楚明确，工程图纸完整、详细、清楚，报价的工程量应准确而不是估计数字。（2）工程量小、工期短，在工程过程中环境因素（特别是物价）变化小，工程条件稳定。（3）工程结构、技术简单，风险小，报价估算方便。（4）投标期相对宽裕，承包商可以详细作现场调查，复核工程量，分析招标文件，拟定计划。（5）合同条件完备，双方的权利和义务关系十分清楚。

93. BCDE。本题考核的是成本加酬金合同的形式。成本加酬金合同的形式主要有：成本加固定百分比酬金、成本加固定金额酬金、成本加奖罚、最高限额成本加固定最大酬金。

94. ABCD。本题考核的是工程质量事故等级划分。根据工程质量事故造成的人员伤亡或者直接经济损失，工程质量事故分为：特别重大事故、重大事故、较大事故、一般事故。

95. ABCD。本题考核的是勘察成果评估报告的内容。勘察成果评估报告应包括下列内容：勘察工作概况；勘察报告编制深度，与勘察标准的符合情况；勘察任务书的完成情况；存在问题及建议；评估结论。

96. ABC。本题考核的是施工设计图审查的重点。施工设计图重点审查施工图是否符合现行标准、规程、规范、规定的要求；设计图纸是否符合现场和施工的实际条件，深度是否达到施工和安装的要求，是否达到工程质量的标准；选型、选材、造型、尺寸、节点等设计图纸是否满足质量要求。

97. AB。本题考核的是施工阶段投资控制的合同措施。施工阶段投资控制的合同措施：(1) 做好工程施工记录，保存各种文件图纸，特别是注有实际施工变更情况的图纸，注意积累素材，为正确处理可能发生的索赔提供依据，参与处理索赔事宜。(2) 参与合同修改、补充工作，着重考虑它对投资控制的影响。选项 C 属于技术措施；选项 D、E 属于经济措施。

98. CE。本题考核的是设备运杂费的构成及计算。选项 A 错误，国产标准设备由设备制造厂交货地点起至工地仓库（或施工组织设计指定的需要安装设备的堆放地点）止所发生的运费和装卸费。选项 B 错误，进口设备运杂费包括由我国到岸港口、边境车站起至工地仓库（或施工组织设计指定的需要安装设备的堆放地点）止所发生的运费和装卸费。选项 D 错误，包括设备采购、保管和管理人员工资、工资附加费、办公费、差旅交通费、设备供应部门办公和仓库所占固定资产使用费、工具用具使用费、劳动保护费、检验试验费等。

99. ABDE。本题考核的是企业管理费的组成。企业管理费的内容包括：管理人员工资、办公费、差旅交通费、固定资产使用费、工具用具使用费、劳动保险和职工福利费、劳动保护费、检验试验费、工会经费、职工教育经费、财产保险费、财务费、税金、城市维护建设税、教育费附加、地方教育附加、其他（包括技术转让费、技术开发费、投标费、业务招待费、绿化费、广告费、公证费、法律顾问费、审计费、咨询费、保险费等）。选项 C 属于施工机具使用费。

100. BCD。本题考核的是规费的内容。规费包括：社会保险费（养老保险费、失业保险费、医疗保险费、生育保险费、工伤保险费）；住房公积金。

101. ABCE。本题考核的是国产非标准设备原价的计算方法。国产非标准设备原价的计算方法有：成本计算估价法、系列设备插入估价法、分部组合估价法、定额估价法等。

102. ABE。本题考核的是与未来企业生产经营有关的其他费用。与未来企业生产经营有关的其他费用包括联合试运转费、生产准备费、办公和生活家具购置费。

103. BC。本题考核的是投资回收期指标的优点和不足。投资回收期指标容易理解，计算也比较简便；项目投资回收期在一定程度上显示了资本的周转速度。显然，资本周转速度越快，回收期越短，风险就越小。这对于那些技术上更新迅速的项目或资金相对短缺的项目或未来情况很难预测而投资者又特别关心资金补偿速度的项目是有吸引力的。但不足的是，投资回收期没有全面考虑方案整个计算期内的现金流量，只间接考虑投资回收之前的效果，不能反映投资回收之后的情况，即无法准确衡量方案在整个计算期内的经济效果。

104. AB。本题考核的是设计方案综合评价常用的定性方法。设计方案综合评价常用的定性方法有专家意见法、用户意见法等。

105. BC。本题考核的是设备及安装工程概算审查的重点。设备及安装工程概算审查的重点是设备清单与安装费用的计算。

106. ABD。本题考核的是检验批质量验收的内容。检验批质量验收合格的规定：（1）主控项目的质量经抽样检验均应合格。（2）一般项目的质量经抽样检验合格。当采用计数抽样时，合格点率应符合有关专业验收规范的规定，且不得存在严重缺陷。（3）具有完整的施工操作依据、质量验收记录。

107. BCD。本题考核的是工程质量缺陷的成因。违反法律法规行为包括：无证设计；无证施工；越级设计；越级施工；转包、挂靠；工程招标投标中的不公平竞争；超常的低价中标；非法分包；擅自修改设计等。

108. CE。本题考核的是《建设工程工程量清单计价规范》GB 50500—2013对工程计量的规定。选项A错误，监理人应在收到承包人提交的工程量报告后7d内完成对承包人提交的工程量报表的审核并报送发包人，以确定当月实际完成的工程量。选项B错误，采用经审定批准的施工图纸及其预算方式发包形成的总价合同，除按照工程变更规定的工程量增减外，总价合同各项目的工程量应为承包人用于结算的最终工程量。选项C正确，因承包人原因造成的超出合同工程范围施工或返工的工程量，发包人不予计量。选项D错误，工程计量可选择按月或按工程形象进度分段计量。选项E正确，单价合同的工程量必须以承包人完成合同工程应予计量的工程量确定。

109. ABD。本题考核的是进度控制的经济措施。进度控制的经济措施主要包括：（1）及时办理工程预付款及工程进度款支付手续；（2）对应急赶工给予优厚的赶工费用；（3）对工期提前给予奖励；（4）对工程延误收取误期损失赔偿金。

110. ABCE。本题考核的是监理总进度分解计划。按工程进展阶段分解包括：（1）设计准备阶段进度计划；（2）设计阶段进度计划；（3）施工阶段进度计划；（4）动用前准备阶段进度计划。

111. ACD。本题考核的是流水步距的确定。确定流水步距时，一般应满足以下基本要求：（1）各施工过程按各自流水速度施工，始终保持工艺先后顺序；（2）各施工过程的专业工作队投入施工后尽可能保持连续作业；（3）相邻两个施工过程（或专业工作队）在满足连续施工的条件下，能最大限度地实现合理搭接。

112. AC。本题考核的是双代号网络图的绘制规则。图中存在①、②两个起点节点；存在两个节点⑨。

113. ACD。本题考核的是时标网络计划时间参数的计算。工作I的最早开始时间为第10天，工作D的总时差＝min{(0+1),(4+0)}=1d，工作C的自由时差为2d，工作C的最迟开始时间为第2天，工作D的最迟完成时间＝9+1=10，即第10天。

114. AC。本题考核的是费用优化。当需要缩短关键工作的持续时间时，其缩短值的确定必须符合下列两条原则：（1）缩短后工作的持续时间不能小于其最短持续时间；（2）缩短持续时间的工作不能变成非关键工作。

115. BE。本题考核的是横道图比较法进行实际进度与计划进度的比较。第4天没有进行本工作，停工1d，第5天的实际进度为70％－35％＝35％，所以选项A、C错误。第3天的计划进度为35％－20％＝15％，第4天的计划进度为50％－35％＝15％，第5天的计划进度为65％－50％＝15％，第6天的计划进度为80％－65％＝15％，匀速进展，所以选项B正确。前4d的实际工作量为35％，计划工作量为50％，所以选项D错误。第8

天结束时，该工作已按计划完成，所以选项 E 正确。

116. ABD。本题考核的是前锋线比较法进行实际进度与计划进度的比较。第 6 周末检查时，工作 D 实际进度拖后 2 周，其总时差为 1 周，预计影响工期 1 周；工作 E 实际进度拖后 1 周，其总时差为 1 周，不影响工期；工作 C 实际进度拖后 2 周，其为关键工作，将影响工期 2 周，使后续工作 G、H、J 的最早开始时间推迟 2 周。

117. BC。本题考核的是施工总进度计划的编制内容。施工总进度计划的编制步骤：(1) 计算工程量；(2) 确定各单位工程的施工期限；(3) 确定各单位工程的开竣工时间和相互搭接关系；(4) 编制初步施工总进度计划；(5) 编制正式施工总进度计划。

118. ABD。本题考核的是工程延期的控制。监理工程师在下达工程开工令之前，应充分考虑业主的前期准备工作是否充分。特别是征地、拆迁问题是否已解决，设计图纸能否及时提供，以及付款方面有无问题等，以避免由于上述问题缺乏准备而造成工程延期。

119. ABDE。本题考核的是工程延期的控制。为减少或避免工程延期事件的发生，监理工程师应：(1) 选择合适的时机下达工程开工令；(2) 提醒业主履行施工承包合同中所规定的职责；(3) 当延期事件发生以后，监理工程师应根据合同规定进行妥善处理。既要尽量减少工程延期时间及其损失，又要在详细调查研究的基础上合理批准工程延期时间。业主在施工过程中应尽量减少干预、多协调，以避免由于业主的干扰和阻碍而导致延期事件的发生。

120. ABE。本题考核的是申报工程延期的条件。申报工程延期的条件：(1) 监理工程师发出工程变更指令而导致工程量增加；(2) 合同所涉及的任何可能造成工程延期的原因，如延期交图、工程暂停、对合格工程的剥离检查及不利的外界条件等；(3) 异常恶劣的气候条件；(4) 由业主造成的任何延误、干扰或障碍，如未及时提供施工场地、未及时付款等；(5) 除承包单位自身以外的其他任何原因。

权威预测试卷（四）

一、单项选择题（共 80 题，每题 1 分。每题的备选项中，只有 1 个最符合题意）

1. 工程在规定的条件下，满足规定功能要求使用的年限，也就是工程竣工后的合理使用寿命周期。这体现了建设工程质量特性中的(　　)。

A. 适应性
B. 耐久性
C. 安全性
D. 经济性

2. 对全国的建设工程质量实施统一监督管理的部门是(　　)。

A. 国务院劳动和社会保障部门
B. 国务院技术监督管理部门
C. 国务院发展和改革委员会
D. 国务院建设行政主管部门

3. 影响工程质量的环境因素中，工程作业环境包括(　　)。

A. 地下障碍物的影响
B. 通风照明和通信条件
C. 质量管理制度
D. 施工工艺与工法

4. 某施工企业承建的办公大楼没有经过验收，建设单位就提前使用，2 年后该办公楼主体结构出现质量问题。关于该大楼的保修期限和保修责任的说法，正确的是(　　)。

A. 主体结构的最低保修期限是设计的合理使用年限，施工企业应当承担保修责任
B. 由于建设单位提前使用，施工企业不需要承担保修责任
C. 施工企业是否承担保修责任，取决于建设单位是否已经全额支付工程款
D. 超过 2 年保修期后，施工企业不承担保修责任

5. 根据质量管理体系标准的要求，对质量管理体系作出了系统、具体而又纲领性的阐述文件是(　　)。

A. 质量手册
B. 质量记录
C. 程序文件
D. 管理标准

6. 监理单位最高管理者关于质量管理体系现状及其对质量方针和目标的适宜性、充分性和有效性所作的正式评价，称为(　　)。

A. 系统评审
B. 管理评审
C. 内部审核
D. 外部审核

7. 质量管理人员为了及时掌握生产过程质量的变化情况并采取有效的控制措施，可采用(　　)进行跟踪分析。

A. 排列图法 B. 因果分析图法
C. 控制图法 D. 直方图法

8. 排列图法是利用排列图（　　）的一种有效方法。
A. 分析质量特性 B. 描述质量分布状态
C. 寻找影响质量主次因素 D. 描述产品质量波动情况

9. 排列图的横坐标表示影响质量的各个因素或项目，按影响程度大小从左至右排列，直方形的高度示意某个因素的影响大小。实际应用中，通常按累计频率划分，累计频率为90％～100％的部分属于（　　）因素。
A. 主要 B. 一般
C. 次要 D. 特殊

10. 质量特性值的变化超越了质量标准允许范围的波动则称之为异常波动，是由（　　）原因引起的。
A. 偶然性 B. 系统性
C. 分散性 D. 整体性

11. 质量检验时，将总体按某一特性分为若干组，从每组中随机抽取样品组成样本的抽样方法称为（　　）。
A. 简单随机抽样 B. 分层抽样
C. 等距抽样 D. 多阶段抽样

12. 钢筋施工试验与检测过程中，每批钢筋应由同一牌号、同一炉罐号、同一规格、同一交货状态组成，并不得大于（　　）t。
A. 50 B. 60
C. 100 D. 150

13. 根据《普通混凝土拌合物性能试验方法标准》GB/T 50080—2016 的规定，混凝土流动性大小用（　　）指标表示。
A. "湿度"或"维勃稠度" B. "相对密度"或"坍落度"
C. "坍落度"或"维勃稠度" D. "湿度"或"相对密度"

14. 现浇混凝土板厚度检测常用（　　）。
A. 无损检测法 B. 局部剥离实测法
C. 射线检测法 D. 超声波对测法

15. 经审查批准的施工组织设计，如果施工单位擅自改动，监理机构应及时发出（　　），要求按程序报审。

A. 工程停工令   B. 监理通知单

C. 工程开工令   D. 工程暂停令

16. 总监理工程师签发工程开工令的条件不包括（   ）。

A. 设计交底和图纸会审已完成

B. 施工组织设计已由专业监理工程师签认

C. 施工单位管理及施工人员已到位

D. 进场道路已满足开工要求

17. 在工程开始前，施工单位须做好施工准备工作，待开工条件具备时，应向（   ）报送工程开工报审表及相关资料。

A. 项目监理机构   B. 建设单位

C. 建设行政主管部门   D. 设计单位

18. 根据相关规定，通常情况下，施工方案由（   ）组织编制。

A. 拟派项目经理   B. 施工单位技术负责人

C. 项目技术负责人   D. 质量管理人员

19. 对于设计单位要求的工程变更，应由（   ）将工程变更设计文件下发项目监理机构，由总监理工程师组织实施。

A. 施工单位   B. 建设单位

C. 设计单位   D. 使用单位

20. 质量控制点应设置在对设备制造质量有明显影响的特殊或关键工序，或针对设备的主要零件、关键部件、加工制造的薄弱环节及（   ）的工艺过程。

A. 劳动强度大   B. 易产生质量缺陷

C. 施工技术先进   D. 施工管理要求高

21. 对检验批的基本质量起决定性影响的检验项目是（   ）。

A. 允许偏差项目   B. 一般项目

C. 不允许偏差项目   D. 主控项目

22. 在分部工程质量验收时，对于观感质量评价结论为"差"的（   ），应通过返修处理进行补救。

A. 检验批   B. 分项工程

C. 检查点   D. 分部工程

23. 在工程项目施工中，影响工程质量的因素众多，其中盲目套用图纸，采用不正确的结构方案属于（   ）因素。

A. 违背建设程序 　　　　　　　　　B. 地质勘察失真

C. 设计差错 　　　　　　　　　　　D. 施工与管理不到位

24. 工程施工过程中，对已发生的质量缺陷，项目监理机构首先应(　　)。

A. 签发监理通知单 　　　　　　　　B. 签发工程暂停令

C. 提出质量缺陷处理方案 　　　　　D. 调查质量缺陷成因

25. 施工组织设计报审表由(　　)审核批准。

A. 专业监理工程师 　　　　　　　　B. 总监理工程师

C. 建设单位技术负责人 　　　　　　D. 建设单位项目负责人

26. 如隐蔽工程为检验批时，隐蔽工程应由(　　)组织施工单位项目专业质量检查员、专业工长等进行验收。

A. 专业监理工程师 　　　　　　　　B. 总监理工程师

C. 建设单位项目负责人 　　　　　　D. 项目经理

27. 为确保工程质量事故的处理效果，凡涉及结构承载力等使用安全和其他重要性能的处理工作，常需做(　　)工作。

A. 常规的检测 　　　　　　　　　　B. 试验验证

C. 必要的试验和检验鉴定 　　　　　D. 方案论证

28. 工程设计评审由(　　)组织有关专家或机构进行。

A. 施工单位 　　　　　　　　　　　B. 监理单位

C. 建设单位 　　　　　　　　　　　D. 建设行政主管部门

29. 根据世界银行对建设工程造价构成的规定，只能作为一种储备可能不动用的费用是(　　)。

A. 未明确项目准备金 　　　　　　　B. 基本预备费

C. 不可预见准备金 　　　　　　　　D. 建设成本上升费用

30. 施工阶段投资控制的目标是(　　)。

A. 设计概算 　　　　　　　　　　　B. 投资估算

C. 竣工决算 　　　　　　　　　　　D. 施工图预算

31. 根据现行建筑安装工程费用项目组成规定，下列费用项目属于按造价形成划分的是(　　)。

A. 人工费 　　　　　　　　　　　　B. 企业管理费

C. 利润 　　　　　　　　　　　　　D. 税金

32. 某施工机械预算价格为150万元，折旧年限为8年，年平均工作250个台班，残值率为4%，则该机械台班折旧费为( )元。

A. 822.90

B. 700

C. 600

D. 720

33. 设备购置费是指为建设工程购置或自制的达到固定资产标准的设备、工具、器具的费用，其表达式正确的是( )。

A. 设备购置费＝货价＋设备运杂费

B. 设备购置费＝设备原价或进口设备抵岸价＋设备运杂费

C. 设备购置费＝到岸价＋设备运杂费

D. 设备购置费＝货价＋设备原价×设备运杂费率

34. 为预测和分析建设项目存在的职业危险、危害因素种类及危害程度，并提出合理应对措施而产生的费用属于( )。

A. 安全文明施工费

B. 建设单位管理费

C. 生产准备费

D. 劳动安全卫生评价费

35. 建设期间建设单位所需临时设施的搭设、维修、摊销费用或租赁费用属于( )。

A. 分部分项工程费

B. 规费

C. 措施项目费

D. 与项目建设有关的其他费用

36. 某项目，在建设期初的建筑安装工程费为2000万元，设备工器具购置费为500万元。该项目建设期为2年，每年投资额相等，建设期内年平均价格上涨率为10%，则该项目建设期的涨价预备费为( )万元。

A. 387.50

B. 375

C. 300

D. 262.50

37. 某公司在第5年末应偿还一笔50万元的债务，按年利率2.79%计算，该公司从现在起连续5年每年年末应向银行存入( )万元，才能使其复本利和正好偿清这笔债务。

A. 9.55

B. 9.46

C. 8.76

D. 8.46

38. 某建设单位因工程需要折现一项资金，规模为5000万元，年利率为5%，还有5年到期，则该建设单位可折现的资金约为( )万元。

A. 3918

B. 4000

C. 5000

D. 6381

39. 某单位投资一项目2000万元，年平均净收益80万元，则该单位的投资收益率为( )。

A. 4% B. 3%

C. 5% D. 6%

40. 某项目当折现率 $i_1 = 12\%$ 时，净现值 $NPV_1 = 2800$ 万元，当 $i_2 = 13\%$ 时，$NPV_2 = -268$ 万元，用内插法计算内部收益率为（   ）。

A. 13.11% B. 11.09%

C. 12.91% D. 12.09%

41. 在价值工程中，将一个产品的各种部件按成本的大小由高到低排列起来，找出关键的少数和次要的多数，以关键的少数为主要研究对象的方法是（   ）。

A. 百分比分析法 B. ABC 分析法

C. 价值指数法 D. 强制确定法

42. 应用价值工程进行功能评价时，评价对象的功能现实成本与实现功能所必需的最低成本大致相当，说明（   ）。

A. 有不必要的功能，应该提高成本

B. 评价对象功能比较重要，但分配的成本较少

C. 实现功能的条件或方法不佳

D. 评价对象的价值为最佳

43. 某一新建小区的公共建筑单项工程的土建工程概算为 300 万元，供暖工程概算为 20 万元，给水排水工程概算为 15 万元，通风工程概算为 10 万元，机械设备及安装工程概算为 25 万元，电气、照明工程概算为 15 万元，电气设备及安装工程概算为 30 万元，则该小区公共建筑的建筑工程概算为（   ）万元。

A. 360 B. 390

C. 330 D. 415

44. 招标人编制工程量清单时，对各专业工程现行《计量规范》中未包括的项目应作补充，则关于该补充项目及其编码的说法，正确的是（   ）。

A. 该项目编码应由对应《计量规范》的代码和三位阿拉伯数字组成

B. 清单编制人应将补充项目报省级或行业工程造价管理机构备案

C. 清单编制人应在最后一个清单项目后面自行补充该项目，不需编码

D. 该项目应按《计量规范》中相近的清单项目编码

45. 措施项目费中的（   ）应当按照国家或省级、行业建设主管部门的规定标准计价。

A. 安全文明施工费 B. 二次搬运费

C. 已完工程及设备保护费 D. 工程定位复测费

46. 实物量法编制施工图预算的工作有：①准备资料、熟悉施工图纸；②计算工程

量;③计算并汇总人工费、材料费、机具使用费;④套用消耗定额,计算人料机消耗量;⑤计算其他各项费用。正确的顺序为(　　)。

　　A. ①②③④⑤　　　　　　　　　　B. ①②③⑤④
　　C. ①②④③⑤　　　　　　　　　　D. ①④③②⑤

47. 在招标工程的合同价款约定中,若招标文件与中标人投标文件不一致,应以(　　)中的价格为准。

　　A. 投标文件　　　　　　　　　　　B. 招标文件
　　C. 工程造价咨询机构确认书　　　　 D. 审计报告

48. 关于承包商提出延误的索赔,下列正确的说法是(　　)。
　　A. 属于业主的原因,只能延长工期,但不能给予费用补偿
　　B. 属于工程师的原因,只能给予费用补偿,但不能延长工期
　　C. 由于特殊反常的天气,只能延长工期,但不能给予费用补偿
　　D. 由于工人罢工,只能给予费用补偿,但不能延长工期

49. 下列计量方法中,主要是为了解决一些包干项目或较大的工程项目的支付时间过长、影响承包商的资金流动等问题的方法是(　　)。
　　A. 估价法　　　　　　　　　　　　B. 断面法
　　C. 图纸法　　　　　　　　　　　　D. 分解计量法

50. 用于施工合同签订时尚未确定或者不可预见的所需材料、工程设备、服务的采购费用指的是(　　)。
　　A. 暂估价　　　　　　　　　　　　B. 计日工费
　　C. 暂列金额　　　　　　　　　　　D. 总承包服务费

51. 根据《建设工程工程量清单计价规范》GB 50500—2013,已标价工程量清单中没有适用也没有类似于变更工程项目的,变更价款的调整方法是(　　)。
　　A. 由发包人提出变更工程项目的单价,报监理人和承包人确认后调整
　　B. 由发包人提出变更工程项目的单价,报监理人确认后调整
　　C. 由承包人提出变更工程项目的单价,报监理人确认后调整
　　D. 由承包人提出变更工程项目的单价,报发包人确认后调整

52. 根据《建设工程工程量清单计价规范》GB 50500—2013规定,(　　)按照实际发生变化的措施项目调整,不得浮动。
　　A. 已完工程及设备保护费　　　　　B. 安全文明施工费
　　C. 工程定位测定费　　　　　　　　D. 二次搬运费

53. 根据《标准施工招标文件》中的合同条款,关于合理补偿承包人索赔的说法,正

确的是( )。

    A. 承包人遇到不利物质条件可进行利润索赔

    B. 发生不可抗力只能进行工期索赔

    C. 异常恶劣天气导致的停工通常可以进行费用索赔

    D. 发包人原因引起的暂停施工只能进行工期索赔

54. 根据《建设工程价款结算暂行办法》(财建〔2004〕369 号),包工包料的工程原则上预付款比例上限为( )。

    A. 合同金额(扣除暂列金额)的 20%   B. 合同金额(不扣除暂列金额)的 20%

    C. 合同金额(扣除暂列金额)的 30%   D. 合同金额(不扣除暂列金额)的 30%

55. 某包工包料工程合同总金额为 1000 万元,工程预付款的比例为 20%,主要材料、构件所占比重为 50%,按起扣点基本计算公式,则工程累计完成至( )万元时应开始扣回工程预付款。

    A. 600   B. 200

    C. 400   D. 800

56. 某钢门窗安装工程,工程进行到第 3 个月末时,已完工作预算费用为 40 万元,已完工作实际费用为 45 万元,则该项目的投资偏差效果是( )。

    A. 投资偏差为 -5 万元,项目运行超出预算

    B. 投资偏差为 5 万元,项目运行节支

    C. 投资偏差为 5 万元,项目运行超出预算

    D. 投资偏差为 -5 万元,项目运行节支

57. 建设工程进度控制的总目标是( )。

    A. 建设工期   B. 合同工期

    C. 定额工期   D. 确保提前交付使用

58. 在工程项目的( ),监理工程师不仅要审查设计单位和施工单位提交的进度计划,更要编制监理进度计划,以确保进度控制目标的实现。

    A. 设计阶段和施工阶段   B. 设计准备阶段和勘察阶段

    C. 施工阶段和竣工阶段   D. 设计准备阶段和竣工阶段

59. 在一种或几种资源供应能力有限的情况下,寻求工期最短的计划安排的是( )。

    A. 资源有限,工期最短   B. 工期固定,资源均衡

    C. 资源均衡,工期最短   D. 工期固定,资源有限

60. 与横道计划相比,网络计划具有的特点是( )。

    A. 规定了整个工程项目的开工时间、完工时间

B. 明确表示了工程项目的总工期

C. 明确地表示了各项工作的划分

D. 网络计划可以利用电子计算机进行计算、优化和调整

61. 某工程由5个施工过程组成，分为3个施工段组织固定节拍流水施工。在不考虑提前插入时间的情况下，要求流水施工工期不超过42d，则流水节拍的最大值为(　　)d。

A. 4
B. 5

C. 6
D. 8

62. 工作D有三项紧前工作A、B、C，其持续时间分别为：A=3、B=7、C=5，其最早开始时间分别为：A=4、B=5、C=6，则工作C的自由时差为(　　)。

A. 0
B. 5

C. 1
D. 3

63. 关于大型建设工程项目总进度目标论证的说法，正确的是(　　)。

A. 大型建设工程项目总进度目标论证的核心工作是编制总进度纲要

B. 大型建设工程项目总进度目标论证首先开展的工作是调查研究和收集资料

C. 大型建设工程项目总进度目标的确定应在项目的实施阶段进行

D. 若编制的总进度计划不符合项目的总进度目标，应调整总进度目标

64. 某工程单代号网络计划如下图所示，其关键线路有(　　)条。

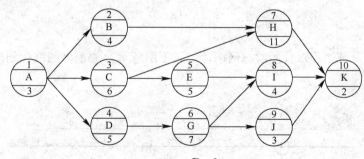

A. 1
B. 2

C. 3
D. 4

65. 工作的最早完成时间是指在其所有紧前工作全部完成后，本工作有可能完成的最早时刻，工作的最早完成时间等于(　　)。

A. 最早开始时间与其持续时间之和
B. 最早开始时间与其持续时间之差

C. 最迟完成时间与其持续时间之和
D. 最迟完成时间与其持续时间之差

66. 关于时标网络计划中关键线路的说法，错误的是(　　)。

A. 凡自始至终不出现的波形线的线路为关键线路

B. 关键线路上相邻两项工作之间的时间间隔全部为零

C. 在计算工期等于计划工期的前提下，自由时差和总时差全部为零

D. 在计算工期等于计划工期的前提下，总时差小于自由时差

67. 某网络计划中，工作 Q 有两项紧前工作 M、N，M、N 工作的持续时间分别为 4d 和 5d，M、N 工作的最早开始时间分别是第 9 天和第 11 天，则工作 Q 的最早开始时间为第( )天。

A. 9　　　　　　　　　　　　　B. 16

C. 15　　　　　　　　　　　　D. 13

68. 某双代号网络计划如下图所示（时间单位：d），其计算工期是( )d。

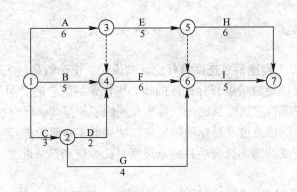

A. 16　　　　　　　　　　　　B. 17

C. 18　　　　　　　　　　　　D. 20

69. 某项目分部工程双代号时标网络计划如下图所示，关于该网络计划的说法，错误的是( )。

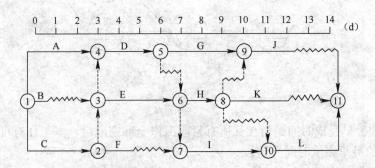

A. 工作 C、E、I、L 组成关键线路

B. 工作 H 的总时差为 2d

C. 工作 A、C、H、L 是关键工作

D. 工作 D 的总时差为 1d

70. 采用非匀速进展横道图比较法时，如果同一时刻表示计划完成任务量累计百分率的横道线上方累计百分率小于横道线下方累计百分率，表明实际进度（　　）。

A. 拖后
B. 超前
C. 与计划进度一致
D. 偏离计划进度

71. 进度调整的系统过程中，当查明进度偏差产生的原因之后，要（　　）。

A. 确定后续工作的限制条件
B. 确定总工期的限制条件
C. 分析进度偏差对后续工作和总工期的影响程度
D. 确定可调整进度的范围

72. 在某工程网络计划中，已知工作 M 的总时差和自由时差分别为 4d 和 2d，监理工程师检查实际进度时发现，该工作的持续时间延长了 3d，说明此时工作 M 的实际进度（　　）。

A. 不影响总工期，但其后续工作的最早开始时间将推迟 1d
B. 既不影响总工期，也不影响其后续工作的最早开始时间
C. 将影响其总工期推迟 3d，但不影响其后续工作的最早开始时间
D. 既影响总工期，又影响其后续工作，均拖延 3d

73. 通过改变某些工作间逻辑关系的方法调整进度计划时，应选择（　　）。

A. 具有工艺逻辑关系的有关工作
B. 超过计划工期的非关键线路上的有关工作
C. 可以增加资源投入的有关工作
D. 持续时间可以压缩的有关工作

74. 建设工程施工进度控制工作从审核承包单位提交的施工进度计划开始，直至建设工程保修期满为止，其工作内容不包括（　　）。

A. 编制或审核施工进度计划
B. 下达工程开工令
C. 编制切实可行的设计总进度计划
D. 签发工程进度款支付凭证

75. 建设工程采用 CM 承发包模式，在进度控制方面的优势不包括（　　）。

A. 有利于缩短建设工期
B. 可以减少施工阶段因修改设计而造成的实际进度拖后
C. 可以避免因设备供应工作的组织和管理不当而造成的工程延期
D. 可以减少因施工单位原因而进行的工期索赔

76. 某单位工程施工中，每班安排 30 名工人，每天工作 1 班，本工作的工程量为 300m²，其综合时间定额为 5 工日/m²，则完成该项工作持续的时间为（　　）d。

A. 25
B. 50

C. 60   D. 100

77. 监理工程师审批工程延期的根本原则是(   )。
   A. 影响工期   B. 实际情况
   C. 施工进度   D. 合同条件

78. 承包单位接到监理工程师的开工通知后,无正当理由推迟开工时间的有可能受到
(   )的处罚。
   A. 拒绝签署付款凭证   B. 误期损失赔偿
   C. 取消承包资格   D. 书面警告

79. 当承包单位的施工进度拖后而又不采取补救措施时,项目监理机构可采用的处理
方法是(   )。
   A. 拒绝签署工程进度款支付凭证   B. 中止施工承包合同
   C. 延长施工进度计划工期   D. 提起误期损失赔偿诉讼

80. 下列各项活动中,属于监理工程师控制物资供应进度活动的是(   )。
   A. 审查物资供应情况分析报告   B. 确定物资供应分包方式
   C. 办理物资运输手续   D. 确定物资供应分包合同清单

二、多项选择题 (共 40 题,每题 2 分。每题的备选项中,有 2 个或 2 个以上符合题
意,至少有 1 个错项。错选,本题不得分;少选,所选的每个选项得 0.5 分)

81. 根据《建设工程质量管理条例》,建设单位应承担的质量责任包括(   )。
   A. 不得将应由一个承包单位完成的建设工程项目肢解发包
   B. 不得因赶工而任意压缩合理工期
   C. 不得对专用设备指定供应商
   D. 不得暗示参建方违反工程建设强制性标准
   E. 不得采购未经鉴定的建筑材料

82. 政府的工程质量监督管理具有(   )的特点。
   A. 全面性   B. 权威性
   C. 针对性   D. 强制性
   E. 综合性

83. 在施工中,施工单位必须按照(   ),对建筑材料、构配件、设备和商品混凝土
进行检验。
   A. 工程设计要求   B. 总承包单位的要求
   C. 合同约定   D. 初步设计文件
   E. 施工技术规范标准

84. 管理评审的目的主要有( )。

A. 对质量管理体系与组织的环境变化的适宜性作出评价

B. 寻求改进的方向并实施改进活动

C. 寻求实现质量目标和监理控制过程改进的机会

D. 调整质量管理体系结构，使质量管理体系更加完整有效

E. 对现行的质量管理体系能否适应质量方针和质量目标作出正式的评价

85. 在运用分层法对工程项目质量进行统计分析时，通常可以按照( )等分层方法获取质量原始数据。

A. 操作班组
B. 投资主体

C. 操作方法
D. 施工时间

E. 工作环境

86. 钢筋焊接接头的基本力学性能试验方法包括( )。

A. 拉伸试验
B. 徐变试验

C. 抗剪试验
D. 弯曲试验

E. 抗折试验

87. 图纸会审的内容一般不包括( )。

A. 地质勘探资料是否齐全
B. 施工图设计文件总体介绍

C. 图纸是否经施工单位正式签署
D. 防火、消防是否满足要求

E. 地基处理方法是否合理

88. 根据施工质量验收的基本规定，施工单位提交给总监理工程师的现场质量管理检查记录中应包括的检查内容有( )。

A. 现场质量管理制度
B. 主要专业工种操作上岗证书

C. 施工技术标准
D. 地质勘察资料

E. 工程承包合同

89. 项目监理机构应根据工程特点和施工单位报送的施工组织设计，将( )部位作为旁站的关键部位、关键工序，安排监理人员进行旁站，并应及时记录旁站情况。

A. 影响工程主体结构安全的
B. 返工会造成较大损失的

C. 施工技术先进的
D. 完工后无法检测其质量的

E. 劳动强度大的

90. 设备招标采购一般用于( )的采购。

A. 关键设备
B. 大型、复杂设备

C. 成套设备
D. 生产线设备

E. 标准设备

91. 设备安装质量记录资料的控制中，零部件加工检查验收资料主要包括（   ）。
A. 原材料、构配件进厂复验资料   B. 整机性能检测资料
C. 工序交接检查验收记录   D. 设计变更记录
E. 设备试装、试拼记录

92. 施工单位向建设单位提交工程竣工验收报告时，应具备的条件包括（   ）。
A. 完成建设工程设计和合同约定的各项内容
B. 有完整的技术档案和施工管理资料
C. 有工程使用的主要建筑材料、构配件和设备的进场试验报告
D. 有设计、施工、监理单位分别签署的竣工决算书
E. 有施工单位签署的工程保修书

93. 根据《建筑工程施工质量验收统一标准》GB 50300—2013，下列属于分部工程的有（   ）。
A. 地基与基础工程   B. 主体结构工程
C. 建筑装饰装修工程   D. 钢筋工程
E. 装配式结构工程

94. 下列工程质量事故情形中，属于规定的特别重大事故的有（   ）。
A. 死亡 30 人   B. 死亡 20 人
C. 直接经济损失 1 亿元   D. 重伤 80 人
E. 直接经济损失 8000 万元

95. 工程监理单位勘察质量管理的主要工作包括（   ）。
A. 编制工程勘察任务书
B. 协助建设单位选择工程勘察单位
C. 审查勘察单位提交的勘察方案
D. 审查勘察单位提交的勘察成果报告
E. 检查勘察单位执行勘察方案的情况

96. 项目监理机构在施工阶段投资控制的主要工作包括（   ）。
A. 审核竣工结算款   B. 进行工程计量和付款签证
C. 处理费用索赔   D. 对完成工程量进行偏差分析
E. 审查设计单位提出的设计概算、施工图预算，提出审查意见

97. 材料费是指施工过程中耗用的原材料、辅助材料、构配件、零件、半成品或成品、工程设备的费用，包括的内容有（   ）。
A. 材料原价   B. 新结构、新材料的试验费
C. 材料运杂费   D. 对构件做破坏性试验的费用

E. 工地保管费

98. 引进技术和进口设备其他费包括(　　)。
A. 外贸手续费
B. 银行手续费
C. 国外工程技术人员来华费用
D. 分期或延期付款利息
E. 进口设备检验鉴定费用

99. 建筑工程分部分项工程费、措施项目费、其他项目费中包含(　　)。
A. 材料费
B. 施工机具使用费
C. 人工费
D. 企业管理费
E. 规费

100. 影响资金等值的因素有(　　)。
A. 资金运动的方向
B. 资金的数量
C. 资金发生的时间
D. 利率（或折现率）的大小
E. 现金流量的表达方式

101. 价值工程的一般工作程序中，创新阶段的步骤包括(　　)。
A. 功能评价
B. 方案创造
C. 功能系统分析
D. 方案评价
E. 提案编写

102. 在最高限额成本加固定最大酬金计价方式的合同中，首先要确定(　　)。
A. 最高限额成本
B. 目标成本
C. 报价成本
D. 周转时间
E. 最低成本

103. 下列引起索赔的情形，承包商可以列入利润的是(　　)。
A. 遇到不利物质条件
B. 工程范围的变更
C. 文件有技术性错误
D. 文件有缺陷
E. 业主原因引起的工程暂停

104. 编制资金使用计划时，大中型的工程项目首先要把项目总投资分解到(　　)中。
A. 单项工程
B. 单位工程
C. 分部工程
D. 分项工程
E. 检验批

105. 单项工程综合概算中的设备及安装工程概算主要包括的内容有(　　)。
A. 给水排水工程概算
B. 电气照明工程概算

C. 电气设备及安装工程概算　　　　D. 机械设备及安装工程概算

E. 器具、工具及生产家具购置费概算

106. 关于施工图预算作用的说法，正确的有（　　　）。

A. 施工图预算是施工单位确定投标报价的依据

B. 施工图预算是报审项目投资额的依据

C. 施工图预算是施工单位进行施工准备的依据

D. 施工图预算是监督检查执行定额标准的依据

E. 施工图预算是控制施工成本的依据

107. 根据《建设工程工程量清单计价规范》GB 50500—2013，因不可抗力事件导致的损害及其费用增加，应由发包人承担的是（　　　）。

A. 工程本身的损害　　　　　　　　B. 承包人的施工机械损坏

C. 工程所需的修复费用　　　　　　D. 发包方现场的人员伤亡

E. 承包人人员伤亡

108. 关于预付款的说法中，正确的有（　　　）。

A. 预付款是施工准备和所需要材料、结构件等流动资金的主要来源

B. 发包人在签发预付款支付证书后的 14d 内向承包人支付预付款

C. 发包人拨付给承包人的工程预付款属于预支的性质

D. 对重大工程项目，按年度工程计划逐年预付

E. 发包人应在预付款扣完后的 7d 内将预付款保函退还给承包人

109. 为了实施进度控制，监理工程师必须根据建设工程的具体情况，认真制订进度控制措施，以确保建设工程进度控制目标的实现。其进度控制的措施主要包括（　　　）。

A. 技术措施　　　　　　　　　　　B. 组织措施

C. 经济措施　　　　　　　　　　　D. 效益措施

E. 合同措施

110. 年度竣工投产交付使用计划表将阐明各单位工程的（　　　）等建筑总规模及本年计划完成情况，并阐明其竣工日期。

A. 建筑面积　　　　　　　　　　　B. 建设条件

C. 投资额　　　　　　　　　　　　D. 新增生产能力

E. 新增固定资产

111. 在建设工程进度控制计划体系中，工程项目建设总进度计划包括（　　　）。

A. 工程项目一览表　　　　　　　　B. 工程项目总进度计划

C. 投资计划年度分配表　　　　　　D. 工程项目进度平衡表

E. 年度建设资金平衡表

112. 某工程双代号网络计划如下图所示，图中已标出各个节点的最早开始时间和最迟开始时间。该计划表明（　　　）。

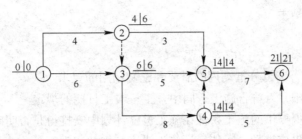

A. 工作 1—2 的自由时差为 0　　　　　B. 工作 2—5 的总时差为 7d

C. 工作 3—4 为关键工作　　　　　D. 工作 3—5 为关键工作

E. 工作 4—6 的总时差为 0

113. 在双代号网络计划中，当计划工期等于计算工期时，关键工作的特点有（　　　）。

A. 关键工作两端的节点必为关键节点

B. 关键工作的总时差和自由时差均等于零

C. 关键工作紧前工作必然也是关键工作

D. 关键工作只有一个紧后工作时，该紧后工作也是关键工作

E. 关键工作只能在关键线路上

114. 某工程项目双代号时标网络计划如下图所示，该计划执行到第 35 天下班时刻检查时，其实际进度如图中前锋线所示。则下列说法错误的有（　　　）。

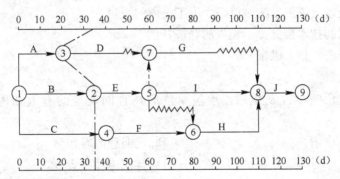

A. 工作 D 的开始时间拖后 10d

B. 工作 D 的开始时间拖后 15d

C. 工作 D 的拖后影响其后续工作 G 的最早开始时间

D. 工作 D 的总时差为 30d

E. 此时工作 D 的实际进度影响总工期

115. 在对实施的进度计划分析的基础上，进度计划的调整方法有（　　　）。

A. 改变某些工作间的逻辑关系

B. 缩短某些工作的持续时间

C. 分析偏差对后续工作及总工期的影响

D. 确定工程进展速度曲线

E. 编制进度计划书

116. 施工进度计划审核的内容主要有(   )。

A. 分期施工是否满足分批动用的需要和配套动用的要求

B. 审核进度安排是否符合施工合同中开工、竣工日期的规定

C. 对于业主负责提供的施工条件在施工进度计划中安排得是否明确、合理

D. 生产要素的供应计划是否能保证施工进度计划的实现

E. 总包单位为分包单位编制的施工进度计划是否合理

117. 施工总进度计划一般是建设工程项目的施工进度计划,编制施工总进度计划的依据有(   )。

A. 施工总方案   B. 资源供应条件

C. 施工进度计划图   D. 合同文件

E. 各类定额资料

118. 为了确保进度控制目标的实现,通过缩短某些工作持续时间的方法调整施工进度计划时,可采用的技术措施包括(   )。

A. 增加劳动力和施工机械的数量

B. 改进施工工艺和施工技术,缩短工艺技术间歇时间

C. 采用更先进的施工方法,以减少施工过程的数量

D. 对所采取的技术措施给予相应的经济补偿

E. 采用更先进的施工机械

119. 当工程延期事件发生后,承包单位应在合同规定的有效期内向监理工程师提交(   )。

A. 临时延期申请   B. 延期意向通知

C. 原始进度计划   D. 详细申述报告

E. 工程变更指令

120. 在物资供应计划实施过程中进行检查的重要作用有(   )。

A. 减少拖延对供货过程本身的影响

B. 反馈计划执行结果,作为下一期决策和调整供应计划的依据

C. 发现计划脱离实际的情况,据此修订计划的有关部分,使之更切合实际情况

D. 发现实际供应偏离计划的情况,有利于进行有效的调整和控制

E. 可考虑同时加快其他工作施工进度的措施,并尽可能将此拖延对整个施工进度的影响降低到最低程度

权威预测试卷（四）参考答案及解析

一、单项选择题

1. B	2. D	3. B	4. A	5. A
6. B	7. C	8. C	9. B	10. B
11. B	12. B	13. C	14. D	15. D
16. B	17. A	18. C	19. B	20. B
21. D	22. C	23. C	24. A	25. B
26. A	27. C	28. C	29. C	30. D
31. D	32. D	33. B	34. D	35. D
36. A	37. B	38. A	39. A	40. C
41. B	42. D	43. A	44. A	45. A
46. C	47. A	48. C	49. D	50. C
51. D	52. B	53. B	54. C	55. A
56. A	57. A	58. A	59. B	60. D
61. C	62. C	63. B	64. A	65. B
66. D	67. B	68. B	69. C	70. B
71. C	72. A	73. C	74. C	75. B
76. B	77. D	78. C	79. B	80. A

【解析】

1. B。本题考核的是建设工程质量的特性。耐久性是指工程在规定的条件下，满足规定功能要求使用的年限，也就是工程竣工后的合理使用寿命期。

2. D。本题考核的是工程质量监督。国务院建设行政主管部门对全国的建设工程质量实施统一监督管理。

3. B。本题考核的是影响工程质量的因素。影响工程质量的环境因素包括工程技术环境、工程作业环境和工程管理环境。其中工程作业环境包括施工环境作业面大小、防护设施、通风照明和通信条件等。

4. A。本题考核的是工程质量保修。在正常使用条件下，基础设施工程、房屋建筑工程的地基基础和主体结构工程的最低保修期限为设计文件规定的该工程的合理使用年限。因建设单位（含监理单位）错误管理造成的质量问题，先由施工单位负责维修，其经济责任由建设单位承担，如属监理单位责任，则由建设单位向监理单位索赔。

5. A。本题考核的是质量手册。质量手册是监理单位内部质量管理的纲领性文件和行动准则，应阐明监理单位的质量方针，并描述其质量管理体系的文件，它对质量管理体系作出了系统、具体而又纲领性的阐述。

6. B。本题考核的是管理评审的概念。管理评审是由监理单位最高管理者关于质量管理体系现状及其对质量方针和目标的适宜性、充分性和有效性所作的正式评价。

7. C。本题考核的是控制图的用途。在质量控制中单用静态分析法显然是不够的，还必须有动态分析法。只有动态分析法，才能随时了解生产过程中质量的变化情况，及时采取措施，使生产处于稳定状态，起到预防出现废品的作用。控制图法就是典型的动态分析法。

8. C。本题考核的是排列图法的概念。排列图法是利用排列图寻找影响质量主次因素的一种有效方法。因果分析图法是利用因果分析图来系统整理分析某个质量问题（结果）与其产生原因之间关系的有效工具。直方图法即频数分布直方图法，它是将收集到的质量数据进行分组整理，绘制成频数分布直方图，用以描述质量分布状态的一种分析方法。

9. B。本题考核的是排列图法。排列图的横坐标表示影响质量的各个因素或项目，按影响程度大小从左至右排列，直方形的高度示意某个因素的影响大小，实际应用中，通常按累计频率划分为（0~80%）、（80%~90%）、（90%~100%）三部分，与其对应的影响因素分别为A、B、C、三类。A类为主要因素，B类为次要因素，C类为一般因素。

10. B。本题考核的是质量数据波动的原因。质量特性值的变化在质量标准允许范围内波动称之为正常波动，是由偶然性原因引起的；若是超越了质量标准允许范围的波动则称之为异常波动，是由系统性原因引起的。

11. B。本题考核的是抽样检验方法。分层随机抽样是将总体分割成互不重叠的子总体（层），在每层中独立地按给定的样本量进行简单随机抽样。

12. B。本题考核的是混凝土结构材料的施工试验与检测。每批钢筋应由同一牌号、同一炉罐号、同一规格、同一交货状态组成，并不得大于60t。

13. C。本题考核的是普通混凝土拌合物性能试验。按《普通混凝土拌合物性能试验方法标准》GB/T 50080—2016规定的混凝土流动性大小用"坍落度"或"维勃稠度"指标表示。

14. D。本题考核的是现浇混凝土板厚度检测方法。现浇混凝土板厚度检测常用超声波对测法。

15. B。本题考核的是施工组织设计审查质量控制要点。经审查批准的施工组织设计，如果施工单位擅自改动，监理机构应及时发出监理通知单，要求按程序报审。

16. B。本题考核的是工程开工条件审查与开工令的签发。总监理工程师签发工程开工令的条件需同时具备：（1）设计交底和图纸会审已完成；（2）施工组织设计已由总监理工程师签认；（3）施工单位现场质量、安全生产管理体系已建立，管理及施工人员已到位，施工机械具备使用条件，主要工程材料已落实；（4）进场道路及水、电、通信等已满足开工要求。

17. A。本题考核的是工程施工质量控制的工作程序。在工程开始前，施工单位须做好施工准备工作，待开工条件具备时，应向项目监理机构报送工程开工报审表及相关资料。

18. C。本题考核的是施工方案的编制。根据相关规定，通常情况下，施工方案应由项目技术负责人组织编制，并经施工单位技术负责人审批签字后提交项目监理机构。

19. B。本题考核的是工程变更的控制。对于设计单位要求的工程变更，应由建设单位将工程变更设计文件下发项目监理机构，由总监理工程师组织实施。

20. B。本题考核的是质量控制点的设置。质量控制点应设置在对设备制造质量有明显影响的特殊或关键工序，或针对设备的主要零件、关键部件、加工制造的薄弱环节及易产生质量缺陷的工艺过程。

21. D。本题考核的是主控项目和一般项目的检验。检验批的合格质量主要取决于对主控项目和一般项目的检验结果。主控项目是对检验批的基本质量起决定性影响的检验项目，因此必须全部符合有关专业工程验收规范的规定。

22. C。本题考核的是分部工程质量验收。涉及安全和使用功能的地基基础、主体结构、有关安全及重要使用功能的安装分部工程，应进行有关见证取样送样试验或抽样检测。评价的结论为"好"、"一般"和"差"三种。对于"差"的检查点应通过返修处理等进行补救。

23. C。本题考核的是工程质量问题的成因。工程质量问题的成因包括：违背基本建设程序，违反法律法规，地质勘察数据失真，设计差错，施工与管理不到位，操作工人素质差，使用不合格的原材料、制品及设备。设计差错原因包括盲目套用图纸，采用不正确的结构方案，计算简图与实际受力情况不符，荷载取值过小，内力分析有误，沉降缝或变形缝设置不当，悬挑结构未进行抗倾覆验算，以及计算错误等。

24. A。本题考核的是工程质量缺陷的处理。对已发生的质量缺陷，项目监理机构应按下列程序进行处理：（1）发生工程质量缺陷后，项目监理机构签发监理通知单，责成施工单位进行处理；（2）施工单位进行质量缺陷调查，分析质量缺陷产生的原因，并提出经设计等相关单位认可的处理方案；（3）项目监理机构审查施工单位报送的质量缺陷处理方案，并签署意见；（4）施工单位按审查合格的处理方案实施处理，项目监理机构对处理过程进行跟踪检查，对处理结果进行验收；（5）质量缺陷处理完毕后，项目监理机构应根据施工单位报送的监理通知回复单对质量缺陷处理情况进行复查，并提出复查意见；（6）处理记录，整理归档。

25. B。本题考核的是施工组织设计审查质量控制要点。施工组织设计的审查必须是在施工单位编审手续齐全（即有编制人、施工单位技术负责人的签名和施工单位公章）的基础上，由施工单位填写施工组织设计报审表，并按合同约定时间报送项目监理机构。总监理工程师应在约定的时间内，组织各专业监理工程师进行审查，专业监理工程师在报审表上签署审查意见后，总监理工程师审核批准。

26. A。本题考核的是隐蔽工程质量验收。如隐蔽工程为检验批时，隐蔽工程应由专业监理工程师组织施工单位项目专业质量检查员、专业工长等进行验收。

27. C。本题考核的是工程质量事故处理的鉴定验收。为确保工程质量事故的处理效果，凡涉及结构承载力等使用安全和其他重要性能的处理工作，常需做必要的试验和检验鉴定工作。

28. C。本题考核的是工程设计评审。工程设计评审由建设单位组织有关专家或机构进行，目的是控制设计成果质量，优化工程设计，提高效益。

29. C。本题考核的是应急费。应急费包括未明确项目的准备金和不可预见准备金。不可预见准备金只是一种储备，可能不动用。

30. D。本题考核的是施工阶段投资控制的目标。投资估算应是建设工程设计方案选择和进行初步设计的投资控制目标；设计概算应是进行技术设计和施工图设计的投资控制目标；施工图预算或建安工程承包合同价则应是施工阶段投资控制的目标。

31. D。本题考核的是按造价形成划分建筑安装工程费用项目构成和计算。建筑安装工程费按照工程造价形成由分部分项工程费、措施项目费、其他项目费、规费和税金组成。

32. D。本题考核的是机械台班折旧费的计算。本题的计算过程为：

台班折旧费＝机械预算价格×(1－残值率)/耐用总台班数

$$=150×10000×(1－4\%)/(8×250)=720\ 元/台班。$$

33. B。本题考核的是设备购置费的计算公式。设备购置费包括设备原价和设备运杂费，即：设备购置费＝设备原价或进口设备抵岸价＋设备运杂费。

34. D。本题考核的是劳动安全卫生评价费。劳动安全卫生评价费是指按照劳动部《建设项目(工程)劳动安全卫生监察规定》和《建设项目(工程)劳动安全卫生预评价管理办法》的规定，为预测和分析建设项目存在的职业危险、危害因素的种类和危险危害程度，并提出先进、科学、合理可行的劳动安全卫生技术和管理对策所需的费用。

35. D。本题考核的是与项目建设有关的其他费用。与项目建设有关的其他费用包括：建设单位管理费、可行性研究费、研究试验费、勘察设计费、环境影响评价费、劳动安全卫生评价费、临时设施费、建设工程监理费、工程保险费、引进技术和进口设备其他费、特殊设备安全监督检验费、市政公用设施费。临时设施费是指建设期间建设单位所需临时设施的搭设、维修、摊销费用或租赁费用。

36. A。本题考核的是涨价预备费的计算。涨价预备费的计算公式为：$PC=\sum\limits_{t=1}^{n}I_t[(1+f)^t-1]$，本题的计算过程为：第 1 年末的涨价预备费＝(2000＋500)/2×[(1＋10\%)^1-1]＝125 万元；第 2 年末的涨价预备费＝(2000＋500)/2×[(1＋10\%)^2-1]＝262.50 万元；该项目建设期的涨价预备费＝125＋262.50＝387.50 万元。

37. B。本题考核的是等额资金偿债基金的计算。等额资金偿债基金的公式为：$A=F\dfrac{i}{(1+i)^n-1}$，本题中连续 5 年年末应向银行存款＝$50×\dfrac{2.79\%}{(1+2.79\%)^5-1}$＝9.46 万元。

38. A。本题考核的是一次支付现值公式。一次支付现值公式：$P=F(1+i)^{-n}$。根据公式计算可得正确答案为选项 A。

39. A。本题考核的是投资收益率计算公式。投资收益率计算公式：投资收益率 $R=\dfrac{年净收益或年平均净收益}{投资总额}×100\%$。根据公式计算可得正确答案为选项 A。

40. C。本题考核的是内部收益率的计算。用线性内插法计算：$IRR=i_1+\dfrac{NPV_1}{NPV_1+NPV_2}(i_2-i_1)=12\%+\dfrac{2800}{2800+|-268|}×(13\%-12\%)=12.91\%$。

41. B。本题考核的是ABC分析法的应用。ABC分析法又称重点选择法或不均匀分布定律法，是指应用数理统计分析的方法来选择对象。其基本原理为"关键的少数和次要的多数"，抓住关键的少数可以解决问题的大部分，在价值工程中，这种方法的基本思路是：首先将一个产品的各种部件(或企业各种产品)按成本的大小由高到低排列起来，然后绘成费用累积分配图。然后将占总成本 70\%～80\%而占零部件总数 10\%～20\%的零部件划分为 A 类部件；将占总成本 5\%～10\%而占零部件总数 60\%～80\%的零部件划分为 C 类；其余为 B 类。其中 A 类零部件是价值工程的主要研究对象。

42. D。本题考核的是功能价值的分析。功能的价值系数计算结果有以下三种情况：(1) $V=1$。即功能评价值等于功能现实成本。这表明评价对象的功能现实成本与实现功能所必需的最低成本大致相当。此时，说明评价对象的价值为最佳，一般无需改进。(2) $V<$

1．即功能现实成本大于功能评价值。表明评价对象的现实成本偏高，而功能要求不高。这时，一种可能是由于存在着过剩的功能，另一种可能是功能虽无过剩，但实现功能的条件或方法不佳，以致使实现功能的成本大于功能的实际需要。（3）V＞1。即功能现实成本大于功能评价值，表明该部件功能比较重要，但分配的成本较少。此时，应进行具体分析，功能与成本的分配问题可能已较理想，或者有不必要的功能，或者应该提高成本。

43．A。本题考核的是单位建筑工程概算的计算。单位建筑工程概算分为一般土建工程概算、给水排水工程概算、供暖工程概算、通风工程概算、电气照明工程概算、特殊构筑物工程概算。本题中该小区公共建筑的建筑工程概算＝300＋20＋15＋10＋15＝360万元。

44．B。本题考核的是补充项目及其编码。分项工程项目清单的项目名称一般以工程实体命名，项目名称如有缺项，编制人应作补充，并报省级或行业工程造价管理机构备案。补充项目的编码由现行计量规范的专业工程代码X（即01～09）与B和三位阿拉伯数字组成，并应从XB001起顺序编制，同一招标工程的项目不得重码。分部分项工程项目清单中应附补充项目名称、项目特征、计量单位、工程量计算规则、工作内容。

45．A。本题考核的是措施项目费的确定。措施项目费中的安全文明施工费应当按照国家或省级、行业建设主管部门的规定标准计价。

46．C。本题考核的是实物量法编制施工图预算的步骤。实物量法编制施工图预算的步骤为：（1）准备资料、熟悉施工图纸；（2）计算工程量；（3）套用消耗定额，计算人料机消耗量；（4）计算并汇总人工费、材料费、机具使用费；（5）计算其他各项费用，汇总造价；（6）复核；（7）编制说明、填写封面。

47．A。本题考核的是合同价款约定。实行招标的工程合同价款应在中标通知书发出之日起30d内，由发承包双方依据招标文件和中标人的投标文件在书面合同中约定。合同约定不得违背招标、投标文件中关于工期、造价、质量等方面的实质性内容。招标文件与中标人投标文件不一致的地方应以投标文件为准。

48．C。本题考核的是延期产生的费用索赔。凡属于客观原因造成的延期，属于业主也无法预见到的情况，如特殊反常天气等，承包商可得到延长工期，但得不到费用补偿。凡纯属业主方面的原因造成拖期，不仅应给承包商延长工期，还应给予费用补偿。

49．D。本题考核的是工程计量的方法。所谓估价法，就是按合同文件的规定，根据工程师估算的已完成的工程价值支付。断面法主要用于取土坑或填筑路堤土方的计量。在工程量清单中，许多项目采取按照设计图纸所示的尺寸进行计量。所谓分解计量法，就是将一个项目，根据工序或部位分解为若干子项。对完成的各子项进行计量支付。这种计量方法主要是为了解决一些包干项目或较大的工程项目的支付时间过长，影响承包商的资金流动等问题。

50．C。本题考核的是暂列金额的概念。暂列金额是指招标人在工程量清单中暂定并包括在合同价款中的一笔款项。用于工程合同签订时尚未确定或者不可预见的所需材料、工程设备、服务的采购，施工中可能发生的工程变更、合同约定调整因素出现时的合同价款调整以及发生的索赔、现场签证确认等的费用。

51．D。本题考核的是工程变更价款的确定方法。《建设工程工程量清单计价规范》GB 50500—2013规定，工程变更引起已标价工程量清单项目或其工程数量发生变化，应按照下列规定调整：（1）已标价工程量清单中有适用于变更工程项目的，采用该项目的单价；但当工程变更导致该清单项目的工程数量发生变化，且工程量偏差超过 15%。此时，调整的原则为：当工程量增加 15% 以上时，其增加部分的工程量的综合单价应予调低；当工程量减少 15% 以上时，减少后剩余部分的工程量的综合单价应予调高。（2）已标价工程量清单中没有适用，但有类似于变更工程项目的，可在合理范围内参照类似项目的单价。（3）已标价工程量清单中没有适用也没有类似于变更工程项目的，由承包人根据变更工程资料、计量规则和计价办法、工程造价管理机构发布的信息价格和承包人报价浮动率提出变更工程项目的单价，报发包人确认后调整。

52. B。本题考核的是措施项目费的调整。安全文明施工费按照实际发生变化的措施项目调整，不得浮动。采用单价计算的措施项目费，按照实际发生变化的措施项目及已标价工程量清单项目的规定确定单价。按总价（或系数）计算的措施项目费，按照实际发生变化的措施项目调整，但应考虑承包人报价浮动因素。

53. B。本题考核的是《标准施工招标文件》中合同条款规定的可以合理补偿承包人索赔的条款。根据《标准施工招标文件》中合同条款的规定，承包人遇到不利物质条件可索赔工期和费用，不能索赔利润。发生不可抗力只能索赔工期。异常恶劣天气导致的停工只能索赔工期。发包人原因引起的暂停施工，可索赔工期、费用和利润。

54. C。本题考核的是工程预付款的额度。包工包料的工程原则上预付比例不低于合同金额（扣除暂列金额）的 10%，不高于合同金额（扣除暂列金额）的 30%；对重大工程项目，按年度工程计划逐年预付。

55. A。本题考核的是起扣点的计算。起扣点的计算公式：$T=P-M/N$，式中，T 表示起扣点，即工程预付款开始扣回的累计已完工程价值；P 表示承包工程合同总额；M 表示工程预付款数额；N 表示主要材料及构件所占比重。本题的计算过程为：$T=1000-1000×20\%/50\%=600$ 万元。

56. A。本题考核的是投资偏差的分析。在投资控制中，把投资的实际值与计划值的差异叫做投资偏差，即：投资偏差＝已完工作预算投资－已完工作实际投资，结果为正，表示项目运行节支；结果为负，表示项目运行超出预算投资。本题中，项目的投资偏差＝40－45＝－5 万元，项目运行超出预算。

57. A。本题考核的是建设工程进度控制的总目标。建设工程进度控制的最终目的是确保建设项目按预定的时间动用或提前交付使用，建设工程进度控制的总目标是建设工期。

58. A。本题考核的是进度控制的任务。在设计阶段和施工阶段，监理工程师不仅要审查设计单位和施工单位提交的进度计划，更要编制监理进度计划，以确保进度控制目标的实现。

59. A。本题考核的是时间-资源目标。在一般情况下，时间-资源目标分为两类：（1）资源有限，工期最短。即在一种或几种资源供应能力有限的情况下，寻求工期最短的计划安排。（2）工期固定，资源均衡。即在工期固定的前提下，寻求资源需用量尽可能均衡的计划安排。

60. D。本题考核的是网络计划的特点。与横道计划相比，网络计划具有以下主要特点：（1）网络计划能够明确表达各项工作之间的逻辑关系；（2）通过网络计划时间参数的计算，可以找出关键线路和关键工作；（3）通过网络计划时间参数的计算，可以明确各项工作的机动时间；(4) 网络计划可以利用电子计算机进行计算、优化和调整。

61. C。本题考核的是流水节拍的计算。流水节拍的最大值=42÷(5+3-1)=6d。

62. C。本题考核的是自由时差的计算。对于有紧后工作的工作，其自由时差等于本工作之紧后工作最早开始时间减本工作最早完成时间所得之差的最小值，工作 D 的最早开始时间=5+7=12，工作 C 的自由时差=12-(6+5)=1d。

63. B。本题考核的是大型建设工程项目总进度目标论证。选项 A 错误，大型建设项目总进度目标论证的核心工作是通过编制总进度纲要论证总进度目标实现的可能性。选项 C 错误，建设项目总进度目标指的是整个项目的进度目标，它是在项目决策阶段项目定义时确定的。选项 D 错误，若项目总进度目标不可能实现，则项目管理方应提出调整项目总进度目标的建议，提请项目决策者审议。

64. A。本题考核的是单代号网络计划关键线路的确定。从网络计划的终点节点开始，逆着箭线方向依次找出相邻两项工作之间时间间隔为零的线路就是关键线路。本题中的关键线路为 A→C→H→K。

65. A。本题考核的是双代号网络计划时间参数的计算。工作的最早完成时间等于本工作的最早开始时间与持续时间之和。

66. D。本题考核的是时标网络计划中关键线路的确定。时标网络计划中的关键线路可从网络计划的终点节点开始，逆着箭线方向进行判定。凡自始至终不出现波形线的线路即为关键线路。因为不出现波形线，就说明在这条线路上相邻两项工作之间的时间间隔全部为零，也就是在计算工期等于计划工期的前提下，这些工作的总时差和自由时差全部为零。

67. B。本题考核的是网络计划中时间参数的计算。最早开始时间等于各紧前工作的最早完成时间 EF_{h-i} 的最大值。工作 M 的最早完成时间=4+9=13，工作 N 的最早完成时间=5+11=16，工作 Q 的最早开始时间=max{13，16}=16，即第 16 天。

68. B。本题考核的是双代号网络计划中计算工期的计算。计算工期等于以网络计划的终点节点为箭头节点的各个工作的最早完成时间的最大值。T_c=max{EF_{5-7}，EF_{6-7}}=max{17，16}=17d。

69. C。本题考核的是时标网络计划中时间参数的计算。选项 A 正确，时标网络计划中，无波形线的线路即为关键线路，本题中的关键线路是 ①→②→③→⑥→⑦→⑩→⑪(C→E→I→L)，关键工作包括工作 C、E、I、L。选项 B 正确，工作 H 的总时差=min{(1+2)，(0+2)，(2+0)}=2d。选项 C 错误，工作 A 为非关键工作。选项 D 正确，工作 D 的总时差=min{(1+2)，(1+0)，(0+2)}=1d。

70. B。本题考核的是非匀速进展横道图比较法判断工作实际进度与计划进度之间的关系。通过比较同一时刻实际完成任务量累计百分比和计划完成任务量累计百分比，判断工作实际进度与计划进度之间的关系：(1) 如果同一时刻横道线上方累计百分比大于横道线下方累计百分比，表明实际进度拖后，拖欠的任务量为二者之差；(2) 如果同一时刻横道线上方累计百分比小于横道线下方累计百分比，表明实际进度超前，超前的任务量为二者之差；(3) 如果同一时刻横道线上下方两个累计百分比相等，表明实际进度与计划进度一致。

71. C。本题考核的是进度调整的系统过程。当查明进度偏差产生的原因之后，要分析进度偏差对后续工作和总工期的影响程度，以确定是否应采取措施调整进度计划。

72. A。本题考核的是进度偏差对总工期和后续工作最早开始时间的影响。如果工作的进度偏差大于该工作的总时差，则此进度偏差必将影响其后续工作和总工期，如果工作的进度偏差大于该工作的自由时差，则此进度偏差将对其后续工作产生影响；工作M的实际进度延长3d，超过自由时差1d，未超过总时差，所以不影响总工期，预计使后续工作的最早开始时间延长1d。

73. B。本题考核的是进度计划的调整。当工程项目实施中产生的进度偏差影响到总工期，且有关工作的逻辑关系允许改变时，可以改变关键线路和超过计划工期的非关键线路上的有关工作之间的逻辑关系，达到缩短工期的目的。

74. C。本题考核的是建设工程施工进度控制的工作内容。建设工程施工进度控制的工作内容包括：编制施工进度控制工作细则；编制或审核施工进度计划；按年、季、月编制工程综合计划；下达工程开工令；协助承包单位实施进度计划；监督施工进度计划的实施；组织现场协调会；签发工程进度款支付凭证；审批工程延期；向业主提供进度报告；督促承包单位整理技术资料；签署工程竣工报验单，提交质量评估报告；整理工程进度资料；工程移交。

75. D。本题考核的是建筑工程管理方法。建设工程采用CM承发包模式，在进度控制方面的优势主要体现在以下几个方面：（1）有利于缩短建设工期。（2）可以减少施工阶段因修改设计而造成的实际进度拖后。（3）可以避免因设备供应工作的组织和管理不当而造成的工程延期。

76. B。本题考核的是持续时间的计算。项目的持续时间计算公式为：$D = P \cdot R \cdot B$，式中，D 表示完成工作项目所需要的时间，即持续时间；R 表示每班安排的工人数或施工机械台数；B 表示每天工作班数；$P = Q \cdot H$ 或 $P = Q/S$，Q 表示工作项目的工程量，S 表示工作项目所采用的人工产量定额或机械台班产量定额。本题中工作持续时间＝300×5÷（30×1）＝50d。

77. D。本题考核的是监理工程师在审批工程延期时应遵循的原则。监理工程师在审批工程延期时应遵循下列原则：合同条件；影响工期；实际情况。合同条件是监理工程师审批工程延期的一条根本原则。

78. C。本题考核的是工程延误的处理。承包单位接到监理工程师的开工通知后，无正当理由推迟开工时间，或在施工过程中无任何理由要求延长工期，施工进度缓慢，又无视监理工程师的书面警告等，都有可能受到取消承包资格的处罚。

79. B。本题考核的是工程延误的处理。如果承包单位严重违反合同，又不采取补救措施，则业主为了保证合同工期有权取消其承包资格。

80. A。本题考核的是监理工程师控制物资供应进度的工作内容。监理工程师控制物资供应进度的工作内容：协助业主进行物资供应的决策、组织物资供应招标工作；编制、审核和控制物资供应计划。选项A属于审核物资供应计划的内容。

二、多项选择题

81. ABD	82. BDE	83. ACE	84. ADE	85. ACDE
86. ACD	87. BC	88. ABCD	89. ABD	90. ABCD

91. BCDE	92. ABCE	93. ABC	94. AC	95. BCDE
96. ABCD	97. ACE	98. CDE	99. ABCD	100. BCD
101. BDE	102. ACE	103. BCD	104. AB	105. CDE
106. ACDE	107. ACD	108. ACD	109. ABCE	110. ACDE
111. ABCD	112. ABC	113. ABD	114. AE	115. AB
116. ABCD	117. ABDE	118. BCE	119. BD	120. BCD

【解析】

81. ABD。本题考核的是建设单位的质量责任。不得将应由一个承包单位完成的建设工程项目肢解成若干部分发包给几个承包单位；不得迫使承包方以低于成本的价格竞标；不得任意压缩合理工期；不得明示或暗示设计单位或施工单位违反建设强制性标准，降低建设工程质量。建设单位对其自行选择的设计、施工单位发生的质量问题承担相应责任。

82. BDE。本题考核的是政府的工程质量监督管理的特点。政府的工程质量监督管理具有权威性、强制性、综合性的特点。

83. ACE。本题考核的是施工单位的质量责任。在施工中，必须按照工程设计要求、施工技术规范标准和合同约定，对建筑材料、构配件、设备和商品混凝土进行检验，不得偷工减料，不使用不符合设计和强制性技术标准要求的产品，不使用未经检验和试验或检验和试验不合格的产品。

84. ADE。本题考核的是管理评审的目的。管理评审的目的主要是：（1）对现行的质量管理体系能否适应质量方针和质量目标作出正式的评价；（2）对质量管理体系与组织的环境变化的适宜性作出评价；（3）调整质量管理体系结构，修改质量管理体系文件，使质量管理体系更加完整有效。

85. ACDE。本题考核的是分层标志。常用的分层标志有：（1）按操作班组或操作者分层；（2）按使用机械设备型号分层；（3）按操作方法分层；（4）按原材料供应单位、供应时间或等级分层；（5）按施工时间分层；（6）按检查手段、工作环境等分层。

86. ACD。本题考核的是钢筋焊接接头试验方法。钢筋焊接接头外观质量检查合格后，方可进行力学性能试验。钢筋焊接接头的基本力学性能试验方法包括拉伸试验、抗剪试验和弯曲试验三种。

87. BC。本题考核的是图纸会审的内容。图纸会审的内容一般包括：（1）审查设计图纸是否满足项目立项的功能、技术可靠、安全、经济适用的需求；（2）对图纸是否已经审查机构签字、盖章；（3）地质勘探资料是否齐全，设计图纸与说明是否齐全，设计深度是否达到规范要求；（4）设计地震烈度是否符合当地要求；（5）总平面与施工图的几何尺寸、平面位置、标高等是否一致；（6）防火、消防是否满足要求；（7）各专业图纸本身是否有差错及矛盾，结构图与建筑图的平面尺寸及标高是否一致，建筑图与结构图的表示方法是否清楚，是否符合制图标准，预留、预埋件是否表示清楚；（8）工程材料来源有无保证，新工艺、新材料、新技术的应用有无问题；（9）地基处理方法是否合理，建筑与结构构造是否存在不能施工、不便于施工的技术问题，或容易导致质量、安全、工程费用增加等方面的问题；（10）工艺管道、电气线路、设备装置、运输道路与建筑物之间或相互间有无矛盾。

88. ABCD。本题考核的是施工现场质量管理检查记录资料的内容。施工现场质量管理检查记录资料包括：施工单位现场质量管理制度，质量责任制；主要专业工种操作上岗证书；分包单位资质及总承包施工单位对分包单位的管理制度；施工图审查核对资料（记录），地质勘查资料；施工组织设计、施工方案及审批记录；施工技术标准；工程质量检验制度；混凝土搅拌站（级配填料拌合站）及计量设置；现场材料、设备存放与管理等。

89. ABD。本题考核的是旁站的相关规定。项目监理机构应根据工程特点和施工单位报送的施工组织设计，将影响工程主体结构安全的、完工后无法检测其质量的或返工会造成较大损失的部位及其施工过程作为旁站的关键部位、关键工序，安排监理人员进行旁站，并应及时记录旁站情况。

90. ABCD。本题考核的是设备招标采购的适用范围。设备招标采购一般用于大型、复杂、关键设备和成套设备及生产线设备的采购。市场采购方式主要用于标准设备的采购。

91. BCDE。本题考核的是零部件加工检查验收资料的内容。零部件加工检查验收资料主要包括以下内容：工序交接检查验收记录，焊接探伤检测报告，设备试装、试拼记录，整机性能检测资料，设计变更记录，不合格零配件处理返修记录。

92. ABCE。本题考核的是建设工程竣工验收的条件。《建设工程质量管理条例》规定，建设工程竣工验收应当具备下列条件：（1）完成建设工程设计和合同约定的各项内容；（2）有完整的技术档案和施工管理资料；（3）有工程使用的主要建筑材料、建筑构配件和设备的进场试验报告；（4）有勘察、设计、施工、工程监理等单位分别签署的质量合格文件；（5）有施工单位签署的工程保修书。

93. ABC。本题考核的是分部工程的划分。对于建筑工程，分部工程应按专业性质、工程部位确定。建筑工程划分为地基与基础、主体结构、建筑装饰装修、屋面、建筑给水排水及供暖、通风与空调、建筑电气、智能建筑、建筑节能、电梯十个分部工程。

94. AC。本题考核的是特别重大质量事故的认定。特别重大质量事故，是指造成30人以上死亡，或者100人以上重伤，或者1亿元以上直接经济损失的事故。选项B、D、E属于重大事故。

95. BCDE。本题考核的是工程监理单位勘察质量管理的主要工作。工程监理单位勘察质量管理的主要工作包括：（1）协助建设单位编制工程勘察任务书和选择工程勘察单位，并协助签订工程勘察合同；（2）审查勘察单位提交的勘察方案，提出审查意见，并报建设单位，变更勘察方案时，应按原程序重新审查；（3）检查勘察现场及室内试验主要岗位操作人员的资格、所使用设备、仪器计量的检定情况；（4）检查勘察单位执行勘察方案的情况，对重要点位的勘探与测试应进行现场检查；（5）审查勘察单位提交的勘察成果报告，必要时对于各阶段的勘察成果报告组织专家论证或专家审查，并向建设单位提交勘察成果评估报告，同时应参与勘察成果验收。经验收合格后勘察成果报告才能正式使用。

96. ABCD。本题考核的是施工阶段投资控制的主要工作。施工阶段投资控制的主要工作包括：（1）进行工程计量和付款签证；（2）对完成工程量进行偏差分析；（3）审核竣工结算款；（4）处理施工单位提出的工程变更费用；（5）处理费用索赔。

97. ACE。本题考核的是材料费的组成。材料费是指施工过程中耗费的原材料、辅助材料、构配件、零件、半成品或成品、工程设备的费用。内容包括：材料原价、运杂费、运输损耗费、采购及保管费。采购及保管费包括采购费、仓储费、工地保管费、仓储损耗。

98. CDE。本题考核的是引进技术及进口设备其他费用。引进技术及进口设备其他费用，包括出国人员费用、国外工程技术人员来华费用、技术引进费、分期或延期付款利息、担保费以及进口设备检验鉴定费。

99. ABCD。本题考核的是按造价形成划分的建筑安装工程费用项目组成。分部分项工程费、措施项目费、其他项目费包含人工费、材料费、施工机具使用费、企业管理费和利润。

100. BCD。本题考核的是影响资金等值的因素。影响资金等值的因素有三个：资金的多少、资金发生的时间、利率（或收益率、折现率）的大小。

101. BDE。本题考核的是价值工程中创新阶段的步骤。价值工程中创新阶段的步骤一般包括方案创造、方案评价、提案编写。

102. ACE。本题考核的是最高限额成本加固定最大酬金。最高限额成本加固定最大酬金计价方式的合同中，首先要确定最高限额成本（高于报价成本）、报价成本和最低成本（预期成本）。

103. BCD。本题考核的是索赔利润的情况。一般来说，由于工程范围的变更、文件有缺陷或技术性错误、发包人未能提供现场等引起的索赔，承包人可以列入利润。一般监理工程师很难同意在工程暂停的费用索赔中加进利润损失。

104. AB。本题考核的是按子项目分解的资金使用计划。大中型的工程项目通常是由若干单项工程构成的，而每个单项工程包括多个单位工程，每个单位工程又是由若干个分部分项工程构成的，因此，首先要把项目总投资分解到单项工程和单位工程中。

105. CDE。本题考核的是设备及安装工程概算的内容。设备及安装工程概算包括：机械设备及安装工程概算；电气设备及安装工程概算；器具、工具及生产家具购置费概算。

106. ACDE。本题考核的是施工图预算的作用。选项 A、C、E 属于对承包人的作用；选项 D 属于对工程造价管理部门的作用。选项 B 错误，施工图预算是施工图设计阶段确定建设项目造价的依据。

107. ACD。本题考核的是不可抗力事件导致的人员伤亡、财产损失及其费用增加的承担原则。因不可抗力事件导致的人员伤亡、财产损失及其费用增加，发承包双方应按以下原则分别承担并调整合同价款和工期：（1）合同工程本身的损害、因工程损害导致第三方人员伤亡和财产损失以及运至施工场地用于施工的材料和待安装的设备的损害，由发包人承担；（2）发包人、承包人人员伤亡由其所在单位负责，并承担相应费用；（3）承包人的施工机械设备损坏及停工损失，应由承包人承担；（4）停工期间，承包人应发包人要求留在施工场地的必要的管理人员及保卫人员的费用应由发包人承担；（5）工程所需清理、修复费用，应由发包人承担。

108. ACD。本题考核的是预付款的支付与扣回。选项 A 正确，工程预付款是施工准备和所需要材料、结构件等流动资金的主要来源。选项 B 错误，发包人应在收到支付申请的 7d 内进行核实后向承包人发出预付款支付证书，并在签发支付证书后的 7d 内向承包人支付预付款。选项 C 正确，发包人拨付给承包人的工程预付款属于预支的性质。选项 D 正确，对重大工程项目，按年度工程计划逐年预付。选项 E 错误，承包人的预付款保函的担保金额根据预付款扣回的数额相应递减，但在预付款全部扣回之前一直保持有效。发包人应在预付款扣完后的14d内将预付款保函退还给承包人。

109．ABCE。本题考核的是进度控制的措施。进度控制的措施应包括组织措施、技术措施、经济措施及合同措施。

110．ACDE。本题考核的是年度竣工投产交付使用计划表。年度竣工投产交付使用计划表将阐明各单位工程的建筑面积、投资额、新增固定资产、新增生产能力等建筑总规模及本年计划完成情况，并阐明其竣工日期。

111．ABCD。本题考核的是工程项目建设总进度计划。工程项目建设总进度计划包括：工程项目一览表、工程项目总进度计划、投资计划年度分配表、工程项目进度平衡表。

112．ABC。本题考核的是双代号网络计划中时间参数的计算。本题的关键线路为：①→③→④→⑤→⑥，其关键工作包括工作3—4，不包括工作3—5；工作1—2的自由时差＝4—4—0＝0；工作2—5的总时差＝14—4—3＝7d；工作4—6的总时差＝21—14—5＝2d。

113．ABD。本题考核的是关键工作的特点。关键工作可能有多个紧前工作，但不一定都是关键工作，故选项C错误。关键工作不仅组成关键线路，也可能是非关键线路上的工作。故选项E错误。

114．AE。本题考核的是前锋线进度法进行实际进度和计划进度的比较。第35天下班时刻检查时，工作D的开始时间拖后15d，其总时差为30d，自由时差为10d，所以影响后续的最早开始时间，不影响总工期。

115．AB。本题考核的是进度计划的调整方法。进度计划的调整方法包括：（1）改变某些工作间的逻辑关系；（2）缩短某些工作的持续时间。

116．ABCD。本题考核的是施工进度计划审核的内容。施工进度计划审核的内容主要有：（1）进度安排是否符合工程项目建设总进度计划中总目标和分目标的要求，是否符合施工合同中开工、竣工日期的规定。（2）施工总进度计划中的项目是否有遗漏，分期施工是否满足分批动用的需要和配套动用的要求。（3）施工顺序的安排是否符合施工工艺的要求。（4）劳动力、材料、构配件、设备及施工机具、水、电等生产要素的供应计划是否能保证施工进度计划的实现，供应是否均衡，需求高峰期是否有足够能力实现计划供应。（5）总包、分包单位分别编制的各项单位工程施工进度计划之间是否相协调，专业分工与计划衔接是否明确合理。（6）对于业主负责提供的施工条件（包括资金、施工图纸、施工场地、采供的物资等），在施工进度计划中安排得是否明确、合理，是否有造成因业主违约而导致工程延期和费用索赔的可能存在。

117．ABDE。本题考核的是编制施工总进度计划的依据。编制施工总进度计划的依据有：施工总方案；资源供应条件；各类定额资料；合同文件；工程项目建设总进度计划；工程动用时间目标；建设地区自然条件及有关技术经济资料等。

118．BCE。本题考核的是施工进度计划调整的技术措施。施工进度计划调整的技术措施：（1）改进施工工艺和施工技术，缩短工艺技术间歇时间；（2）采用更先进的施工方法，以减少施工过程的数量（如将现浇框架方案改为预制装配方案）；（3）采用更先进的施工机械。选项A属于组织措施。选项D属于经济措施。

119．BD。本题考核的是工程延期的审批程序。当工程延期事件发生后，承包单位应在合同规定的有效期内以书面形式通知监理工程师（即工程延期意向通知），以便于监理工程师尽早了解所发生的事件，及时作出一些减少延期损失的决定。随后，承包单位应在合同规定的有效期内（或监理工程师可能同意的合理期限内）向监理工程师提交详细的申述报告（延期理由及依据）。

120. BCD。本题考核的是在物资供应计划实施过程中进行检查的重要作用。在物资供应计划实施过程中进行检查的重要作用有：（1）发现实际供应偏离计划的情况，以便进行有效的调整和控制；（2）发现计划脱离实际的情况，据此修订计划的有关部分，使之更切合实际情况；（3）反馈计划执行结果，作为下一期决策和调整供应计划的依据。

权威预测试卷（五）

一、单项选择题（共 80 题，每题 1 分。每题的备选项中，只有 1 个最符合题意）

1. 工程不仅要求在交工验收时要达到规定的指标，而且在一定的使用时期内要保持应有的正常功能。体现了建设工程质量的（   ）。
   A. 适用性
   B. 耐久性
   C. 安全性
   D. 可靠性

2. 下列影响工程质量的因素中，属于工程管理环境因素的是（   ）。
   A. 现场的安全防护设施
   B. 交通运输和道路条件
   C. 组织体制及管理制度
   D. 不可抗力对工程质量的影响

3. 法定的国家级检测机构出具的检测报告，在国内具有（   ）的性质。
   A. 一般裁定
   B. 权威裁定
   C. 最终裁定
   D. 最高裁定

4. 建立质量管理体系首先要明确企业的质量方针，质量方针是组织的最高管理者正式发布的该组织总的（   ）。
   A. 质量要求
   B. 质量水平
   C. 质量宗旨和方向
   D. 质量策划

5. 关于质量管理体系内部审核的说法中，错误的是（   ）。
   A. 应审核质量方针和质量目标是否可行
   B. 应审核质量记录能否起到见证作用
   C. 应审核或认证合同中规定的标准是否按规定有效运行了管理体系
   D. 应审核组织结构能否满足质量管理体系运行的需要

6. 在工程开工前，施工单位必须完成施工组织设计的编制及内部审批工作，填写《施工组织设计/(专项) 施工方案报审表》报送（   ）。
   A. 项目监理机构
   B. 建设单位
   C. 设计单位
   D. 建设行政主管部门

7. 关于《卓越绩效评价准则》与 ISO 9000 质量管理体系的比较，下列说法中正确的是（   ）。
   A. ISO 9000 质量管理体系是战略导向，"卓越绩效"是标准化导向

B. ISO 9000 质量管理体系来自市场竞争的驱动，"卓越绩效"模式来自市场准入的驱动

C. ISO 9000 质量管理体系关注结果，"卓越绩效"模式更加关注过程

D. 质量管理原则同时适用于 ISO 9000 质量管理体系与"卓越绩效"模式

8. 关于实施见证取样的要求，下列说法不正确的是(　　)。

A. 试验室要具有相应的资质并进行备案、认可

B. 见证取样和送检的资料必须真实完整

C. 试验室出具的报告一式三份

D. 施工单位从事取样的人员一般应是试验室人员

9. 监理人员发现可能造成质量事故的重大隐患或已发生质量事故的，总监理工程师应签发(　　)。

A. 工程暂停令 　　　　　　　　　B. 局部整改通知单

C. 监理通知单 　　　　　　　　　D. 整改意见单

10. 实际质量特性分布在质量标准要求界限中间，且实际质量特性分布的范围接近质量标准要求界限，没有余地，生产过程一旦发生小的变化，产品的质量特性值就可能超出质量标准，此时正确的做法是(　　)。

A. 必须采取措施进行调整，使质量分布位于标准之内

B. 必须立即采取措施，以缩小质量分布范围

C. 对原材料、设备、工艺、操作等控制要求适当放宽些

D. 应迅速采取措施，使直方图移到中间来

11. 钢筋机械连接接头产品的型式检验应由(　　)认可的检测机构进行，并应按有关标准规定的格式出具检验报告和评定结论。

A. 国家或地方主管部门 　　　　　B. 国家、省部级主管部门

C. 当地建设行政主管部门 　　　　D. 省级以上人民政府建设主管部门

12. 设计交底会议纪要由(　　)整理，与会各方会签。

A. 建设单位 　　　　　　　　　　B. 施工单位

C. 设计单位 　　　　　　　　　　D. 监理单位

13. 对已进场经检验不合格的工程材料，项目监理机构应要求施工单位将该批材料(　　)。

A. 就地封存 　　　　　　　　　　B. 限期撤出施工现场

C. 降低标准使用 　　　　　　　　D. 重新试验检测，合格后方可使用

14. 工程设备验收前，设备安装单位应提交设备验收方案，设备验收方案不包括(　　)。

A. 验收方法 　　　　　　　　　　B. 质量标准

C. 验收依据　　　　　　　　　　　　D. 验收人员

15. 工程设备验收前，设备安装单位应提交设备验收方案，经(　　)审查同意后实施。

A. 总监理工程师　　　　　　　　　　B. 专业监理工程师

C. 项目经理　　　　　　　　　　　　D. 主管部门

16. 下列造成质量波动的原因中，属于偶然性原因的是(　　)。

A. 现场温湿度的微小变化　　　　　　B. 机械设备过度磨损

C. 材料质量规格显著差异　　　　　　D. 工人未遵守操作规程

17. 在质量控制活动中，绘制控制图的目的是(　　)。

A. 分析质量问题产生的原因

B. 分析判断生产过程是否处于稳定状态

C. 寻找影响质量主次因素

D. 判断质量分布状态

18. 主要用于标准设备的采购方式是(　　)。

A. 向制造厂商订货　　　　　　　　　B. 招标采购

C. 市场采购　　　　　　　　　　　　D. 询价采购

19. 设备采购方案要根据(　　)和相关设计文件的要求编制，使采购的设备符合设计文件要求。

A. 相关市场信息　　　　　　　　　　B. 资源配置情况

C. 建设地区基础资料　　　　　　　　D. 建设项目的总体计划

20. 检验批抽样方案中合理分配生产方风险和使用方风险时，对应于一般项目合格质量水平的错判概率 α 不宜超过 5%，漏判概率 β 不宜超过(　　)。

A. 8%　　　　　　　　　　　　　　　B. 9%

C. 10%　　　　　　　　　　　　　　　D. 12%

21. 对涉及结构安全、节能、环境保护和使用功能的重要分部工程，应在验收前按规定进行(　　)。

A. 见证取样检验　　　　　　　　　　B. 抽样检验

C. 剥离试验　　　　　　　　　　　　D. 破坏性试验

22. 根据《建筑工程施工质量验收统一标准》GB 50300—2013，施工质量验收的最小单位是(　　)。

A. 单位工程　　　　　　　　　　　　B. 分部工程

C. 分项工程　　　　　　　　　　　　D. 检验批

23. 单位工程质量竣工综合验收结论由参加验收各方共同商定，由（　　）填写。
    A. 设计单位　　　　　　　　　　　　B. 施工单位
    C. 监理单位　　　　　　　　　　　　D. 建设单位

24. 对于项目监理机构提出检查要求的重要工序，应经（　　）检查认可，才能进行下道工序施工。
    A. 总监理工程师代表　　　　　　　　B. 总监理工程师
    C. 建设单位项目负责人　　　　　　　D. 专业监理工程师

25. 根据《建筑工程施工质量验收统一标准》GB 50300—2013，经返修或加固处理的分项、分部工程，满足安全及使用功能要求时，应（　　）。
    A. 按验收程序重新进行验收　　　　　B. 按技术处理方案和协商文件进行验收
    C. 经检测单位检测鉴定后予以验收　　D. 经设计单位复核后予以验收

26. 下列属于施工阶段投资控制组织措施的是（　　）。
    A. 编制本阶段投资控制工作计划　　　B. 编制资金使用计划
    C. 进行工程计量　　　　　　　　　　D. 参与处理索赔事宜

27. 根据现行《建筑安装工程费用项目组成》（建标〔2013〕44 号），下列费用中，应计入分部分项工程费的是（　　）。
    A. 安全文明施工费　　　　　　　　　B. 二次搬运费
    C. 施工机械使用费　　　　　　　　　D. 大型机械设备进出场及安拆费

28. 监理工程师应针对不同勘察阶段，对工程勘察报告的内容和深度进行检查，看其是否满足（　　）和相应设计阶段的要求。
    A. 勘察任务书　　　　　　　　　　　B. 设计规划大纲
    C. 设计任务书　　　　　　　　　　　D. 设计方案

29. 进行技术设计和施工图设计的投资控制目标是（　　）。
    A. 设计概算　　　　　　　　　　　　B. 施工图预算
    C. 投资估算　　　　　　　　　　　　D. 承包合同价

30. 某建设工程项目施工过程中，由于质量事故导致工程结构受到破坏，造成6000万元的直接经济损失，这一事故属于（　　）。
    A. 特别重大事故　　　　　　　　　　B. 重大事故
    C. 较大事故　　　　　　　　　　　　D. 一般事故

31. 对专业设计方案进行评审，应重点审核专业设计方案的（　　）。
    A. 设计依据、设计规模、产品方案和工艺流程

B. 设计参数、设计标准、设备选型和结构造型

C. 可靠性、合理性、经济性、先进性和协调性

D. 设计参数、协作条件、功能和使用价值

32. 某施工机械原值为 40000 元，耐用总台班为 2000 台班，一次大修费为 4000 元，大修周期数为 4，台班经常修理费系数为 25%，每台班发生的其他费用合计为 25 元/台班，忽略残值和资金时间价值，则该机械的台班单价为（　　）元/台班。

A. 55.0   B. 52.5

C. 51.0   D. 47.0

33. 某新建项目，建设期为 3 年，共向银行贷款 1000 万元，贷款时间为：第 1 年 300 万元，第 2 年 400 万元，第 3 年 300 万元，年利率为 8%，则该项目建设期利息是（　　）万元。

A. 107.13   B. 123.14

C. 125.20   D. 114.20

34. 某企业计划自筹资金进行一项技术改造，预计 3 年后进行这项改造需要 500 万元，银行利率 10%，则从现在开始每年应等额筹款（　　）万元。

A. 151.06   B. 165.50

C. 133.33   D. 231.63

35. 某公司拟投资建设 1 个工业项目，希望建成后在 2 年内收回全部贷款的复本利和，预计项目每年能获利 500 万元，银行贷款的年利率为 7%，则该项目的总投资应控制在（　　）万元以内。

A. 904.01   B. 563.81

C. 734.42   D. 873.24

36. 一笔资金的名义年利率是 10%，按季计息。关于其利率的说法，正确的是（　　）。

A. 年实际利率是 10%   B. 年实际利率是 10.25%

C. 每个计息周期的实际利率是 10%   D. 每个计息周期的实际利率是 2.5%

37. 某建筑工程，合同规定建筑单位每月向施工单位发放进度款 100 万元，如有拖欠除应交付进度款外，还应支付每月 1.4% 的利息。现在建设单位已经拖欠了施工单位 5 个月的进度款，则建设单位需支付施工单位的资金应为（　　）万元。

A. 514   B. 507

C. 521   D. 530

38. 关于净现值指标的说法，错误的是（　　）。

A. 净现值指标考虑了资金的时间价值，并全面考虑了项目在整个计算期内的经济状况

B. 净现值指标能够直接以金额表示项目的盈利水平

C. 净现值指标不能反映项目投资中单位投资的使用效率

D. 净现值指标能够直接说明在项目运营期各年的经营成果

39. 将经济评价指标分为静态评价指标和动态评价指标的根据是(　　)。

A. 计算指标时是否考虑资金时间价值　　B. 评价指标是否能够量化

C. 评价方法是否考虑主观因素　　D. 经济效果评价是否考虑融资的影响

40. 某项目总投资为 2000 万元,其中债务资金为 500 万元,项目运营期内年平均净利润为 200 万元,年平均息税为 20 万元,则该项目的总投资收益率为(　　)。

A. 10.0%

B. 11.0%

C. 13.3%

D. 14.7%

41. 定额单价法编制施工图预算的工作主要有:①划分工程项目和计算工程量;②套用定额单价;③将人料机费及各类取费汇总,确定工程造价;④工料分析;⑤准备资料,熟悉施工图纸。正确的步骤是(　　)。

A. ④—⑤—①—②—③

B. ⑤—①—④—②—③

C. ⑤—②—①—④—③

D. ⑤—①—②—④—③

42. 根据《建设工程工程量清单计价规范》GB 50500—2013,在合同履行期间,由于招标工程量清单缺项,新增了分部分项工程量清单项目,关于其合同价款确定的说法,正确的是(　　)。

A. 新增清单项目的综合单价应由监理工程师提出

B. 新增清单项目导致新增措施项目的,承包人应将新增措施项目实施方案提交发包人批准

C. 新增清单项目的综合单价应由承包人提出,但相关措施项目费不能再做调整

D. 新增清单项目应按额外工作处理,承包人可选择做或者不做

43. 拟建工程与在建工程采用同一施工图,但二者基础部分和现场施工条件不同。则审查拟建工程施工图预算时,为提高审查效率,对其与在建工程相同部分宜采用的方法是(　　)。

A. 全面审查法

B. 对比审查法

C. 分组计算审查法

D. 标准预算审查法

44. 在被研究对象彼此相差比较大以及时间紧迫的情况下比较适用的价值工程对象的选择方法是(　　)。

A. 因素分析法

B. ABC 分析法

C. 强制确定法

D. 价值指数法

45. 某建设项目有 4 个设计方案,其评价指标见下表,根据价值工程原理,最优的方

案是( )。

设计方案评价指标

方案名称	功能系数	成本系数
甲	0.3584	0.3751
乙	0.3465	0.3333
丙	0.2952	0.2917
丁	0.3716	0.2713

A. 甲   B. 乙
C. 丙   D. 丁

46. 设计概算的"三级概算"是指( )。
A. 建筑工程概算、安装工程概算、设备及工器具购置费概算
B. 单位工程概算、单项工程综合概算、建设工程项目总概算
C. 建设投资概算、建设期利息概算、铺底流动资金概算
D. 主要工程项目概算、辅助和服务性工程项目概算、室内外工程项目概算

47. 某工程采用工程量清单招标,招标人公布的招标控制价为 1 亿元。中标人的投标报价为 8900 万元,经调整计算错误后的中标价为 9100 万元。所有合格投标人的报价平均为 9200 万元,则该中标人的报价浮动率为( )。
A. 8.0%   B. 8.5%
C. 9.0%   D. 11.0%

48. 根据《建设工程工程量清单计价规范》GB 50500—2013,关于工程量清单编制的说法,正确的是( )。
A. 同一招标工程的项目编码不能重复
B. 措施项目都应该以"项"为计量单位
C. 所有清单项目的工程量都应以投标文件的工程量为准
D. 需要纳入分部分项工程量清单项目综合单价中的暂估价最好只是专业工程设备费

49. 根据《建设工程工程量清单计价规范》GB 50500—2013,采用工程量清单招标的工程,投标人在投标报价时不得作为竞争费用的是( )。
A. 工程定位复测费   B. 冬雨期施工增加费
C. 总承包服务费   D. 规费

50. 根据《建设工程工程量清单计价规范》GB 50500—2013,采用清单计价的某分部分项工程,招标控制价的综合单价为 300 元,承包人投标报价的综合单价为 240 元,该工程投标报价总的下调率为 5%,结算时,该分部分项工程工程量比清单工程量增加了 16%,且合同未确定综合单价调整方法,则对该综合单价的正确处理方式是( )。

A. 调整为 240 元   B. 调整为 242.25 元
C. 不做任何调整   D. 调整为 300 元

51. 根据《建设工程工程量清单计价规范》GB 50500—2013，对于任一招标工程量清单项目，如果因工程量偏差和工程变更等原因导致工程量偏差超过（   ）时，可进行调整。
    A. 5%   B. 10%
    C. 15%   D. 8%

52. 根据《建设工程工程量清单计价规范》GB 50500—2013，工程变更引起施工方案改变并使措施项目发生变化时，承包人提出调整措施项目费用的，应事先将（   ）提交发包人确认。
    A. 拟实施的施工方案   B. 索赔意向通知
    C. 拟申请增加的费用明细   D. 工程变更的内容

53. 分部分项工程量清单中，材料费的索赔不包括（   ）。
    A. 由于客观原因，材料价格大幅度上涨
    B. 由于索赔事项，材料实际用量超过计划用量而增加的材料费
    C. 由于非承包商责任，工程延误导致的材料价格上涨和超期储存费用
    D. 由于承包商管理不善，造成材料损坏失效

54. 施工索赔时最常用的方法是（   ）。
    A. 计划费用法   B. 实际费用法
    C. 修正的总费用法   D. 总费用法

55. 根据《标准施工招标文件》中通用条款规定，承包人通常只能获得工期补偿，但不能得到费用和利润补偿的事件是（   ）。
    A. 异常恶劣的气候条件   B. 承包人遇到不利物质条件
    C. 法律变化引起的价格调整   D. 发包人要求承包人提前竣工

56. 某项目中的管道安装工程，9 月份计划工作预算投资 40 万元，已完工作预算投资 50 万元，已完工作实际投资 65 万元，则投资偏差为（   ）万元。
    A. 10   B. －15
    C. 25   D. －10

57. 影响建设工程进度的不利因素有很多，其中复杂的工程地质条件，不明的水文气象条件属于（   ）因素。
    A. 社会环境   B. 自然环境
    C. 勘察设计   D. 业主因素

58. 进度控制中加强索赔管理，公正的处理索赔属于（   ）。
   A. 合同措施　　　　　　　　　　B. 组织措施
   C. 经济措施　　　　　　　　　　D. 技术措施

59. 在建设工程进度控制计划体系中，（   ）为筹集建设资金或与银行签订借款合同及制订分年用款计划提供依据。
   A. 投资计划年度分配表　　　　　B. 年度建设资金平衡表
   C. 工程项目年度计划　　　　　　D. 工程项目进度平衡表

60. 关于建设工程项目总进度目标的说法，正确的是（   ）。
   A. 建设工程项目总进度目标的控制是施工总承包方项目管理的任务
   B. 在进行项目总进度目标控制前，应分析和论证目标实现的可能性
   C. 项目实施阶段的总进度指的就是施工进度
   D. 项目总进度目标论证就是要编制项目的总进度计划

61. 固定节拍流水施工与加快的成倍节拍流水施工相比较，共同的特点是（   ）。
   A. 相邻专业工作队的流水步距相等　　B. 专业工作队数等于施工过程数
   C. 不同施工过程的流水节拍均相等　　D. 专业工作队数等于施工段数

62. 某工程划分为 3 个施工过程、4 个施工段，组织加快的成倍节拍流水施工，流水节拍分别为 4d、4d 和 2d，则应派（   ）个专业工作队参与施工。
   A. 5　　　　　　　　　　　　　B. 4
   C. 3　　　　　　　　　　　　　D. 2

63. 某分部工程有甲、乙、丙 3 个施工过程，流水节拍分别为 4d、6d、2d，施工段数为 6，且甲乙间工艺间歇为 1d，乙丙间提前插入时间为 2d，现组织等步距的成倍节拍流水施工，则计算工期为（   ）d。
   A. 23　　　　　　　　　　　　B. 22
   C. 21　　　　　　　　　　　　D. 19

64. 下图所示双代号网络计划的关键路线为（   ）。

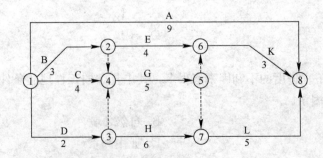

A. ①→⑧

C. ①→③→⑦→⑧

B. ①→②→⑥→⑧

D. ①→④→⑤→⑦→⑧

65. 某工程施工进度计划如下图所示，下列说法中，错误的是(　　)。

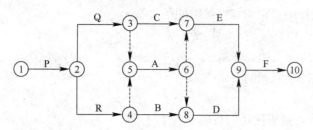

A. R 的紧后工作有 A、B

C. D 的紧后工作只有 F

B. E 的紧前工作只有 C

D. P 没有紧前工作

66. 某双代号网络计划如下图所示（单位：d），则工作 E 的自由时差为(　　)d。

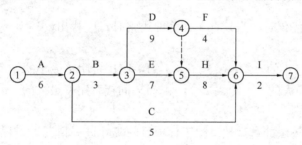

A. 0

C. 2

B. 4

D. 15

67. 某工程双代号时标网络计划如下图所示，其中工作 B 的总时差和自由时差(　　)。

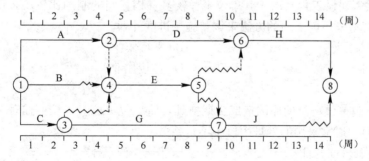

A. 均为 1 周

C. 均为 3 周

B. 分别为 3 周和 1 周

D. 分别为 4 周和 3 周

68. 在工程网络计划中，关键线路上(　　)。

A. 节点的最早时间等于最迟时间

B. 工作的持续时间总和即为计算工期

C. 工作的总时差等于计划工期与计算工期之差

D. 相邻两项工作之间的时距全部为零

69. 在网络计划中，（   ）是网络计划工期成本优化的基础。

A. 分析各项工作的直接费与持续时间的关系

B. 分析各项工作中直接费与间接费的关系

C. 分析工程费用与工期的关系

D. 分析工期与持续时间的关系

70. 工程网络计划费用优化的目的是为了寻求（   ）。

A. 工程总成本最低时的最优工期安排

B. 工期固定条件下的工程费用均衡安排

C. 工程总成本固定条件下的最短工期安排

D. 工期最短条件下的最低工程总成本安排

71. 在进行费用优化时，当只有一条关键线路时，应找出（   ）一项关键工作，作为缩短持续时间的对象。

A. 直接费用率最小的　　　　　　　　B. 间接费用率最小的

C. 直接费用率最大的　　　　　　　　D. 间接费用率最大的

72. 香蕉曲线比较法能直观地反映工程项目的实际进展情况，工程项目实施进度的理想状态是任一时刻工程实际进展点应落在（   ）。

A. 香蕉曲线图的范围之外　　　　　　B. 香蕉曲线图的范围之内

C. ES 曲线的左侧　　　　　　　　　　D. LS 曲线的右侧

73. 对于大型建设工程，由于其单位工程较多且相互间的制约比较小，可调整的幅度比较大，所以容易采用（   ）的方法来调整施工进度计划。

A. 搭接作业　　　　　　　　　　　　B. 平行作业

C. 混合作业　　　　　　　　　　　　D. 错接作业

74. 由于承包单位自身的原因造成工期拖延，而承包单位又未按照监理工程师的指令改变延期状态时，通常采用的处理手段中不包括（   ）。

A. 拒绝签署付款凭证　　　　　　　　B. 误期损失赔偿

C. 取消承包资格　　　　　　　　　　D. 驱逐出施工现场

75. 建设工程施工阶段进度控制的最终目的是（   ）。

A. 使工程项目利用最少资金建成交付使用

B. 保证工程竣工验收

C. 保证工程项目按期建成交付使用

D. 使工程项目尽可能满足业主要求

76. 工程设计的阶段中，直接影响建设工程的施工进度，进而影响建设工程进度总目标的实现是（　　）。

A. 初步设计　　　　　　　　　　　　B. 施工图设计

C. 技术设计　　　　　　　　　　　　D. 设计进度控制目标

77. 确定施工顺序是为了按照施工的技术规律和合理的组织关系，解决各工作项目之间在时间上的先后和搭接问题，施工顺序受（　　）和施工组织的制约。

A. 施工工艺　　　　　　　　　　　　B. 施工技术

C. 施工方案　　　　　　　　　　　　D. 施工环境

78. 在设计进度控制中，（　　）要对设计单位填写的设计图纸进度表进行核查分析，并提出自己的见解。

A. 建设单位代表　　　　　　　　　　B. 监理工程师

C. 施工单位技术负责人　　　　　　　D. 施工单位项目负责任人

79. 监理工程师在对竣工资料及工程实体进行全面检查、验收合格后，应签署工程竣工报验单，并向业主提出（　　）。

A. 进度报告　　　　　　　　　　　　B. 竣工结算清单

C. 质量评估报告　　　　　　　　　　D. 年度竣工投产交付使用表

80. 关于物资需求计划的说法，正确的是（　　）。

A. 编制依据：概算文件、项目总进度计划

B. 组成内容：一次性需求计划和各计划期需求计划

C. 主要作用：确定材料的合理储备

D. 编制单位：各施工承包单位

二、**多项选择题**（共 40 题，每题 2 分。每题的备选项中，有 2 个或 2 个以上符合题意，至少有 1 个错项。错选，本题不得分；少选，所选的每个选项得 0.5 分）

81. 下列机械设备，属于施工机具设备的有（　　）。

A. 辅助配套的电梯、泵机　　　　　　B. 测量仪器

C. 计量器具　　　　　　　　　　　　D. 空调设备

E. 操作工具

82. 工程质量监督机构的主要任务包括（　　）。

A. 制订质量监督工作方案

B. 检查建设工程实体质量

C. 监督工程质量验收

D. 监督检查工程建设投资主体的建设行为

E. 检查施工现场工程建设各方主体的质量行为

83. 工程质量监督机构应检查施工现场工程建设各方主体的质量行为。其检查内容包括（　　）。

A. 检查施工现场工程建设各方主体及有关人员的资质或资格

B. 检查勘察、设计、施工、监理单位的质量管理体系

C. 检查勘察、设计、施工、监理单位责任制落实情况

D. 检查有关质量文件、技术资料是否齐全并符合规定

E. 对建设工程地基基础、主体结构和其他涉及安全的关键部位进行现场实地抽查

84. 质量管理体系的特征包括（　　）。

A. 符合性   B. 针对性

C. 动态性   D. 全面有效性

E. 持续受控

85. 工程材料进场必须有（　　）。

A. 经营许可证   B. 出厂合格证

C. 质量保证书   D. 生产许可证

E. 使用说明书

86. 描述数据分布离中趋势的特征值包括（　　）。

A. 中位数   B. 极差

C. 变异系数   D. 标准偏差

E. 算术平均数

87. 在单位工程质量竣工验收时，要核查建筑与结构工程安全和功能检验资料，核查的重点包括主要功能抽查记录中的（　　）。

A. 屋面淋水试验记录   B. 隐蔽工程验收记录

C. 地下室防水效果检查记录   D. 新材料新工艺施工记录

E. 建筑物沉降观测测量记录

88. 分部工程质量验收应由总监理工程师组织（　　）进行。

A. 建设单位负责人   B. 分包单位项目负责人

C. 施工单位项目负责人   D. 施工单位技术负责人

E. 施工单位质量负责人

89. 工程材料质量记录包括（　　）。

A. 工程质量检验制度

B. 施工方案及审批记录

C. 各种试验检验报告

D. 设备进场维修记录或设备进场运行检验记录

E. 进场工程材料、构配件、设备的质量证明资料

90. 对供货厂商进行初选的内容包括(   )。

A. 供货厂商的资质   B. 专业管理人员的资格

C. 设备供货能力   D. 各种检验检测手段及试验室资质

E. 近几年供应、生产、制造类似设备的情况

91. 设备制造过程的监督和检验包括的内容有(   )。

A. 加工作业条件的控制   B. 工序产品的检查与控制

C. 设计变更   D. 不合格零件的处置

E. 用料的检查

92. 根据水泥标准规定，水泥进场复验通常只做(   )检验。

A. 安定性   B. 细度

C. 和易性   D. 凝结时间

E. 胶砂强度

93. 分包单位资格审核应包括的基本内容有(   )。

A. 安全生产许可文件   B. 类似工程业绩

C. 安全措施计划文件   D. 营业执照、企业资质等级证书

E. 专职管理人员和特种作业人员的资格

94. 工程质量事故调查报告的内容应包括(   )。

A. 质量事故发生的简要经过

B. 质量事故的处理依据

C. 质量事故发展变化的情况

D. 质量事故发生的时间、地点、工程部位

E. 造成工程损失状况，伤亡人数和直接经济损失的初步估计

95. 工程质量事故发生后，总监理工程师签发《工程暂停令》的同时，应要求(   )。

A. 采取必要措施防止事故扩大   B. 保护好事故现场

C. 事故调查组进行调查   D. 事故发生单位按规定要求向主管部门上报

E. 提交技术处理方案

96. 项目间接建设成本包括(   )。

A. 仪器仪表费   B. 项目管理费

C. 场外设施费用　　　　　　　　　　　D. 开工试车费

E. 生产前费用

97. 国际工程项目建筑安装工程费用的构成,因承包项目范围的不同以及各承包公司的分类方法不一致,没有统一的模式,在其基本构成中盈余包括(　　)。

A. 利润　　　　　　　　　　　　　　　B. 人工费

C. 风险费　　　　　　　　　　　　　　D. 保险费

E. 税金

98. 下列费用项目中,以"到岸价"为基数,乘以各自给定费(税)率进行计算的有(　　)。

A. 外贸手续费　　　　　　　　　　　　B. 关税

C. 国外运费　　　　　　　　　　　　　D. 增值税

E. 银行财务费

99. 工程建设其他费用中,征用耕地的补偿费用包括(　　)。

A. 耕地占用税　　　　　　　　　　　　B. 土地补偿费

C. 土地投资补偿费　　　　　　　　　　D. 安置补助费

E. 地上附着物和青苗的补偿费

100. 确定基准收益率时,应综合考虑的因素包括(　　)。

A. 投资风险　　　　　　　　　　　　　B. 资金限制

C. 资金成本　　　　　　　　　　　　　D. 通货膨胀

E. 投资者意愿

101. 下列费用中,应计入建设工程项目投资中"生产准备费"的有(　　)。

A. 生产职工培训费　　　　　　　　　　B. 购买原材料、能源的费用

C. 办公家具购置费　　　　　　　　　　D. 联合试运转费

E. 提前进厂人员的工资、福利等费用

102. 设计方案定量评价比较适用于(　　)。

A. 评比和选拔　　　　　　　　　　　　B. 对群体的状态进行综述

C. 从样本推断总体　　　　　　　　　　D. 对评价对象进行观察、分析、归纳与描述

E. 对可测特征精确而客观地描述

103. 在(　　)的情况下,可采用扩大单价法编制建筑工程概算。

A. 初步设计达到一定深度　　　　　　　B. 工程项目或者投资比较小

C. 建筑结构比较明确　　　　　　　　　D. 建筑工程比较简单

E. 工程概算指标比较多

104. 审查设计概算的编制依据主要有（　　）。

A. 合法性审查
B. 全面性审查
C. 时效性审查
D. 适用范围审查
E. 针对性审查

105. 根据《标准施工招标文件》（2007 版），承包人有可能同时获得工期和费用补偿的事件有（　　）。

A. 发包人要求向承包人提前交付材料
B. 因不可抗力造成的工期延误
C. 异常恶劣的气候条件
D. 监理人对覆盖的隐蔽工程重新检查且检查结果合格
E. 施工中发现文物古迹

106. 人工费的索赔包括（　　）。

A. 法定人工费增长
B. 由于承包人责任导致工程延误的人员窝工费
C. 超过法定工作时间加班增加的费用
D. 由于非承包人责任的工效降低所增加的人工费用
E. 完成合同之外的额外工作所花费的人工费用

107. 根据《建设工程工程量清单计价规范》GB 50500—2013，关于安全文明施工费的说法，正确的有（　　）。

A. 发包人应在开工后 28d 内预付不低于当年施工进度计划的安全文明施工费总额的 60%
B. 承包人对安全文明施工费应专款专用，不得挪作他用
C. 承包人应将安全文明施工费在财务账目中单独列项备查
D. 发包人没有按时支付安全文明施工费的，承包人可以直接停工
E. 发包人在付款期满后 7d 内仍未支付安全文明施工费的，若发生安全事故，发包人承担全部责任

108. 根据《建设工程工程量清单计价规范》GB 50500—2013，关于工程竣工结算的计价原则，下列说法正确的有（　　）。

A. 计日工按发包人实际签证确认的事项计算
B. 总承包服务费依据合同约定金额计算，不得调整
C. 暂列金额应减去工程价款调整金额计算，余额归发包人
D. 规费和税金应按国家或省级、行业建设主管部门的规定计算
E. 总价措施项目应依据合同约定的项目和金额计算，不得调整

109. 建设工程实施阶段进度控制的主要任务中，设计阶段进度控制的任务有（　　）。

A. 编制施工总进度计划，并控制其执行

B. 编制设计阶段工作计划，并控制其执行

C. 编制工程项目总进度计划

D. 编制详细的出图计划，并控制其执行

E. 编制工程年、季、月实施计划，并控制其执行

110. 工程项目年度计划是依据（　　）进行编制的。

A. 工程项目总进度计划　　　　　　B. 工程项目前期工作计划

C. 工程项目建设总进度计划　　　　D. 年度进度计划

E. 批准的设计文件

111. 流水节拍是表明流水施工的速度和节奏性，流水节拍小，表明（　　）。

A. 节奏感弱　　　　　　　　　　　B. 流水速度慢

C. 资源供应量少　　　　　　　　　D. 流水速度快

E. 节奏感强

112. 某分部工程双代号网络计划如下图所示，其绘图错误的有（　　）。

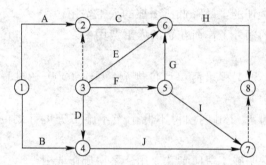

A. 有多个起点节点　　　　　　　　B. 有多个终点节点

C. 工作代号重复　　　　　　　　　D. 节点编号有误

E. 有多余虚工作

113. 网络计划中工作的自由时差是指该工作（　　）。

A. 最迟完成时间与最早完成时间的差

B. 与其所有紧后工作自由时差与间隔时间和的最小值

C. 所有紧后工作最早开始时间的最小值与本工作最早完成时间的差值

D. 与所有紧后工作间波形线段水平长度和的最小值

E. 与所有紧后工作间间隔时间的最小值

114. 某工程双代号网络计划如下图所示，图中已标出各项工作的最早开始时间和最迟开始时间，该计划表明（　　）。

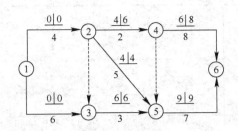

A. 工作 1—3 的自由时差为 0

B. 工作 2—4 的自由时差为 2d

C. 工作 2—5 为关键工作

D. 工作 3—5 的总时差为 0

E. 工作 4—6 的总时差为 2d

115. 网络计划的优化目标应按计划任务的需要和条件选定，具体目标包括（　　）。

A. 工期目标　　　　　　　　　B. 特定目标

C. 费用目标　　　　　　　　　D. 资源目标

E. 效益目标

116. 某钢筋工程计划进度和实际进度 S 曲线如下图所示，从图中可以看出（　　）。

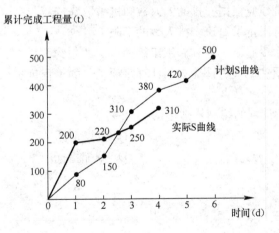

A. 第 1 天末该工程实际拖欠的工程量为 120t

B. 第 2 天末实际进度比计划进度超前 1d

C. 第 3 天末实际拖欠的工程量 60t

D. 第 4 天末实际进度比计划进度拖后 1d

E. 第 4 天末实际拖欠工程量 70t

117. 某分部工程双代号时标网络计划执行到第 6 天结束时，检查其实际进度如下图前锋线所示，检查结果表明（　　）。

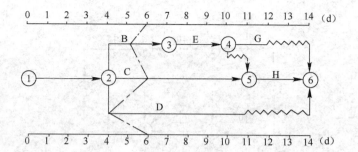

A. 工作 B 的实际进度不影响总工期　　B. 工作 C 的实际进度正常

C. 工作 D 的总时差尚有 2d　　D. 工作 E 的总时差尚有 1d

E. 工作 G 的总时差尚有 1d

118. 建设工程设计工作属于多专业协作配合的智力劳动，在工程设计过程中，影响其进度的因素包括( )。

A. 设计审批时间的影响　　B. 工程变更的影响

C. 建设意图及要求改变的影响　　D. 施工图设计变更的影响

E. 材料代用、设备选用失误的影响

119. 下列关于编制单位工程施工进度计划的说法中，正确的有( )。

A. 最小工作面限定了每班安排人数的上限

B. 每天的工作班数应根据安排的工人数和机械数确定

C. 最小劳动组合限定了每班安排人数的下限

D. 施工顺序通常受施工工艺和施工组织两方面的制约

E. 应根据施工图和工程量计算规则计算每项工作的工程量

120. 申请、订货计划的编制依据包括( )。

A. 供应计划　　B. 概算定额

C. 储备计划　　D. 分配指标

E. 材料规格比

权威预测试卷（五）参考答案及解析

一、单项选择题

1. D	2. C	3. C	4. C	5. C
6. A	7. D	8. C	9. A	10. B
11. B	12. C	13. B	14. D	15. B
16. A	17. B	18. C	19. D	20. C
21. B	22. D	23. D	24. D	25. B
26. A	27. C	28. A	29. A	30. B
31. B	32. B	33. C	34. A	35. A
36. D	37. A	38. D	39. A	40. B

41. D	42. B	43. B	44. A	45. D
46. B	47. C	48. A	49. D	50. B
51. C	52. A	53. D	54. B	55. A
56.	57. B	58. A	59. A	60. B
61. A	62. A	63. C	64. D	65. B
66. C	67. B	68. C	69. A	70. A
71. A	72. B	73. B	74. D	75. C
76. B	77. A	78. B	79. C	80. B

【解析】

1. D。本题考核的是建设工程质量的特性。建设工程质量的特性表现在适用性、耐久性、安全性、可靠性、经济性、与环境的协调性。其中可靠性是指工程在规定的时间和规定的条件下完成规定功能的能力。工程不仅要求在交工验收时要达到规定的指标，而且在一定的使用时期内要保持应有的正常功能。

2. C。本题考核的是影响工程质量的因素。工程管理环境，主要指工程实施的合同环境与管理关系的确定，组织体制及管理制度等；周边环境，如工程邻近的地下管线、建（构）筑物等。

3. C。本题考核的是工程质量检测。法定的国家级检测机构出具的检测报告，在国内为最终裁定，在国外具有代表国家的性质。

4. C。本题考核的是质量方针的概念。质量方针是由组织的最高管理者正式发布的该组织总的质量宗旨和方向，质量目标是组织在质量方面的追求目的，组织应确立明确的质量方针和质量目标。

5. C。本题考核的是内部审核的主要内容。内部审核的主要内容应包括：（1）质量方针和质量目标是否可行；（2）质量管理体系文件是否覆盖本企业所有主要质量活动，各文件之间接口是否清楚；（3）组织结构能否满足质量管理体系运行的需要，各部门、各岗位的质量职责是否明确；（4）质量记录能否起到见证作用；（5）日常工作中质量管理体系文件规定的执行情况。

6. A。本题考核的是施工组织设计/施工方案审核、审批制度。在工程开工前，施工单位必须完成施工组织设计的编制及内部审批工作，填写《施工组织设计/（专项）施工方案报审表》报送项目监理机构。

7. D。本题考核的是《卓越绩效评价准则》与 ISO 9000 质量管理体系的比较。《卓越绩效评价准则》与 ISO 9000 质量管理体系的相同点：（1）基本原理和原则相同。（2）基本理念和思维方式相同。（3）使用方法（工具）相同。《卓越绩效评价准则》与 ISO 9000 质量管理体系的不同点：（1）ISO 9000 质量管理体系是标准化导向，"卓越绩效"模式是战略导向。（2）ISO 9000 质量管理体系来自市场准入的驱动，组织需要满足合格评定要求。"卓越绩效"模式来自市场竞争的驱动，通过质量奖及自我评价促进竞争力水平的提高。（3）ISO 9000 质量管理体系是符合性评审，"卓越绩效"模式可以帮助企业更清晰地了解自己的当前水平，为企业的进一步发展指明方向。（4）ISO 9000 质量管理体系主要关注过程，"卓越绩效"模式更加关注结果。（5）ISO 9000 质量管理体系是有限的目标，"卓越绩效"模式是多元化的目标。（6）ISO 9000 质量管理体系强调的管理职责是以满足顾客需求，以进行与质量管理体系相适应的管理活动为主，"卓越绩效"模式强调领导责任。
（7）ISO 9000 质量管理体系强调遵纪守法，"卓越绩效"模式则超越了 ISO 9000 质量管理体系的范围，以更宏观、系统的方法诊断组织的质量管理水平。

8. C。本题考核的是实施见证取样的要求。实施见证取样的要求：（1）试验室要具有相应的资质并进行备案、认可。（2）负责见证取样的专业监理工程师要具有材料、试验等方面的专业知识，并经培训考核合格，且要取得见证人员培训合格证书。（3）施工单位从事取样的人员一般应是试验室人员，或专职质检人员担任。（4）试验室出具的报告一式两份，分别由承包单位和项目监理机构保存，并作为归档材料，是工序产品质量评定的重要依据。（5）见证取样的频率，国家或地方主管部门有规定的，执行相关规定；施工承包合同中如有明确规定的，执行施工承包合同的规定。（6）见证取样和送检的资料必须真实、完整，符合相应规定。

9. A。本题考核的是工程暂停令的签发。监理人员发现可能造成质量事故的重大隐患或已发生质量事故的，总监理工程师应签发工程暂停令。

10. B。本题考核的是直方图的观察与分析。实际质量特性分布范围在质量标准要求界限中间，且实际质量特性分布范围接近质量标准要求界限的范围，没有余地，生产过程一旦发生小的变化，产品的质量特性值就可能超出质量标准。出现这种情况时，必须立即采取措施，以缩小质量分布范围。

11. B。本题考核的是型式检验。钢筋机械连接接头的试验分为产品的型式检验和工程进场抽样检测两类。型式检验应由国家、省部级主管部门认可的检测机构进行，并应按有关标准规定的格式出具检验报告和评定结论。

12. C。本题考核的是图纸会审与设计交底。设计交底会议纪要由设计单位整理，与会各方会签。

13. B。本题考核的是工程材料、构配件、设备的质量控制。项目监理机构收到施工单位报送的工程材料、构配件、设备报审表后，应审查施工单位报送的用于工程的材料、构配件、设备的质量证明文件，并应按有关规定、建设工程监理合同约定，对用于工程的材料进行见证取样。对已进场经检验不合格的工程材料、构配件、设备，应要求施工单位限期将其撤出施工现场。

14. D。本题考核的是工程材料、构配件、设备质量控制的要点。工程设备验收前，设备安装单位应提交设备验收方案，设备验收方案包括验收方法、质量标准、验收的依据。

15. B。本题考核的是工程材料、构配件、设备质量控制的要点。工程设备验收前，设备安装单位应提交设备验收方案，经专业监理工程师审查同意后实施。

16. A。本题考核的是质量数据波动的原因。在实际生产中，影响因素的微小变化具有随机发生的特点，是不可避免、难以测量和控制的，或者是在经济上不值得消除，它们大量存在但对质量的影响很小，属于允许偏差、允许位移范畴，引起的是正常波动，一般不会因此造成废品，生产过程正常稳定。

17. B。本题考核的是绘制控制图的目的。绘制控制图的目的是分析判断生产过程是否处于稳定状态。这主要是通过对控制图上点子的分布情况的观察与分析进行。因为控制图上点子作为随机抽样的样本，可以反映出生产过程（总体）的质量分布状态。

18. C。本题考核的是市场采购方式的适用范围。市场采购方式主要用于标准设备的采购。

19. D。本题考核的是设备采购方案的编制。设备采购方案要根据建设项目的总体计划和相关设计文件的要求编制，使采购的设备符合设计文件要求。

20. C。本题考核的是工程施工质量验收基本规定。计量抽样的错判概率 α 和漏判概率 β 可按下列规定采取：（1）主控项目：对应于合格质量水平的 α 和 β 均不宜超过 5%。（2）一般项目：对应于合格质量水平的 α 不宜超过 5%，β 不宜超过 10%。

21. B。本题考核的是建筑工程施工质量验收要求。对涉及结构安全、节能、环境保护和主要使用功能的试块、试件及材料，应在进场时或施工中按规定进行见证检验。对涉及结构安全、节能、环境保护和使用功能的重要分部工程，应在验收前按规定进行抽样检验。

22. D。本题考核的是施工质量验收。检验批是施工质量验收的最小单位，是分项工程乃至整个建筑工程质量验收的基础。

23. D。本题考核的是单位工程质量竣工验收记录的填写。单位工程质量竣工验收记录由施工单位填写，验收结论由监理单位填写；综合验收结论由参加验收各方共同商定，由建设单位填写，并应对工程质量是否符合设计和规范要求及总体质量水平作出评价。

24. D。本题考核的是建筑工程的施工质量控制。对于项目监理机构提出检查要求的重要工序，应经专业监理工程师检查认可，才能进行下道工序施工。

25. B。本题考核的是工程施工质量验收不符合要求的处理。工程施工质量验收不符合要求的应按下列进行处理：（1）经返工或返修的检验批，应重新进行验收；（2）经有资质的检测单位检测鉴定能够达到设计要求的检验批，应予以验收；（3）经有资质的检测单位检测鉴定达不到设计要求，但经原设计单位核算认可能够满足安全和使用功能要求时，该检验批可予以验收；（4）经返修或加固处理的分项、分部工程，满足安全及使用功能要求时，可按技术处理方案和协商文件的要求予以验收；（5）经返修或加固处理仍不能满足安全或重要使用要求的分部工程及单位工程，严禁验收。

26. A。本题考核的是施工阶段投资控制的组织措施。施工阶段投资控制的组织措施包括：（1）在项目监理机构中落实从投资控制角度进行施工跟踪的人员、任务分工和职能分工；（2）编制本阶段投资控制工作计划和详细的工作流程图。选项 B、C 属于经济措施；选项 D 属于合同措施。

27. C。本题考核的是分部分项工程费的组成。根据《建筑安装工程费用项目组成》（建标〔2013〕44 号），分部分项工程费是指各专业工程的分部分项工程应予列支的各项费用，包括人工费、材料费、施工机具使用费、企业管理费和利润。选项 A、B、D 均属于措施项目费。

28. A。本题考核的是工程勘察成果的审查要点。应针对不同勘察阶段，对工程勘察报告的内容和深度进行检查，看其是否满足勘察任务书和相应设计阶段的要求。

29. A。本题考核的是进行技术设计和施工图设计的投资控制目标。投资估算应是建设工程设计方案选择和进行初步设计的投资控制目标；设计概算应是进行技术设计和施工图设计的投资控制目标；施工图预算或建安工程承包合同价则应是施工阶段投资控制的目标。

30. B。本题考核的是重大质量事故的认定。重大事故，是指造成 10 人以上 30 人以下死亡，或者 50 人以上 100 人以下重伤，或者 5000 万元以上 1 亿元以下直接经济损失的事故。

31. B。本题考核的是专业设计方案评审。专业设计方案评审，应重点审核专业设计方案的设计参数、设计标准、设备选型和结构造型、功能和使用价值等。

32. B。本题考核的是机械台班单价的计算。本题的计算过程如下：

台班折旧费＝40000/2000＝20 元/台班；

寿命期大修理次数＝大修周期－1＝4－1＝3 次；

台班大修费＝一次大修理费×寿命期内大修理次数/耐用总台班＝4000×3/2000＝6 元/台班；

台班经修费＝台班大修费×台班经常修理费系数＝6×25%＝1.5 元/台班；

施工机械台班单价＝25＋20＋6＋1.5＝52.5 元/台班。

33. C。本题考核的是建设期利息的计算。建设期利息的计算公式：各年应计利息＝（年初借款本息累计＋本年借款额/2）×年利率，本题的计算过程为：

第 1 年应计利息＝1/2×300×8%＝12 万元；

第 2 年应计利息＝（300＋12＋1/2×400）×8%＝40.96 万元；

第 3 年应计利息＝（300＋12＋400＋40.96＋1/2×300）×8%＝72.24 万元；

建设期利息总和＝12＋40.96＋72.24＝125.2 万元。

34. A。本题考核的是等额资金偿债基金的计算。本题的计算过程为：$A = F \dfrac{i}{(1+i)^n - 1} =$
$500 \times \dfrac{10\%}{(1+10\%)^3 - 1} = 151.06$ 万元。

35. A。本题考核的是等额资金现值的计算。本题的计算过程为：$P = A \dfrac{(1+i)^n - 1}{i \ (1+i)^n} =$
$500 \times \dfrac{(1+7\%)^2 - 1}{7\% \times (1+7\%)^2} = 904.01$ 万元。

36. D。本题考核的是名义利率和实际利率的计算。年实际利率＝$(1+r/m)^m - 1$，计息周期的实际利率 $i = r/m$。本题中的年实际利率＝$(1+10\%/4)^4 - 1 = 10.38\%$，每个计息周期的实际利率＝10%/4＝2.5%。

37. A。本题考核的是等额资金终值公式。等额资金终值公式：$F = A \dfrac{(1+i)^n - 1}{i}$。
根据公式计算可得正确答案为选项 A。

38. D。本题考核的是净现值指标的优点与不足。净现值指标考虑了资金的时间价值，并全面考虑了项目在整个计算期内的经济状况；经济意义明确直观，能够直接以金额表示项目的盈利水平；判断直观。但不足之处是，必须首先确定一个符合经济现实的基准收益率，而基准收益率的确定往往是比较困难的；而且在互斥方案评价时，净现值必须慎重考虑互斥方案的寿命，如果互斥方案寿命不等，必须构造一个相同的分析期限，才能进行方案比选。此外，净现值不能反映项目投资中单位投资的使用效率，不能直接说明在项目运营期各年的经营成果。

39. A。本题考核的是方案经济评价的主要指标。根据计算指标时是否考虑资金时间价值，将经济评价指标分为静态评价指标和动态评价指标，共同构成经济评价指标体系。

40. B。本题考核的是项目总投资收益率的计算。总投资收益率＝息税前利润/项目总投资＝(200＋20)/2000＝11%。

41. D。本题考核的是定额单价法编制施工图预算的基本步骤。定额单价法编制施工图预算的基本步骤：(1) 编制前的准备工作；(2) 熟悉图纸和预算定额以及单位估价表；(3) 了解施工组织设计和施工现场情况；(4) 划分工程项目和计算工程量；(5) 套单价(计算定额基价)；(6) 工料分析；(7) 计算主材费(未计价材料费)；(8) 按费用定额取费；(9) 计算汇总工程造价；(10) 复核；(11) 编制说明、填写封面。

42. B。本题考核的是工程量清单缺项的价款调整。《建设工程工程量清单计价规范》GB 50500—2013对这部分的规定如下：(1) 合同履行期间，由于招标工程量清单中缺项，新增分部分项工程量清单项目的，应按照规范中工程变更相关条款确定单价，并调整合同价款。(2) 新增分部分项工程量清单项目后，引起措施项目发生变化的，应按照规范中工程变更相关规定，在承包人提交的实施方案被发包人批准后调整合同价款。(3) 由于招标工程量清单中措施项目缺项，承包人应将新增措施项目实施方案提交发包人批准后，按照规范相关规定调整合同价款。

43. B。本题考核的是施工图预算审查的方法。拟建工程与已完或在建工程预算采用同一施工图，但基础部分和现场施工条件不同，则相同部分可采用对比审查法。

44. A。本题考核的是价值工程对象选择的方法。因素分析法是一种定性分析方法，依据分析人员经验做出选择，简便易行。特别是在被研究对象彼此相差比较大以及时间紧迫的情况下比较适用。

45. D。本题考核的是价值工程原理的运用。方案甲的价值系数＝0.3584/0.3751＝0.96；方案乙的价值系数＝0.3465/0.3333＝1.04；方案丙的价值系数＝0.2952/0.2917＝1.01；方案丁的价值系数＝0.3716/0.2713＝1.37；根据价值工程原理最优的方案是方案丁。

46. B。本题考核的是设计概算的"三级概算"。设计概算文件的编制形式应视项目情况采用三级概算编制或二级概算编制形式。"三级概算"是指单位工程概算、单项工程综合概算、建设工程项目总概算。

47. C。本题考核的是承包人报价浮动率的计算。招标工程：承包人报价浮动率 L＝(1－中标价/招标控制价) ×100%＝1－9100/10000 ＝9%。非招标工程：承包人报价浮动率 L＝ (1－报价值/施工图预算) ×100%。

48. A。本题考核的是工程量清单编制的规定。项目编码是分部分项工程量清单项目名称的数字标识。同一招标工程的项目编码不得有重码。措施项目中可以计算工程量的项目清单宜采用分部分项工程量清单的方式编制，不能计算工程量的项目清单，以"项"为计量单位进行编制。一般而言，为方便合同管理和计价，需要纳入分部分项工程量清单项目综合单价中的暂估价则最好只是材料、工程设备费，以方便投标人组价。《建设工程工程量清单计价规范》GB 50500—2013明确了清单项目的工程量计算规则，其工程量是以形成工程实体为准，并以完成后的净值来计算的。

49. D。本题考核的是不作为竞争性的费用。措施项目中的安全文明施工费应按照国家或省级、行业建设主管部门的规定计算，不作为竞争性费用。规费和税金必须按国家或省级、行业建设主管部门的规定计算，不得作为竞争性费用。

50. B。本题考核的是合同价款调整。本题的计算过程为：
240/300＝80%，偏差为20%；

根据公式：$P_2 \times (1-L) \times (1-15\%)$，可知，$300 \times (1-5\%) \times (1-15\%) = 242.25$元；240 元＜242.25 元，则该项目的综合单价按 242.25 元调整。

51. C。本题考核的是合同价款调整。对于任一招标工程量清单项目，如果因工程量偏差和工程变更等原因导致工程量偏差超过 15% 时，可进行调整。当工程量增加 15% 以上时，增加部分的工程量的综合单价应予调低；当工程量减少 15% 以上时，减少后剩余部分的工程量的综合单价应予调高。

52. A。本题考核的是措施项目费的调整。工程变更引起施工方案改变并使措施项目发生变化时，承包人提出调整措施项目费的，应事先将拟实施的方案提交发包人确认，并应详细说明与原方案措施项目相比的变化情况。

53. D。本题考核的是材料费的索赔。材料费的索赔包括：（1）由于索赔事项材料实际用量超过计划用量而增加的材料费；（2）由于客观原因材料价格大幅度上涨；（3）由于非承包商责任工程延误导致的材料价格上涨和超期储存费用。

54. B。本题考核的是索赔费用的计算方法。实际费用法是施工索赔时最常用的一种方法。

55. A。本题考核的是《标准施工招标文件》中合同条款规定的可以合理补偿承包人索赔的条款。承包人只能获得工期补偿，不能得到费用和利润补偿的事件包括异常恶劣的气候条件和不可抗力。选项 B 错误，可获得工期和费用补偿。选项 C、D 错误，承包人只可获得费用补偿。

56. B。本题考核的是投资偏差的计算。投资偏差＝已完工作预算投资－已完工作实际投资＝50－65＝－15 万元。

57. B。本题考核的是影响进度的因素分析。影响进度的自然环境因素包括复杂的工程地质条件；不明的水文气象条件；地下埋藏文物的保护、处理；洪水、地震、台风等不可抗力等。

58. A。本题考核的是进度控制的合同措施。进度控制的合同措施主要包括：（1）推行 CM 承发包模式，对建设工程实行分段设计、分段发包和分段施工；（2）加强合同管理，协调合同工期与进度计划之间的关系，保证合同中进度目标的实现；（3）严格控制合同变更，对各方提出的工程变更和设计变更，监理工程师应严格审查后再补入合同文件中；（4）加强风险管理，在合同中应充分考虑风险因素及其对进度的影响，以及相应的处理方法；（5）加强索赔管理，公正地处理索赔。

59. A。本题考核的是投资计划年度分配表。投资计划年度分配表是根据工程项目总进度计划安排各个年度的投资，以便预测各个年度的投资规模，为筹集建设资金或与银行签订借款合同及制定分年用款计划提供依据。

60. B。本题考核的是建设项目总进度目标的论证。选项 A 错误，建设项目总进度目标的控制是业主方项目管理的任务。选项 C 错误，在项目实施阶段，项目总进度包括：（1）设计前准备阶段的工作进度；（2）设计工作进度；（3）招标工作进度；（4）施工前准备工作进度；（5）工程施工和设备安装进度；（6）项目动用前的准备工作进度等。选项 D 错误，总进度目标论证并不是单纯的总进度规划的编制工作，它涉及许多项目实施的条件分析和项目实施策划方面的问题。

61. A。本题考核的是固定节拍流水施工与加快的成倍节拍流水施工的特点。固定节拍流水施工是一种最理想的流水施工方式，其特点如下：（1）所有施工过程在各个施工段上的流水节拍均相等；（2）相邻施工过程的流水步距相等，且等于流水节拍；（3）专业工作队数等于施工过程数，即每一个施工过程成立一个专业工作队，由该队完成相应施工过程所有施工段上的任务；（4）各个专业工作队在各施工段上能够连续作业，施工段之间没有空闲时间。加快的成倍节拍流水施工的特点如下：（1）同一施工过程在其各个施工段上的流水节拍均相等；不同施工过程的流水节拍不等，但其值为倍数关系。（2）相邻专业工作队的流水步距相等，且等于流水节拍的最大公约数（K）。（3）专业工作队数大于施工过程数，即有的施工过程只成立一个专业工作队，而对于流水节拍大的施工过程，可按其倍数增加相应专业工作队数目。（4）各个专业工作队在施工段上能够连续作业，施工段之间没有空闲时间。

62. A。本题考核的是专业工作队的计算。每个施工过程的专业工作队数目的计算公式为：$b_j = t_j / K$，式中，b_j 表示第 j 个施工过程的专业工作队数目；t_j 表示第 j 个施工过程的流水节拍；K 表示流水步距。本题的计算过程为：$K = \min[4, 4, 2] = 2d$；$b_j = (4/2 + 4/2 + 2/2) = 5$ 个。

63. C。本题考核的是流水施工工期的计算。流水步距等于流水节拍的最大公约数，即：$K = \min[4, 6, 2] = 2d$，流水施工工期 $= (6 + 4/2 + 6/2 + 2/2 - 1) \times 2 + 1 - 2 = 21d$。

64. D。本题考核的是关键线路的确定。线路上所有工作的持续时间总和称为该线路的总持续时间。总持续时间最长的线路称为关键线路，本题中通路上工作持续时间最长的是①→④→⑤→⑦→⑧。

65. B。本题考核的是紧前工作和紧后工作。在网络图中，相对于某工作而言，紧排在该工作之前的工作称为该工作的紧前工作。在网络图中，相对于某工作而言，紧排在该工作之后的工作称为该工作的紧后工作。E 的紧前工作有 A、C。

66. C。本题考核的是双代号网络自由时差的计算。自由时差等于紧后工作的最早开始时间减去本工作的最早完成时间。本题的关键线路为：A→B→D→H→I（①→②→③→④→⑤→⑥→⑦）。H 工作的最早开始时间 $= 6 + 3 + 9 = 18$。E 工作的最早完成时间 $= 6 + 3 + 7 = 16$。E 工作的自由时差 $= 18 - 16 = 2d$。

67. B。本题考核的是双代号时标网络计划中总时差和自由时差的计算。B 工作的总时差：$TF_{4-5} = \min\{TF_{5-6} + LAG_{4-5,5-6}, TF_{5-7} + LAG_{4-5,5-7}\} = \min\{2+0, 1+1\} = 2$ 周。$TF_{1-4} = 1 + 2 = 3$ 周。B 工作的自由时差等于该工作箭线中波形线的水平投影长度，故 $FF_{1-4} = 1$ 周。

68. C。本题考核的是工程网络计划中时间参数的确定。在工程网络计划中，总持续时间最长的线路称为关键线路，关键线路的长度就是网络计划的总工期。网络计划终点节点 n 所代表的工作的总时差应等于计划工期与计算工期之差，即：相邻两项工作之间的时间间隔全部为零。

69. A。本题考核的是网络计划工期成本优化的基础。由于网络计划的工期取决于关键工作的持续时间，为了进行工期成本优化，必须分析网络计划中各项工作的直接费与持续时间之间的关系，这是网络计划工期成本优化的基础。

70. A。本题考核的是费用优化的目的。费用优化的基本思路：不断地在网络计划中找出直接费用率（或组合直接费用率）最小的关键工作，缩短其持续时间，同时考虑间接费随工期缩短而减少的数值，最后求得工程总成本最低时的最优工期安排或按要求工期求得最低成本的计划安排。

71. A。本题考核的是费用优化方法。当只有一条关键线路时，应找出直接费用率最小的一项关键工作，作为缩短持续时间的对象；当有多条关键线路时，应找出组合直接费用率最小的一组关键工作，作为缩短持续时间的对象。

72. B。本题考核的是香蕉曲线比较法的作用。在工程项目的实施过程中，根据每次检查收集到的实际完成任务量，绘制出实际进度 S 曲线，便可以与计划进度进行比较。工程项目实施进度的理想状态是任一时刻工程实际进展点应落在香蕉曲线图的范围之内。

73. B。本题考核的是施工进度计划的调整。改变某些工作间的逻辑关系是不改变工作的持续时间，而只改变工作的开始时间和完成时间。对于大型建设工程，由于其单位工程较多且相互间的制约比较小，可调整的幅度比较大，所以容易采用平行作业的方法来调整施工进度计划。

74. D。本题考核的是工程延误的处理。工程延误的处理手段包括：拒绝签署付款凭证；误期损失赔偿；取消承包资格。

75. C。本题考核的是建设工程施工阶段进度控制的最终目的。保证工程项目按期建成交付使用，是建设工程施工阶段进度控制的最终目的。

76. B。本题考核的是施工图设计工作时间目标。施工图设计是工程设计的最后一个阶段，其工作进度将直接影响建设工程的施工进度，进而影响建设工程进度总目标的实现。

77. A。本题考核的是施工顺序的确定。确定施工顺序是为了按照施工的技术规律和合理的组织关系，解决各工作项目之间在时间上的先后和搭接问题，以达到保证质量、安全施工、充分利用空间、争取时间、实现合理安排工期的目的。一般说来，施工顺序受施工工艺和施工组织两方面的制约。

78. B。本题考核的是监理单位的进度监控。在设计进度控制中，监理工程师要对设计单位填写的设计图纸进度表进行核查分析，并提出自己的见解。

79. C。本题考核的是建设工程施工进度控制工作内容。监理工程师在对竣工资料及工程实体进行全面检查、验收合格后，签署工程竣工报验单，并向业主提出质量评估报告。

80. B。本题考核的是物资供应计划的编制。负责物资供应的监理人员应具有编制物资供应计划的能力。物资需求计划一般包括一次性需求计划和各计划期需求计划。它的编制依据主要有：施工图纸、预算文件、工程合同、项目总进度计划和各分包工程提交的材料需求计划等。物资需求计划的主要作用是确认需求，施工过程中所涉及的大量建筑材料、制品、机具和设备，确定其需求的品种、型号、规格、数量和时间。

二、多项选择题

81. BCE	82. ABCE	83. ABCD	84. ACDE	85. BCDE
86. BCD	87. ACE	88. CDE	89. CDE	90. ACDE
91. ABCD	92. ADE	93. ABDE	94. ACDE	95. ABD
96. BDE	97. AC	98. AB	99. BDE	100. ABCD
101. AE	102. ABCE	103. AC	104. ACD	105. DE

106. ACDE	107. ABC	108. ACD	109. BD	110. CE
111. DE	112. AD	113. CDE	114. ACDE	115. ACD
116. CDE	117. ABE	118. ABCE	119. ACDE	120. ABDE

【解析】

81. BCE。本题考核的是施工机具设备。施工过程中使用的各类机具设备，包括大型垂直与横向运输设备、各类操作工具、各种施工安全设施、各类测量仪器和计量器具等，简称施工机具设备。

82. ABCE。本题考核的是工程质量监督机构的主要任务。工程质量监督机构的主要任务：（1）根据政府主管部门的委托，受理建设工程项目的质量监督；（2）制订质量监督工作方案；（3）检查施工现场工程建设各方主体的质量行为；（4）检查建设工程实体质量；（5）监督工程质量验收；（6）向委托部门报送工程质量监督报告；（7）对预制建筑构件和商品混凝土的质量进行监督；（8）政府主管部门委托的工程质量监督管理的其他工作。

83. ABCD。本题考核的是工程质量监督机构的主要任务。工程质量监督机构检查施工现场工程建设各方主体的质量行为，包括检查施工现场工程建设各方主体及有关人员的资质或资格；检查勘察、设计、施工、监理单位的质量管理体系和质量责任制落实情况；检查有关质量文件、技术资料是否齐全并符合规定。

84. ACDE。本题考核的是质量管理体系的特征。质量管理体系的特征包括符合性、系统性、全面有效性、预防性、动态性、持续受控。

85. BCDE。本题考核的是工程材料检验制度。材料进场必须有出厂合格证、生产许可证、质量保证书和使用说明书。

86. BCD。本题考核的是质量数据的特征值描述数据集中趋势的特征值。描述数据分布集中趋势的特征值包括算术平均数、中位数；描述数据分布离中趋势的特征值包括极差、标准偏差、变异系数等。

87. ACE。本题考核的是单位工程安全和功能检验资料检查及主要功能抽查记录。对建筑与结构的安全和功能检查项目包括：地基承载力检测报告；桩基承载力检测报告；混凝土强度试验报告；砂浆强度试验报告；主体结构尺寸、位置抽查记录；建筑物垂直度、标高、全高测量记录；屋面淋水试验记录；地下室防水检测记录；有防水要求的地面蓄水试验记录；抽气（风）道检查记录；外窗气密性、水密性、耐风压检测报告；幕墙气密性、水密性、耐风压检测报告；建筑物沉降观测测量记录；节能、保温测试记录；室内环境检测报告；土壤氡气浓度检测报告。

88. CDE。本题考核的是分部工程质量验收。分部工程应由总监理工程师组织施工单位项目负责人和项目技术负责人等进行验收。勘察、设计单位项目负责人和施工单位技术、质量部门负责人应参加地基与基础分部工程的验收。

89. CDE。本题考核的是工程材料质量记录的内容。工程材料质量记录的内容主要包括进场工程材料、构配件、设备的质量证明资料；各种试验检验报告（如力学性能试验、化学成分试验、材料级配试验等）；各种合格证；设备进场维修记录或设备进场运行检验记录。

90. ACDE。本题考核的是对供货厂商进行初选的内容。对供货厂商进行初选的内容可包括以下几项：（1）供货厂商的资质；（2）设备供货能力；（3）近几年供应、生产、制造类似设备的情况，目前正在生产的设备情况、生产制造设备情况、产品质量状况；（4）过去几年的资金平衡表和资产负债表；（5）需要另行分包采购的原材料、配套零部件及元器件的情况；（6）各种检验检测手段及试验室资质；（7）企业的各项生产、质量、技术、管理制度的执行情况。

91. ABCD。本题考核的是设备制造过程的监督和检验。制造过程的监督和检验包括以下内容：（1）加工作业条件的控制；（2）工序产品的检查与控制；（3）不合格零件的处置；（4）设计变更；（5）零件、半成品、制成品的保护。

92. ADE。本题考核的是水泥进场复验。根据水泥标准规定，水泥生产厂家在水泥出厂时已提供标准规定的有关技术要求的试验结果。水泥进场复验通常只做安定性、凝结时间和胶砂强度3项检验。

93. ABDE。本题考核的是分包单位资格审核的基本内容。分包单位资格审核应包括的基本内容：（1）营业执照、企业资质等级证书；（2）安全生产许可文件；（3）类似工程业绩；（4）专职管理人员和特种作业人员的资格。

94. ACDE。本题考核的是施工单位质量事故调查报告的内容。施工单位质量事故调查报告的内容应包括：（1）质量事故发生的时间、地点、工程部位；（2）质量事故发生的简要经过，造成工程损失状况、伤亡人数和直接经济损失的初步估计；（3）质量事故发展的情况（其范围是否继续扩大，程度是否已经稳定，是否已采取应急措施等）；（4）事故原因的初步判断；（5）质量事故调查中收集的有关数据和资料；（6）涉及人员和主要责任者的情况。

95. ABD。本题考核的是工程质量事故处理程序。工程质量事故发生后，总监理工程师应签发《工程暂停令》，要求暂停质量事故部位和与其有关联部位的施工，要求施工单位采取必要的措施，防止事故扩大并保护好现场。同时，要求质量事故发生单位迅速按类别和等级向相应的主管部门上报。

96. BDE。本题考核的是项目间接建设成本。项目间接建设成本包括：项目管理费；开工试车费；业主的行政性费用；生产前费用；运费和保险费；地方税。选项A、C属于直接建设成本。

97. AC。本题考核的是国际工程项目建筑安装工程费用构成。国际工程项目建筑安装工程费用构成如下图所示：

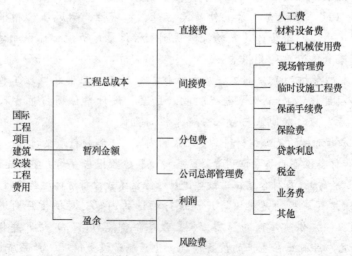

98. AB。本题考核的是进口设备抵岸价的构成及计算。银行财务费＝离岸价×人民币外汇牌价×银行财务费费率；外贸手续费＝进口设备到岸价×人民币外汇牌价×外贸手续费费率；关税＝进口设备到岸价×人民币外汇牌价×进口关税率；增值税＝（到岸价×人民币外汇牌价＋关税＋消费税）×增值税率；国外运费＝离岸价×运费率。

99. BDE。本题考核的是征用耕地的补偿费用。征用耕地的补偿费用包括土地补偿费、安置补助费以及地上附着物和青苗的补偿费。

100. ABCD。本题考核的是确定基准收益率考虑的因素。基准收益率的确定一般以行业的平均收益率为基础，同时综合考虑资金成本、投资风险、通货膨胀以及资金限制等影响因素。

101. AE。本题考核的是生产准备费的内容。生产准备费包括：（1）生产职工培训费。自行培训、委托其他单位培训人员的工资、工资性补贴、职工福利费、差旅交通费、学习资料费、学费、劳动保护费。（2）生产单位提前进厂参加施工、设备安装、调试等以及熟悉工艺流程及设备性能等人员的工资、工资性补贴、职工福利费、差旅交通费、劳动保护费等。

102. ABCE。本题考核的是定量评价比较的适用范围。定量评价比较的适用范围：（1）对群体的状态进行综述；（2）评比和选拔；（3）从样本推断总体；（4）对可测特征精确而客观地描述。

103. AC。本题考核的是建筑工程概算的编制方法。当初步设计达到一定深度、建筑结构比较明确时，可采用扩大单价法编制建筑工程概算。

104. ACD。本题考核的是设计概算的审查。设计概算审查的内容之一是审查设计概算的编制依据，主要包括：合法性审查、时效性审查、适用范围审查。

105. DE。本题考核的是《标准施工招标文件》中合同条款规定的可以合理补偿承包人索赔的条款。选项 A 只可索赔费用；选项 B 只可索赔工期；选项 C 只可索赔工期。

106. ACDE。本题考核的是人工费的索赔。人工费的索赔包括：（1）完成合同之外的额外工作所花费的人工费用；（2）由于非承包人责任的工效降低所增加的人工费用；（3）超过法定工作时间加班增加的费用；（4）法定人工费增长以及非承包人责任工程延误导致的人员窝工费和工资上涨费等。

107. ABC。本题考核的是安全文明施工费的支付。发包人应在工程开工后的 28d 内预付不低于当年施工进度计划的安全文明施工费总额的 60%，其余部分按照提前安排的原则进行分解，与进度款同期支付。发包人没有按时支付安全文明施工费的，承包人可催告发包人支付；发包人在付款期满后的 7d 内仍未支付的，若发生安全事故，发包人应承担相应责任。承包人对安全文明施工费应专款专用，在财务账目中单独列项备查，不得挪作他用，否则发包人有权要求其限期改正；逾期未改正的，造成的损失和延误的工期由承包人承担。

108. ACD。本题考核的是工程竣工结算的计价原则。选项 B 错误，总承包服务费应依据已标价工程量清单的金额计算；发生调整的，应以发承包双方确认调整的金额计算。选项 E 错误，措施项目中的总价项目应依据已标价工程量清单的项目和金额计算；发生调整的，应以发承包双方确认调整的金额计算，其中安全文明施工费应按国家或省级、行业建设主管部门的规定计算。

109. BD。本题考核的是设计阶段进度控制的任务。设计阶段进度控制的任务：（1）编制设计阶段工作计划，并控制其执行；（2）编制详细的出图计划，并控制其执行。

110. CE。本题考核的是工程项目年度计划的编制依据。工程项目年度计划是依据工程项目建设总进度计划和批准的设计文件进行编制的。

111. DE。本题考核的是流水节拍。流水节拍是流水施工的主要参数之一，它表明流水施工的速度和节奏性。流水节拍小，其流水速度快，节奏感强；反之则相反。流水节拍决定着单位时间的资源供应量，同时，流水节拍也是区别流水施工组织方式的特征参数。

112. AD。本题考核的是双代号网络图绘制规则。图中存在①、③两个起点节点；③→②的节点编号有误，应改为②→③。

113. CDE。本题考核的是自由时差。双代号网络计划中，对于有紧后工作的工作，其自由时差等于本工作之紧后工作最早开始时间减本工作最早完成时间所得之差的最小值。故选项 C 正确。时标网络计划图中，其他工作的自由时差是该工作箭线中波形线的水平投影长度。但当工作之后只紧接虚工作时，则该工作箭线上一定不存在波形线，而其紧接的虚箭线中波形线水平投影长度的最短者为该工作的自由时差。故选项 D 正确。单代号网络计划图中，对于有紧后工作的工作，其自由时差等于该工作与其紧后工作之间的时间间隔的最小值。故选项 E 正确。选项 A 错误，总时差等于其最迟完成时间减去最早完成时间。选项 B，没有这个概念。

114. ACDE。本题考核的是双代号网络计划时间参数的计算。该双代号网络计划的关键线路为①→②→⑤→⑥、①→③→⑤→⑥，关键工作为工作 1—3、工作 3—5、工作 5—6、工作 1—2、工作 2—5。工作 2—4 的自由时差＝6－4－2＝0。工作 1—3 的自由时差＝6－6－0＝0。工作 4—6 的总时差＝16－14＝2d。工作 3—5 的总时差为 0。

115. ACD。本题考核的是网络计划的优化目标。网络计划的优化目标应按计划任务的需要和条件选定，包括工期目标、费用目标和资源目标。

116. CDE。本题考核的是 S 曲线法比较实际进度与计划进度。第 1 天末该工程实际超额完成的工程量＝200－80＝120t；第 2 天末实际进度比计划进度超前，但不能确定是 1d；第 3 天末实际拖欠的工程量＝310－250＝60t；第 4 天末实际进度与计划进度第 3 天的工程量相同，因此进度拖后 1d；第 4 天末实际拖欠的工程量＝380－310＝70t。

117. ABE。本题考核的是前锋线比较法进行实际进度与计划进度的比较。第 6 天结束时，工作 B 拖后 1d，不影响工期，因为其总时差为 1d；工作 C 实际进度正常；工作 D 拖后 2d，其总时差为 3d，不影响工期；工作 B 拖后 1d，将使工作 E 的最早开始时间推迟 1d，其总时差为 0；工作 G 的总时差尚有 1d。

118. ABCE。本题考核的是影响设计进度的因素。影响设计进度的因素包括：（1）建设意图及要求改变的影响；（2）设计审批时间的影响；（3）设计各专业之间协调配合的影响；（4）工程变更的影响；（5）材料代用、设备选用失误的影响。

119. ACDE。本题考核的是单位工程施工进度计划的编制。在安排每班工人数和机械台数时，应综合考虑以下问题：（1）最小工作面限定了每班安排人数的上限，而最小劳动组合限定了每班安排人数的下限。对于施工机械台数的确定也是如此。（2）每天的工作班数应根据工作项目施工的技术要求和组织要求来确定。故选项 A、C 正确，选项 B 错误。

一般来说，施工顺序受施工工艺和施工组织两方面的制约。故选项 D 正确。工程量的计算应根据施工图和工程量计算规则，针对所划分的每一个工作项目进行。故选项 E 正确。

120. ABDE。本题考核的是申请、订货计划的编制依据。申请、订货计划的编制依据是有关材料供应政策法令、预测任务、概算定额、分配指标、材料规格比例和供应计划。

权威预测试卷（六）

一、单项选择题（共80题，每题1分。每题的备选项中，只有1个最符合题意）

1. 工程建成后在使用过程中保证人身和环境免受危害的程度，体现了建设工程质量的（　　）。
   A. 安全性
   B. 可靠性
   C. 适用性
   D. 耐久性

2. 建设工程质量特性中，工程经济性具体表现为（　　）之和。
   A. 设计成本、使用成本、维修费用
   B. 施工成本、维修费用、使用成本
   C. 设计成本、采购成本、施工成本
   D. 设计成本、施工成本、使用成本

3. 建设单位应当自工程竣工验收合格起（　　）日内，向工程所在地的县级以上地方人民政府建设行政主管部门备案。
   A. 10
   B. 15
   C. 30
   D. 60

4. 根据《建设工程质量管理条例》的规定，对涉及（　　）的装修工程，建设单位应在施工前委托原设计单位或者相应资质等级的设计单位提出设计方案，经原审查机构审批后方可施工。
   A. 改善工程内部观感
   B. 改变建筑工程局部使用功能
   C. 增加工程造价总额
   D. 建筑主体和承重结构变动

5. 在质量管理体系的系列文件中，属于质量手册的支持性文件的是（　　）。
   A. 质量计划
   B. 质量方针
   C. 质量记录
   D. 程序文件

6. 如因设计图错漏，或发现实际情况与设计不符时，对施工单位提出的工程变更申请，（　　）应组织审查施工单位提出的工程变更申请，提出审查意见。
   A. 设计单位技术负责人
   B. 总监理工程师
   C. 设计单位项目负责人
   D. 专业监理工程师

7. 卓越绩效模式强调以（　　）的观点来管理整个组织及其关键过程。
   A. 系统
   B. 创新
   C. 改进
   D. 合作

8. ISO 质量管理体系中，由组织的最高管理者正式发布的该组织总的质量宗旨和方向，称为（　　）。

A. 质量目标
B. 质量战略
C. 质量方针
D. 质量经营

9. 卓越绩效管理模式的实质不包括（　　）。

A. 强调"大质量"观
B. 提供了先进的管理方法
C. 是一个符合性标准
D. 聚焦于结果

10. 在非正常型直方图中，由于数据收集不正常，可能有意识地去掉下限以下的数据的是（　　）。

A. 折齿型
B. 孤岛型
C. 绝壁型
D. 双峰型

11. 在制订检验批的抽样方案时，为合理分配生产方和使用方的风险，主控项目对应于合格质量水平的 α 和 β 值均不宜超过（　　）。

A. 5%
B. 6%
C. 8%
D. 10%

12. 对总体中的全部个体进行编号，然后抽签、摇号、确定中选号码，相应的个体即样品。这种抽样方法称为（　　）。

A. 完全随机抽样
B. 分层抽样
C. 等距抽样
D. 整群抽样

13. 适用于检测基桩的竖向抗压承载力和桩身完整性的检测方法是（　　）。

A. 动载荷试验
B. 静载荷试验
C. 高应变动测法
D. 低应变动测法

14. 钢筋机械连接接头的试验分为产品的（　　）和工程进场抽样检测。

A. 旁站检验
B. 平行检验
C. 破损检验
D. 型式检验

15. 按照单位工程施工总进度计划，施工单位已完成施工合同所约定的所有工程量，并完成自检工作，工程验收资料已整理完毕，应填报（　　），报送项目监理机构竣工验收。

A. 施工组织设计报审表
B. 施工方案报审表
C. 单位工程竣工验收报审表
D. 工程质量验收证明文件

16. 关于施工组织设计的报审应遵循的程序及要求，下列说法正确的是（　　）。

A. 施工单位编制的施工组织设计应经施工单位技术负责人审核签认

B. 施工组织设计需要修改的，由专业监理工程师签发书面意见退回修改

C. 已签认的施工组织设计由施工单位报送建设单位

D. 施工组织设计在实施过程中，施工单位做较大的变更时，应经专业监理工程师审查同意

17. 项目监理机构在审批施工方案时，应重点（　　　　）。

A. 检查签章是否齐全

B. 核对审批人是否为施工单位技术负责人

C. 核对编制人是否为项目技术负责人

D. 检查施工单位的内部审批程序是否完善

18. 对于进口材料、构配件和设备，专业监理工程师应要求施工单位报送进口商检证明文件，并由（　　　　）按合同约定主持联合检查。

A. 建设单位　　　　　　　　　　　　B. 施工单位

C. 项目监理机构　　　　　　　　　　D. 设计单位

19. 某工程主体结构的钢筋分项已通过质量验收，共20个检验批。验收过程曾出现1个检验批的一般项目抽检不合格、2个检验批的质量记录不完整的情况，该分项工程所含的检验批合格率为（　　　　）。

A. 85%　　　　　　　　　　　　　　B. 90%

C. 95%　　　　　　　　　　　　　　D. 100%

20. 在质量管理排列图中，对应于累计频率曲线80%～90%部分的，属于（　　　　）影响因素。

A. 一般　　　　　　　　　　　　　　B. 主要

C. 次要　　　　　　　　　　　　　　D. 其他

21. 在设备招标采购阶段，监理单位应该当好建设单位的参谋和助手，把好设备订货合同中技术标准、质量标准等内容的审查关，具体内容不包括（　　　　）。

A. 协助建设单位或设备招标代理单位起草招标文件

B. 参加对设备供货制造厂商或投标单位的考察

C. 协助建设单位进行综合比较

D. 向中标单位移交技术文件

22. 关于质量记录资料管理的说法，错误的是（　　　　）。

A. 质量记录资料包括工程材料质量记录资料

B. 质量记录资料不包括不合格项的报告、通知以及处理及检查验收资料

C. 施工质量记录资料应有相关各方人员的签字，与施工过程的进展同步

D. 质量资料是施工单位进行工程施工或安装期间，实施质量控制活动的记录

23. 工程施工质量验收应在( )的基础上进行。

A. 总监理工程检验合格   B. 施工单位自行检查合格

C. 施工质量预验收   D. 工程竣工

24. 质量记录资料是设备制造过程质量状况的记录，其中设备制造单位质量管理检查资料不包括( )。

A. 质量责任制

B. 特殊作业人员上岗证书

C. 分包制造单位的资质及制造单位对其的管理制度

D. 安装过程中设计变更资料

25. 根据《建筑工程施工质量验收统一标准》GB 50300—2013，下列工程中，属于分项工程的是( )。

A. 屋面工程   B. 桩基工程

C. 电气工程   D. 钢筋工程

26. 检验批质量检验过程中，对重要的检验项目，当有简易快速的检验方法时，选用( )方案。

A. 全数检验   B. 调整型抽样

C. 计量型抽样   D. 计数型抽样

27. 单位工程质量竣工验收记录中，综合验收结论由参加验收单位共同商定后，由( )填写，并对总体质量水平作出评价。

A. 监理单位   B. 建设单位

C. 设计单位   D. 施工单位

28. 某工程的质量事故，造成人员死亡 4 人、直接经济损失 20 万元。则该事故属于( )。

A. 特别重大质量事故   B. 重大质量事故

C. 较大质量事故   D. 一般质量事故

29. 某混凝土结构工程施工完成 2 个月后，发现表面有宽度 0.25mm 的裂缝，经鉴定其不影响结构安全和使用，对此质量问题，恰当的处理方式是( )。

A. 不作处理   B. 返工处理

C. 加固处理   D. 修补处理

30. 工程保修阶段工程监理单位应完成的工作不包括( )。

A. 定期回访   B. 界定责任

C. 检查验收   D. 资料归档

31. 项目监理机构进行施工阶段投资控制的经济措施包括的内容是(　　)。

A. 进行工程计量

B. 对设计变更进行技术经济比较

C. 编制详细的工作流程图

D. 做好工程施工记录，保存各种文件图纸

32. 下列费用中，属于世界银行和国际咨询工程师联合会建设工程项目直接建设成本的是(　　)。

A. 土地征购费   B. 项目管理费

C. 生产前费用   D. 开工试车费

33. 国际建筑安装工程费用中，属于间接费的是(　　)。

A. 总部管理费、保险费及利润

B. 材料设备费、管理费、利润及风险费

C. 现场管理费、临时设施施工费及保函手续费

D. 风险费、现场管理费及措施费

34. 根据现行《建筑安装工程费用项目组成》(建标〔2013〕44 号)的规定，工程施工过程中进行全部施工测量放线和复测工作的费用应计入(　　)。

A. 分部分项工程费   B. 措施项目费

C. 其他项目费   D. 规费

35. 社会保险费属于建筑安装工程造价的(　　)。

A. 规费   B. 分部分项工程费

C. 措施项目费   D. 其他项目费

36. 对外贸易货物运输保险费的计算公式是(　　)。

A. 运输保险费＝(离岸价＋国际运费)/(1－国外保险费率)×国外保险费率

B. 运输保险费＝离岸价×国外保险费率

C. 运输保险费＝到岸价×国外保险费率

D. 运输保险费＝(运费在内价＋国际运费)×国外保险费率

37. 某进口设备一批，到岸价为 450 万元，离岸价为 410 万元，银行手续费为 5 万元，消费税为 27 万元，进口关税税率为 9%，增值税税率为 16%，则增值税税额为(　　)万元。

A. 87.98   B. 82.80

C. 81.41   D. 80.56

38. 影响资金等值的关键因素是（　　）。
　　A. 资金的多少   B. 资金发生的时间
　　C. 利率   D. 资金的形式

39. 某新建项目，建设期为3年，共向银行贷款2700万元，贷款时间为：第1年500万元，第2年900万元，第3年1300万元，年利率为8%，则建设期利息总和为（　　）万元。
　　A. 269.41   B. 216.00
　　C. 254.32   D. 225.41

40. 某施工企业向银行借款250万元，期限2年，年利率6%，半年复利计息一次，第2年末还本付息，则到期企业需支付给银行的利息为（　　）万元。
　　A. 30.00   B. 30.45
　　C. 30.90   D. 31.38

41. 某企业向银行借款，甲银行年利率12%，每月计算一次；乙银行年利率8%，每季度计息一次，则（　　）。
　　A. 甲银行实际利率低于乙银行实际利率
　　B. 甲银行实际利率高于乙银行实际利率
　　C. 甲、乙两银行的实际利率不可比
　　D. 甲、乙两银行的实际利率相同

42. 因修改设计导致现场停工而引起施工索赔时，承包商自有施工机械的索赔费用宜按机械（　　）计算。
　　A. 租赁费   B. 折旧费
　　C. 台班费   D. 大修理费

43. 根据《建设工程施工合同（示范文本）》GF—2017—0201的规定，发承包双方都应在知道或应当知道索赔事件发生后28d内，向监理人递交（　　）。
　　A. 索赔证据   B. 索赔报告
　　C. 索赔意向通知书   D. 索赔声明

44. 某投资方案的净现金流量见下表，该投资方案的基准收益率为10%，则其净现值为（　　）万元。

某投资方案的净现金流量表

年份	1	2	3	4	5	6	7	8	9	10
净现金流量（万元）	−100	100	100	100	100	100	100	100	100	100

A. 476.01   B. 432.64

C. 485.09   D. 394.17

45. 我国工程设计的（ ）原则是对建筑最基本的功能要求，也是最本质的要求。

  A. 适用   B. 安全

  C. 经济   D. 经济

46. 应用价值工程进行功能评价时，如果评价对象的价值指数 $V_1 < 1$，则正确的策略是（ ）。

  A. 不将评价对象作为改进对象   B. 剔除评价对象的过剩功能

  C. 降低评价对象的现实成本   D. 降低评价对象的功能

47. 某工程有 4 个设计方案见下表，根据价值工程原理确定的最优方案是（ ）。

4 个设计方案工程系数与成本系数表

方案 项目	方案一	方案二	方案三	方案四
功能系数	0.72	0.77	0.73	0.79
成本系数	0.63	0.68	0.59	0.60

  A. 方案一   B. 方案二

  C. 方案三   D. 方案四

48. 价值工程中方案创造的理论依据是（ ）。

  A. 产品功能具有系统性   B. 功能载体具有替代性

  C. 功能载体具有排他性   D. 功能实现程度具有差异性

49. 合同总价是一个相对固定的价格，在合同执行过程中，由于（ ）原因，可对合同总价进行相应的调整。

  A. 通货膨胀而使所用的工料成本增加

  B. 工程变更

  C. 实际完成的工程量超过报价表中工程量的 3%

  D. 施工过程中，工人要求增加工资

50. 不能鼓励承包商关心和降低成本，但从尽快获得全部酬金以减少管理投入出发，有利于缩短工期的合同形式是（ ）。

  A. 成本加固定百分率酬金   B. 成本加固定金额酬金

  C. 成本加奖罚   D. 最高限额成本加固定最大酬金

51. 实行招标的工程合同价款应在中标通知书发出之日起（ ）d 内，由发承包双方依据招标文件和中标人的投标文件在书面合同中约定。

    A. 15
    B. 30
    C. 42
    D. 60

52. 在某高速公路施工监理中，灌注桩的计量支付条款中规定按照设计图纸以延米计量，根据规定，承包商做了 35m，而桩的设计长度为 30m，则（   ）。

    A. 计量 35m，业主按 35m 付款
    B. 计量 30m，业主按 35m 付款
    C. 计量 30m，业主按 30m 付款
    D. 承包商多做了 5m 灌注桩另行计量

53. 某工程合同价为 100 万元，合同约定：采用调值公式进行动态结算，其中固定要素比重为 0.2，调价要素分为 A、B、C 三类，分别占合同价的比重为 0.15、0.35、0.3，结算时价格指数分别增长了 20％、15％、25％；则该工程实际结算款额为（   ）万元。

    A. 115.75
    B. 119.75
    C. 118.75
    D. 120.75

54. 根据《建设工程工程量清单计价规范》GB 50500—2013，由于发包人原因未在约定的工期内竣工的，则对原约定竣工日期后继续施工的工程，在使用价格调整公式时，应采用（   ）作为现行价格指数。

    A. 原约定竣工日期价格指数
    B. 实际竣工日期价格指数
    C. 原约定竣工日期与实际竣工日期的两个价格指数中较低的一个
    D. 原约定竣工日期与实际竣工日期的两个价格指数中较高的一个

55. 某公司计划 2 年以后购买 1 台 100 万元的机械设备，拟从银行存款中提取，银行存款年利率为 3％，现应存入银行的资金为（   ）万元。

    A. 94.26
    B. 95.64
    C. 106.09
    D. 103.03

56. 使方案在计算期内各年净现金流量的现值累计等于零时的折现率，称为（   ）。

    A. 基准收益率
    B. 内部收益率
    C. 投资收益率
    D. 净现值率

57. 在投资偏差的原因中，"建设手续不全"属于（   ）。

    A. 业主原因
    B. 施工原因
    C. 客观原因
    D. 设计原因

58. 下列建设工程项目总进度目标论证的工作中，属于项目结构分析的是（   ）。

    A. 将项目进行逐层分解
    B. 了解和调查项目的总体部署
    C. 对每一个工作项进行编码
    D. 调查项目实施的主客观条件

59. 为保证工程建设中各个环节相互衔接，工程项目进度平衡表中不需明确的内容包括(   )。
    A. 各种设计文件交付日期　　　　　B. 主要设备交货日期
    C. 施工单位进场日期　　　　　　　D. 工程材料进场日期

60. 下列流水施工参数中，属于工艺参数的是(   )。
    A. 流水节拍　　　　　　　　　　　B. 施工过程
    C. 流水步距　　　　　　　　　　　D. 施工段

61. 某分部工程有3个施工过程，各分为4个流水节拍相等的施工段，各施工过程的流水节拍分别为6d、4d、4d。如果组织加快的成倍节拍流水施工，则专业工作队数和流水施工工期分别为(   )。
    A. 3个、20d　　　　　　　　　　　B. 4个、25d
    C. 5个、24d　　　　　　　　　　　D. 7个、20d

62. 某工程由4个施工过程组成，分为4个施工段进行流水施工，其流水节拍 (d) 见下表，则施工过程A与B、B与C、C与D之间的流水步距分别为(   )。

流水节拍

施工过程	施工段				施工过程	施工段			
	①	②	③	④		①	②	③	④
A	2	3	2	1	C	4	2	4	2
B	3	2	4	3	D	3	3	2	2

    A. 2d、3d、4d　　　　　　　　　　B. 3d、2d、4d
    C. 3d、4d、1d　　　　　　　　　　D. 1d、3d、5d

63. 在如下图所示双代号网络图中，不存在错误的是(   )。

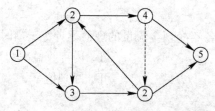

    A. 节点编号重复　　　　　　　　　B. 虚工作多余
    C. 循环回路　　　　　　　　　　　D. 箭尾节点号大于箭头节点号

64. 某工作有2个紧后工作，紧后工作的总时差分别是3d和5d，对应的间隔时间分别是4d和3d，则该工作的总时差是(   )d。
    A. 6　　　　　　　　　　　　　　　B. 8
    C. 9　　　　　　　　　　　　　　　D. 7

65. 工程双代号时标网络计划如下图所示，其中工作 A 的总时差为(   )周。

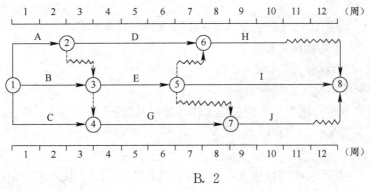

A. 1
B. 2
C. 3
D. 4

66. 在工程网络计划中，关键工作是指(   )的工作。
A. 最迟完成时间与最早完成时间的差值最小
B. 双代号网络计划中开始节点和完成节点均为关键节点
C. 双代号时标网络计划中无波形线
D. 单代号网络计划中时间间隔为零

67. 在双代号网络计划中，工作的最早开始时间应为其所有紧前工作(   )。
A. 最早完成时间的最大值
B. 最早完成时间的最小值
C. 最迟完成时间的最大值
D. 最迟完成时间的最小值

68. 在某工程网络计划中，工作 M 的最早开始时间和最迟开始时间分别为第 15 天和第 18 天，其持续时间为 7d。工作 M 有 2 项紧后工作，它们的最早开始时间分别为第 24 天和第 26 天，则工作 M 的总时差和自由时差(   )。
A. 分别为 4d 和 3d
B. 均为 3d
C. 分别为 3d 和 2d
D. 均为 2d

69. 单代号网络计划中，工作 C 的已知时间参数（单位：d）标注如下图所示，则该工作的最迟开始时间、最早完成时间和总时差分别是(   )d。

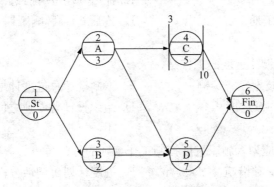

A. 3、10、5
B. 3、8、5

C. 5、10、2   D. 5、8、2

70. 网络计划工期优化的基本方法是在不改变网络计划中各项工作之间逻辑关系的前提下，通过（   ）来达到优化目标。

A. 压缩关键工作的持续时间

B. 有限的资源压缩工期的有效时间

C. 找出组合直接费用率最小的关键工作，缩短其持续时间

D. 减少非关键工作的自由时差

71. 根据《工程网络计划技术规程》JQJ/T 121—2015，直接法绘制时标网络计划的第一步工作是（   ）。

A. 确定各节点的位置号

B. 绘制时标网络计划

C. 计算各工作的最早时间

D. 将起点节点定位在时标计划表的起始刻度线上

72. 当工作在不同单位时间里的进展速度不相等时，累计完成的任务量与时间的关系就不可能是线性关系，此时应采用（   ）进行工作实际进度与计划进度的比较。

A. 非匀速进展横道图比较法   B. 匀速进展横道图比较法

C. S 曲线比较法   D. 前锋线比较法

73. 既适用于工作实际进度与计划进度之间的局部比较，又可用来分析和预测工程项目整体进度状况的比较方法是（   ）。

A. 横道图比较法   B. 列表比较法

C. S 曲线比较法   D. 前锋线比较法

74. 在工程网络计划的执行过程中，监理工程师检查实际进度时，只发现工作 P 的总时差由原计划的 6d 变为 -2d，说明工作 P 的实际进度（   ）。

A. 拖后 8d，影响工期 2d   B. 拖后 6d，影响工期 8d

C. 拖后 8d，影响工期 6d   D. 拖后 2d，影响工期 1d

75. 监理单位监控设计进度的工作是（   ）。

A. 建立健全设计技术经济定额   B. 编制设计总进度计划

C. 核查分析设计图纸进度   D. 组织设计各专业之间的协调配合

76. 下列内容中，应列入施工进度控制工作细则的是（   ）。

A. 进度控制的方法和措施   B. 进度计划协调性分析

C. 工程材料的进场安排   D. 保证工期的技术组织措施

77. 编制单位工程施工进度计划的工作有：①划分工作项目；②确定工作项目的持续时间；③计算工程量；④确定施工顺序；⑤计算劳动量和机械台班数。正确的步骤是（　　）。

A. ④—①—②—③—⑤

B. ①—⑤—④—②—③

C. ①—④—③—⑤—②

D. ③—①—②—④—⑤

78. 项目监理机构对施工进度计划审查的内容是（　　）。

A. 施工总工期目标是否留有余地

B. 主要工程项目能否保持连续施工

C. 施工资源供应计划是否满足施工进度需要

D. 施工顺序是否与建设单位提供的资金、施工图纸等条件相吻合

79. 监理工程师在控制物资供应计划实施时的工作内容不包括（　　）。

A. 协调各有关单位的关系

B. 采取有效措施保证急需物资的供应

C. 审查和签署物资供应情况分析报告

D. 监督、检查物资订货情况

80. 物资供应单位或施工承包单位编制的物资供应计划必须经监理工程师审核，并得到认可后才能执行，物资供应计划审核的主要内容不包括（　　）。

A. 物资的库存量安排是否经济、合理

B. 由于物资供应不足而使施工进度拖延现象发生的可能性

C. 协调各有关单位的关系

D. 物资采购安排在时间上和数量上是否经济、合理

二、多项选择题（共 40 题，每题 2 分。每题的备选项中，有 2 个或 2 个以上符合题意，至少有 1 个错项。错选，本题不得分；少选，所选的每个选项得 0.5 分）

81. 工程材料是工程建设的物质条件，是工程质量的基础。工程材料包括（　　）。

A. 建筑材料

B. 构配件

C. 施工机具设备

D. 半成品

E. 各类测量仪器

82. 工程质量影响因素主要有"4M1E"，其中"4M"是指（　　）。

A. 人

B. 材料

C. 方法

D. 机械

E. 环境

83. 政府监督管理职能包括（　　）。

A. 工程承发包管理

B. 建立和落实工程质量责任制

C. 建设活动主体资格的管理　　　　　D. 工程质量验收管理

E. 建立和完善工程质量管理法规

84. 建设单位办理工程竣工验收备案应当提交的文件有（　　）。

A. 使用说明书

B. 工程竣工验收报告

C. 工程竣工验收备案表

D. 规划、公安消防、环保等部门出具的认可文件

E. 施工单位签署的工程质量保修书

85. 质量管理体系内部审核的主要目的有（　　）。

A. 评价对国家有关法律法规及行业标准要求的符合性

B. 确定受审核方质量管理体系与审核准则的符合程度

C. 验证质量管理体系是否持续满足规定目标的要求且保持有效运行

D. 为受审核方提供质量改进的机会

E. 确定现行的质量管理体系的有效性

86. 建设工程施工质量验收中，安装工程一般按一个（　　）划分为一个检验批。

A. 设计系统　　　　　　　　　　　B. 专业性质

C. 建筑部位　　　　　　　　　　　D. 设备组别

E. 主要工种

87. 质量控制资料的完整性是检验批质量合格的前提，这是因为它反映了检验批从原材料到验收的各施工工序的（　　）。

A. 施工操作依据　　　　　　　　　B. 质量保证所必需的管理制度

C. 过程控制　　　　　　　　　　　D. 质量检查情况

E. 质量特性指标

88. 下列造成质量数据波动的原因中，属于系统性原因的有（　　）。

A. 工人未遵守操作规程　　　　　　B. 机械设备过度磨损

C. 机械设备发生故障　　　　　　　D. 原材料质量规格有很大差异

E. 大量存在对质量影响很小因素

89. 建筑材料或产品质量检验方式中，抽样检验的优点有（　　）。

A. 检验数量少，比较经济

B. 适合于需要进行破坏性试验的检验项目

C. 不需要复杂设备

D. 检验结果准确性高

E. 检验所需时间较少

90. 设计单位交付工程设计文件后，按法律规定的义务就工程设计文件的内容向建设单位、施工单位和监理单位做出详细的说明，其主要目的有（　　）。

A. 正确贯彻设计意图

B. 掌握关键工程部位的质量要求

C. 加深对设计文件特点、难点、疑点的理解

D. 消除施工图的差错，解决施工的可行性问题

E. 发现图纸差错，将图纸中的质量隐患消灭在萌芽之中

91. 对设备采购方案应重点审查（　　）。

A. 质量文件要求 　　　　　　　　B. 采购的基本原则

C. 质量标准 　　　　　　　　　　D. 保证设备质量的具体措施

E. 设备的技术要求

92. 根据质量管理体系标准的要求，工程监理单位的质量管理体系文件包括（　　）。

A. 质量手册 　　　　　　　　　　B. 质量策划

C. 质量计划 　　　　　　　　　　D. 程序文件

E. 作业文件

93. 在质量控制活动中，利用统计调查表收集数据的优点是（　　）。

A. 成本较低 　　　　　　　　　　B. 简便灵活

C. 便于整理 　　　　　　　　　　D. 实用有效

E. 准确度高

94. 在单位工程质量竣工验收时，要核查给水排水与供暖工程安全和功能检验资料，核查的重点包括主要功能抽查记录中的（　　）。

A. 给水管道通水试验记录 　　　　B. 地下室防水效果检查记录

C. 卫生器具满水试验记录 　　　　D. 消防管道压力试验记录

E. 燃气管道压力试验记录

95. 施工过程的工程质量验收中，分项工程质量验收合格的条件有（　　）。

A. 所含检验批的质量均已验收合格

B. 观感质量验收符合要求

C. 所含检验批质量验收记录完整

D. 有关安全和功能的检测资料完整

E. 主要功能性项目的抽查结果符合相关专业验收规范的规定

96. 基本建设程序是工程项目建设过程及其客观规律的反映，不按建设程序办事，其具体体现为（　　）。

A. 边设计、边施工 　　　　　　　B. 无证设计、无证施工

C. 擅自修改设计 D. 无图施工

E. 不经竣工验收就支付使用

97. 投资控制贯穿于项目建设的全过程，项目投资控制的重点在于施工以前的（　　　）。

A. 投资决策阶段 B. 招标阶段

C. 设计阶段 D. 准备阶段

E. 建设前期阶段

98. 下列费用中，属于"与项目建设有关的其他费用"的有（　　　）。

A. 建设单位管理费 B. 建设工程监理费

C. 施工单位临时设施费 D. 联合试运转费

E. 市政公用设施费

99. 工程建设其他费用中，农用土地征用费由（　　　）等组成，并按被征用土地的原用途给予补偿。

A. 土地补偿费 B. 安置补助费

C. 拆迁补偿与临时安置补助费 D. 耕地占用税

E. 地上附着物和青苗的补偿费

100. 关于现金流量图绘制规则的说法，正确的有（　　　）。

A. 横轴为时间轴，整个横轴表示经济系统寿命期

B. 横轴的起点表示时间序列第一期期末

C. 横轴上每一间隔代表一个计息周期

D. 与横轴相连的垂直箭线代表净现金流量

E. 垂直箭线的长短应体现各时点现金流量的大小

101. 确定基准收益率的基础是（　　　）。

A. 短缺成本 B. 管理成本

C. 资金成本 D. 机会成本

E. 取得成本

102. 用于方案综合评价的方法有很多，常用的定量方法有（　　　）。

A. 强制评分法 B. 直接评分法

C. 优缺点列举法 D. 德尔菲法

E. 比较价值评分法

103. 开展价值工程活动一般分为 4 个阶段，在方案实施与评价阶段的主要步骤包括（　　　）。

A. 方案评价 B. 方案审批

C. 功能评价   D. 方案实施

E. 成果评价

104. 关于定额单价法编制施工图预算的说法，正确的有(　　)。

A. 当分项工程的名称、规格、计量单位与定额单价中所列内容完全一致时，可直接
套用预算单价

B. 当分项工程施工工艺条件与预算单价表不一致造成人工、机械数量增减时，应调
价不换量

C. 当分项工程的主要材料的品种与定额单价中规定材料不一致时，应该按实际使用
材料价格换算预算单价

D. 当分项工程不能直接套用定额、不能换算和调整时，应编制补充单位估价表

E. 当本地区的定额单价表中没有与本项目分项工程相应的内容时，可套用临近地区
的单位估价表

105. 关于投标人投标报价的说法，正确的有(　　)。

A. 招标工程量清单中提供了暂估单价的材料、工程设备，按暂估的单价进入综合
单价

B. 未填写单价和合价的项目，视为此项费用已包含在已标价工程量清单中其他项目
的单价和合价之中

C. 措施项目中的安全文明施工费应按照国家或省级、行业建设主管部门的规定计算，
不作为竞争性费用

D. 招标工程量清单与计价表中列明的所有需要填写单价和合价的项目，投标人均应
填写且只允许有一个报价

E. 投标人在进行工程量清单招标的投标报价时，可以适当进行总价优惠

106. 施工过程中，导致工程量清单缺项的原因主要有(　　)。

A. 设计变更   B. 施工条件改变

C. 施工工艺改变   D. 工程量清单编制错误

E. 项目特征不符

107. 承包人向发包人提出的索赔类型包括(　　)。

A. 地质条件变化引起的索赔

B. 工程中人为障碍引起的索赔

C. 工程变更引起的索赔

D. 质量不满足合同要求的索赔

E. 法律、货币及汇率变化引起的索赔

108. 承包人提交进度款支付申请的内容应包括(　　)。

A. 累计已完成的合同价款

B. 累计已实际支付的合同价款

C. 本周期合计应扣减的金额

D. 本周期合计完成的合同价款

E. 本周期应预付的工程价款

109. 为了确保建设工程进度控制目标的实现，监理工程师可采取的合同措施包括（　　）。

A. 对工程延误收取误期损失赔偿金

B. 推行 CM 承发包模式

C. 加强合同管理，协调合同工期与进度计划之间的关系

D. 加强索赔管理，公正地处理索赔

E. 及时办理工程预付款及工程进度款支付手续

110. 下列不属于平行施工方式特点的有（　　）。

A. 没有充分地利用工作面进行施工，工期长

B. 施工现场的组织、管理比较简单

C. 为施工现场的文明施工和科学管理创造了有利条件

D. 如果每一个施工对象均按专业成立工作队，则各专业队不能连续作业，劳动力及施工机具等资源无法均衡使用

E. 单位时间内投入的劳动力、施工机具、材料等资源量成倍地增加，不利于资源供应的组织

111. 为使施工段划分得合理，一般应遵循的原则包括（　　）。

A. 每个施工段内要有足够的工作面

B. 同一专业工作队在各个施工段上的劳动量应大致相等，相差幅度在 5% 以内

C. 施工段的界限应尽可能与结构界限相吻合，或设在对建筑结构整体性影响小的部位，以保证建筑结构的整体性

D. 施工段的数目要满足合理组织流水施工的要求

E. 确保相应专业队在施工段与施工层之间，组织连续、均衡、有节奏地流水施工

112. 等节奏流水施工与非节奏流水施工的共同特点是（　　）。

A. 相邻施工过程的流水步距相等

B. 施工段之间可能有空闲时间

C. 专业工作队数等于施工过程数

D. 各施工过程在各施工段的流水节拍相等

E. 各个专业工作队在各施工段上能够连续作业

113. 某工程双代号网络计划如下图所示，图中已标出各项工作的最早开始时间和最迟开始时间，该计划表明（　　）。

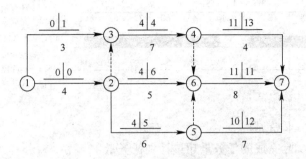

A. 工作 1—3 的总时差为 1　　　　　B. 工作 2—5 的自由时差为 1
C. 工作 2—6 的总时差为 2　　　　　D. 工作 4—7 的总时差为 4
E. 工作 5—7 为关键工作

114. 关于双代号时标网络计划的表述，正确的有(　　)。
A. 以水平时间坐标为尺度表示工作的起止时间
B. 用实箭线表示工作
C. 用虚箭线表示虚工作
D. 虚工作必须以水平方向的虚箭线表示
E. 用波形线表示总时差

115. 某分部工程双代号时标网络计划执行到第 2 周末及第 8 周末时，检查实际进度后绘制的前锋线如下图所示，图中表明(　　)。

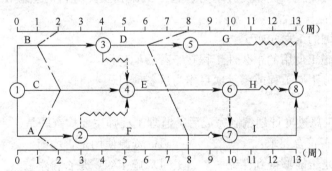

A. 第 2 周末检查时，A 工作拖后 1 周，不影响工期
B. 第 2 周末检查时，B 工作拖后 1 周，并影响工期 1 周
C. 第 2 周末检查时，C 工作按匀速进展，完成其任务量的 20%
D. 第 8 周末检查时，D 工作拖后 2 周，并影响工期 1 周
E. 第 8 周末检查时，E 工作拖后 1 周，并影响工期 1 周

116. 某工作实际施工进度与计划进度如下图所示，该图表明(　　)。

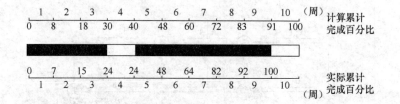

A. 该工作提前 1 周完成

B. 在第 7 周内实际完成的任务量超过计划任务量

C. 第 4 周停工 1 周

D. 在第 3 周内实际完成的任务量比计划任务量少 6%

E. 在第 5 周内实际进度与计划进度一致

117. 下列施工进度控制工作中，属于监理工程师工作的有（　　）。

A. 编制单位工程施工进度计划

B. 按年、季、月审核施工总进度计划

C. 组织现场协调会

D. 审批工期延误事宜

E. 下达工程开工令

118. 确定各单位工程的开竣工时间和相互搭接关系主要应考虑的内容包括（　　）。

A. 同一时期施工的项目不宜过多

B. 尽量做到均衡施工，以使劳动力、施工机械和主要材料的供应在整个工期范围内达到均衡

C. 急需和关键的工程先施工

D. 可供工程施工使用的永久性工程在工程后期建设

E. 安排一部分附属工程或零星项目作为后备项目

119. 初步施工总进度计划编制完成后，监理工程师主要检查的是（　　）。

A. 总工期是否符合要求　　　　　　B. 资源使用是否均衡

C. 资源供应是否能够得到保证　　　D. 施工组织是否科学

E. 总进度是否合理

120. 物资需求计划的编制依据主要包括（　　）。

A. 工程合同　　　　　　　　　　　B. 预算文件

C. 施工图纸　　　　　　　　　　　D. 储备定额

E. 项目总进度计划

权威预测试卷（六）参考答案及解析

一、单项选择题

1. A	2. D	3. B	4. D	5. D
6. B	7. A	8. C	9. C	10. C
11. A	12. A	13. C	14. D	15. C
16. A	17. B	18. A	19. D	20. C
21. D	22. B	23. B	24. D	25. D
26. A	27. A	28. C	29. D	30. D
31. A	32. A	33. C	34. D	35. A
36. A	37. A	38. C	39. A	40. D
41. B	42. A	43. D	44. B	45. A
46. C	47. D	48. B	49. A	50. D
51. B	52. C	53. A	54. D	55. A
56. B	57. A	58. A	59. D	60. B
61. D	62. A	63. B	64. A	65. D
66. A	67. A	68. C	69. D	70. A
71. D	72. A	73. D	74. A	75. C
76. A	77. C	78. C	79. D	80. C

【解析】

1. A。本题考核的是建设工程质量的特性。安全性是指工程建成后在使用过程中保证结构安全、保证人身和环境免受危害的程度。耐久性即寿命，是指工程在规定的条件下，满足规定功能要求使用的年限。适用性即功能，是指工程满足使用目的的各种性能。可靠性是指工程在规定的时间和规定的条件下完成规定功能的能力。

2. D。本题考核的是工程经济性的表现。工程经济性具体表现为设计成本、施工成本、使用成本三者之和。

3. B。本题考核的是工程竣工验收与备案。建设单位应当自工程竣工验收合格起15日内，向工程所在地的县级以上地方人民政府建设行政主管部门备案。

4. D。本题考核的是建设单位的质量责任。建设单位在工程开工前，负责办理有关施工图设计文件审查、工程施工许可证和工程质量监督手续，组织设计和施工单位认真进行设计交底；在工程施工中，应按国家现行有关工程建设法规、技术标准及合同规定，对工程质量进行检查，涉及建筑主体和承重结构变动的装修工程，建设单位应在施工前委托原设计单位或者相应资质等级的设计单位提出设计方案，经原审查机构审批后方可施工。

5. D。本题考核的是质量管理体系的系列文件。程序文件是质量手册的支持性文件，是实施质量管理体系要素的描述，它对所需要的各个职能部门的活动规定了所需要的方法，在质量手册和作业文件间起承上启下的作用。

6. B。本题考核的是工程变更处理制度。如因设计图错漏，或发现实际情况与设计不符时，对施工单位提出的工程变更申请，总监理工程师应组织专业监理工程师审查施工单位提出的工程变更申请，提出审查意见。对涉及工程设计文件修改的工程变更，应由建设单位转交原设计单位修改工程设计文件。

7. A。本题考核的是卓越质量管理模式的理念。卓越绩效模式强调以系统的观点来管理整个组织及其关键过程。

8. C。本题考核的是质量方针的概念。质量方针是由组织的最高管理者正式发布的该组织总的质量宗旨和方向，质量目标是组织在质量方面的追求目的，组织应确立明确的质量方针和质量目标。

9. C。本题考核的是卓越绩效管理模式的实质。卓越绩效管理模式的实质可以归纳为：强调"大质量"观；关注竞争力提升；提供了先进的管理方法；聚焦于结果；是一个成熟度标准。

10. C。本题考核的是非正常型直方图的类型。绝壁型，是由于数据收集不正常，可能有意识地去掉下限以下的数据，或是在检测过程中存在某种人为因素所造成的。折齿型，是由于分组组数不当或者组距确定不当出现的直方图。孤岛型，是原材料发生变化，或者他人顶班作业造成的。双峰型，是由于用两种不同方法或两台设备或两组工人进行生产，然后把两方面数据混在一起整理产生的。

11. A。本题考核的是抽样检验风险。主控项目：对应于合格质量水平的 α 和 β 不宜超过 5%。一般项目：对应于合格质量水平的 α 不宜超过 5%，β 不宜超过 10%。

12. A。本题考核的是抽样检验方法。简单随机抽样又称纯随机抽样、完全随机抽样，是指排除人的主观因素，直接从包含 N 个抽样单元的总体中按不放回抽样抽取 N 个单元，使包含 N 个个体的所有可能的组合被抽出的概率都相等的一种抽样方法。实践中，常借助于随机数骰子或随机数表进行随机抽样。

13. C。本题考核的是单桩动测试验。高应变动测是指采用锤冲击桩顶，使桩周土产生塑性变形，实测桩顶附近所受力和速度随时间变化的规律，通过应力波理论分析得到桩土体系的有关参数。适用于检测基桩的竖向抗压承载力和桩身完整性。

14. D。本题考核的是钢筋机械连接接头试验方法。钢筋机械连接接头的试验分为产品的型式检验和工程进场抽样检测两类。

15. C。本题考核的是工程施工质量控制的工作程序。按照单位工程施工总进度计划，施工单位已完成施工合同所约定的所有工程量，并完成自检工作，工程验收资料已整理完毕，应填报单位工程竣工验收报审表，报送项目监理机构竣工验收。

16. A。本题考核的是施工组织设计审查的程序要求。施工组织设计的报审应遵循下列程序及要求：（1）施工单位编制的施工组织设计经施工单位技术负责人审核签认后，与施工组织设计报审表一并报送项目监理机构。（2）总监理工程师应及时组织专业监理工程师进行审查，需要修改的，由总监理工程师签发书面意见退回修改；符合要求的，由总监理工程师签认。（3）已签认的施工组织设计由项目监理机构报送建设单位。（4）施工组织设计在实施过程中，施工单位如需做较大的变更，应经总监理工程师审查同意。

17. B。本题考核的是施工方案审查。项目监理机构在审批施工方案时，应检查施工单位的内部审批程序是否完善、签章是否齐全，重点核对审批人是否为施工单位技术负责人。

18. A。本题考核的是工程材料、构配件、设备质量控制的要点。对于进口材料、构配件和设备，专业监理工程师应要求施工单位报送进口商检证明文件，并会同建设单位、施工单位、供货单位等相关单位有关人员按合同约定进行联合检查验收。联合检查由施工单位提出申请，项目监理机构组织，建设单位主持。

19. D。本题考核的是分项工程质量验收合格的规定。分项工程质量验收合格的规定：(1) 分项工程所含检验批的质量均应验收合格；(2) 分项工程所含检验批的质量验收记录应完整。因为该钢筋分项工程已通过验收，所以该分项工程所含的检验批合格率为100%。

20. C。本题考核的是排列图法。利用ABC分类法，确定主次因素。将累计频率曲线按 (0%~80%)、(80%~90%)、(90%~100%) 分为三部分，各曲线下面所对应的影响因素分别为A、B、C三类因素。A类即主要因素，B类即次要因素，C类即一般因素。

21. D。本题考核的是招标采购设备的质量控制。在设备招标采购阶段，监理单位应该当好建设单位的参谋和助手，把好设备订货合同中技术标准、质量标准等内容的审查关，具体内容包括：(1) 协助建设单位或设备招标代理单位起草招标文件，审查投标单位的资质情况和投标单位的设备供货能力，做好资格预审工作；(2) 参加对设备供货制造厂商或投标单位的考察，提出建议，与建设单位和相关单位一起做出考察结论；(3) 协助建设单位进行综合比较，对设备的制造质量、设备的使用寿命和成本、维修的难易及备件的供应、安装调试组织，以及投标单位的生产管理、技术管理、质量管理和企业的信誉等几个方面做出评价；(4) 协助建设单位向中标单位或设备供货厂商移交必要的技术文件。

22. B。本题考核的是质量记录资料的管理。质量记录资料包括：施工现场质量管理检查记录资料；工程材料质量记录；施工过程作业活动质量记录资料；不合格项的报告、通知以及处理及检查验收资料等。故选项A正确、选项B错误。施工质量记录资料应真实、齐全、完整，相关各方人员的签字齐备、字迹清楚、结论明确，与施工过程的进展同步。故选项C正确。质量资料是施工单位进行工程施工或安装期间，实施质量控制活动的记录。故选项D正确。

23. B。本题考核的是工程施工质量验收规定。工程施工质量验收是指工程施工质量在施工单位自行检查合格的基础上，由工程质量验收责任方组织，工程建设相关单位参加，对检验批、分项、分部、单位工程及其隐蔽工程的质量进行抽样检验，对技术文件进行审核，并根据设计文件和相关标准以书面形式对工程质量是否达到合格做出确认。

24. D。本题考核的是设备制造单位质量记录资料的控制。设备制造单位质量管理检查资料主要内容有：质量管理制度、质量责任制、试验检验制度，试验、检测仪器设备质量证明资料；特殊工种、试验检测人员上岗证书，分包制造单位的资质及制造单位对其的管理制度，原材料进场复验检查规定，零件、外购部件进场检查制度。

25. D。本题考核的是分项工程的划分。分项工程，是分部工程的组成部分，可按主要工种、材料、施工工艺、设备类别进行划分。如建筑工程主体结构分部工程中，混凝土结构子分部工程按主要工种分为模板、钢筋、混凝土等分项工程。

26. A。本题考核的是检验批的质量检验。对重要的检验项目，当有简易快速的检验方法时，选用全数检验方案。

27. B。本题考核的是单位工程质量竣工验收、检查记录的填写。单位工程质量竣工验收记录由施工单位填写，验收结论由监理单位填写；综合验收结论由参加验收各方共同商定，由建设单位填写，并应对工程质量是否符合设计和规范要求及总体质量水平作出评价。

28. C。本题考核的是工程质量事故等级划分。较大事故，是指造成 3 人以上 10 人以下死亡，或者 10 人以上 50 人以下重伤，或者 1000 万元以上 5000 万元以下直接经济损失的事故。

29. D。本题考核的是工程质量事故处理方案。修补处理是最常用的一类处理方案。通常当工程的某个检验批、分项或分部工程的质量虽未达到规定的规范、标准或设计要求，存在一定缺陷，但通过修补或更换构配件、设备后还可达到要求的标准，又不影响使用功能和外观要求，在此情况下，可以进行修补处理。

30. D。本题考核的是工程保修阶段监理单位的工作。工程保修阶段工程监理单位应完成的工作有：定期回访、协调联系、界定责任、督促维修、检查验收。

31. A。本题考核的是施工阶段投资控制的经济措施。施工阶段投资控制的经济措施：(1) 编制资金使用计划，确定、分解投资控制目标。对工程项目造价目标进行风险分析，并制定防范性对策。(2) 进行工程计量。(3) 复核工程付款账单，签发付款证书。(4) 在施工过程中进行投资跟踪控制，定期地进行投资实际支出值与计划目标值的比较；发现偏差，分析产生偏差的原因，采取纠偏措施。(5) 协商确定工程变更的价款，审核竣工结算。(6) 对工程施工过程中的投资支出作好分析与预测，经常或定期向建设单位提交项目投资控制及其存在问题的报告。

32. A。本题考核的是项目直接建设成本的组成。项目直接建设成本包括以下内容：土地征购费；场外设施费用；场地费用；工艺设备费；设备安装费；管理系统费用；电气设备费；电气安装费；仪器仪表费；机械的绝缘和油漆费；工艺建筑费；服务性建筑费用；工厂普通公共设施费；其他当地费用。

33. C。本题考核的是国际工程的间接费组成。国际工程的间接费包括：现场管理费、临时设施工程费、保函手续费、保险费、贷款利息、税金、业务费。

34. B。本题考核的是措施项目费的组成。工程定位复测费指工程施工过程中进行全部施工测量放线和复测工作的费用。措施项目费包括安全文明施工费（环境保护费、文明施工费、安全施工费、临时设施费）；夜间施工增加费；二次搬运费；冬雨期施工增加费；已完工程及设备保护费；工程定位复测费；特殊地区施工增加费；大型机械设备进出场及安拆费；脚手架工程费。

35. A。本题考核的是规费的内容。规费是指按国家法律、法规规定，由省级政府和省级有关权力部门规定必须缴纳的费用，包括社会保险费、住房公积金。

36. A。本题考核的是国外运输保险费的计算公式。国外运输保险费的计算公式为：

$$国外运输保险费 = \frac{(离岸价 + 国际运费)}{1 - 国外保险费率} \times 国外保险费率$$

37. B。本题考核的是进口设备增值税的计算。进口产品增值税额 =（到岸价×人民币外汇牌价＋到岸价×人民币外汇牌价×进口关税率＋消费税）×增值税率 =（450＋450×9%＋27）×16% = 82.80 万元。

38. C。本题考核的是资金时间价值的概念。影响资金等值的因素有资金的多少、资金发生的时间和利率，其中，利率是一个关键因素，在等值计算中，一般是以同一利率为依据。

39. A。本题考核的是建设期利息的计算。建设期利息的计算公式为：各年应计利息＝(年初借款本息累计＋本年借款额/2)×年利率，本题的计算过程为：

(1) 第1年建设期利息＝1/2×500×8％＝20万元；

(2) 第2年建设期利息＝(500＋20＋1/2×900)×8％＝77.6万元；

(3) 第3年建设期利息＝(500＋20＋900＋77.6＋1/2×1300)×8％＝171.81万元；

建设期利息总和＝20＋77.6＋171.81＝269.41万元。

40. D。本题考核的是利息的计算。根据公式：利息 $I=P(1+r/m)^m-1$，本题的计算过程为：企业需支付给银行的利息＝250×[$(1+6％/2)^4-1$]＝31.38万元。

41. B。本题考核的是实际利率的计算。实际利率的计算公式为：$i=(1+r/m)^m-1$，甲银行的实际利率＝$(1+12％/12)^{12}-1$＝12.68％，乙银行的实际利率＝$(1+8％/4)^4-1$＝8.24％，甲银行的实际利率高于乙银行的实际利率。

42. B。本题考核的是施工机具使用费的索赔。由于发包人或监理工程师原因导致机械、仪器仪表停工的窝工费。窝工费的计算，如系租赁设备，一般按实际租金和调进调出费的分摊计算；如系承包人自有设备，一般按台班折旧费计算，而不能按台班费计算，因台班费中包括了设备使用费。

43. C。本题考核的是索赔通知。《建设工程施工合同（示范文本）》GF—2017—0201规定，发承包双方都应在知道或应当知道索赔事件发生后28d内，向监理人递交索赔意向通知书，并说明发生索赔事件的事由；如当事人未在28d内发出索赔意向通知书的，丧失要求追加付款和（或）延长工期的权利。

44. B。本题考核的是净现值的计算。本题的计算过程为：$NPV=-100(P/A,10％,1)+100(P/A,10％,9)×(P/F,10％,1)=-100×[(1+10％)^1-1]/[10％×(1+10％)^1]+100×[(1+10％)^9-1]/[10％×(1+10％)^9]×(1+10％)^{-1}$＝432.64万元。

45. A。本题考核的是工程设计的原则。我国工程设计一般遵循的原则是"安全、适用、经济、美观"。"适用"是对建筑最基本的功能要求，也是最本质的要求，不同的建筑功能适用于不同人的各种基本功能需求，同时也要考虑到未来人们需求的发展变化对建筑的灵活适应性要求，满足不断发展变化的功能要求是"适用"的真正内涵。

46. C。本题考核的是功能评价。如果价值 $V_1<1$，评价对象的成本比重大于其功能比重，表明相对于系统内的其他对象而言，目前所占的成本偏高，从而会导致该对象的功能过剩。应将评价对象列为改进对象，改善方向主要是降低成本。

47. D。本题考核的是价值工程原理的运用。本题的计算过程为：方案一的价值系数＝0.72/0.63＝1.14，方案二的价值系数＝0.77/0.68＝1.13，方案三的价值系数＝0.73/0.59＝1.24，方案四的价值系数＝0.79/0.60＝1.32，所以根据价值工程原理确定的最优方案为方案四。

48. B。本题考核的是方案创造的理论依据。方案创造的理论依据是功能载体具有可替代性。

49. A。本题考核的是合同总价的调整。可调总价合同的总价一般是以设计图纸及规定、规范为基础，在报价及签约时，按招标文件的要求和当时的物价计算合同总价。但合同总价是一个相对固定的价格，在合同执行过程中，由于通货膨胀而使所用的工料成本增加，可对合同总价进行相应的调整。

50. B。本题考核的是成本加酬金合同形式。成本加固定金额酬金计价方式的合同虽然也不能鼓励承包商关心和降低成本，但从尽快获得全部酬金减少管理投入出发，会有利于缩短工期。

51. B。本题考核的是合同价款约定的一般规定。实行招标的工程合同价款应在中标通知书发出之日起30d内，由发承包双方依据招标文件和中标人的投标文件在书面合同中约定。

52. C。本题考核的是工程计量。工程计量的依据：质量合格证书、工程量清单前言和技术规范、设计图纸。因承包人原因造成的超出合同工程范围施工或返工的工程量，发包人不予计量。

53. A。本题考核的是工程结算款的计算。本题的计算过程为：工程实际结算款额=$100×[0.2+0.15×(1+20\%)+0.35×(1+15\%)+0.3×(1+25\%)]=115.75$ 万元。

54. D。本题考核的是合同履行期的确定。发生合同工程工期延误的，应按照下列规定确定合同履行期应予调整的价格：(1) 因非承包人原因导致工期延误的，计划进度日期后续工程的价格，应采用计划进度日期与实际进度日期两者的较高者；(2) 因承包人原因导致工期延误的，则计划进度日期后续工程的价格，采用计划进度日期与实际进度日期两者的较低者。

55. A。本题考核的是一次支付现值的计算。本题的计算过程为：$P=F(1+i)^{-n}=100×(1+3\%)^{-2}=94.26$ 万元。

56. B。本题考核的是内部收益率。内部收益率（IRR）是使方案在计算期内各年净现金流量的现值累计等于零时的折现率。

57. A。本题考核的是投资偏差原因分析。产生投资偏差的原因如下图所示。

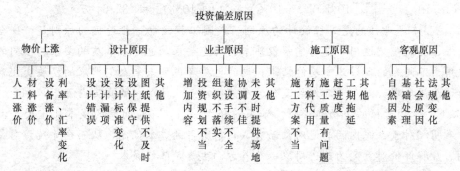

58. A。本题考核的是建设工程项目的结构分析。大型建设工程项目的结构分析是根据编制总进度纲要的需要，将整个项目进行逐层分解，并确立相应的工作目录。

59. D。本题考核的是工程项目进度平衡表的内容。工程项目进度平衡表用来明确各种设计文件交付日期、主要设备交货日期、施工单位进场日期、水电及道路接通日期等，以保证工程建设中各个环节相互衔接，确保工程项目按期投产或交付使用。

60. B。本题考核的是流水施工参数。工艺参数主要是用以表达流水施工在施工工艺方面进展状态的参数，通常包括施工过程和流水强度两个参数。选项A、C属于时间参数；选项D属于空间参数。

61. D。本题考核的是专业工作队数及流水施工工期的计算。每个施工过程成立的专业工作队数目可按$b_j=t_j/K$计算。流水步距$K=\min[6,4,4]=2$，则专业工作队数目=$6/2+4/2+4/2=7$个；流水施工工期=$(4+7-1)×2=20$d。

62. A。本题考核的是流水步距的计算。本题的计算过程为：

A 与 B：

$$\begin{array}{ccccc} 2, & 5, & 7, & 8 & \\ 3, & 5, & 9, & 12 & \\ \hline 2, & 2, & 2, & -1, & -12 \end{array}$$

施工过程 A 与 B 之间的流水步距：$K_{A,B}=\max[2,2,2,-1,-12]=2d$；

B 与 C：

$$\begin{array}{cccc} 3, & 5, & 9, & 12 \\ 4, & 6, & 10, & 12 \\ \hline 3, & 1, & 3, & 2, & -12 \end{array}$$

施工过程 B 与 C 之间的流水步距：$K_{B,C}=\max[3,1,3,2,-12]=3d$；

C 与 D：

$$\begin{array}{cccc} 4, & 6, & 10, & 12 \\ 3, & 6, & 8, & 10 \\ \hline 4, & 3, & 4, & 4, & -10 \end{array}$$

施工过程 C 与 D 之间的流水步距：$K_{C,D}=\max[4,3,4,4,-10]=4d$。

63. B。本题考核的是双代号网络图的绘制。本题中存在两个节点编号②，存在循环回路，箭尾节点编号大于箭头结尾编号。

64. D。本题考核的是总时差的计算。计划工期等于计算工期，网络计划终点节点的总时差为零。其他工作的总时差等于该工作的各个紧后工作的总时差加该工作与其紧后工作之间的时间间隔之和的最小值。则该工作的总时差=$\min\{(3+4),(5+3)\}=7d$。

65. A。本题考核的是双代号时标网络计划中总时差的计算。工作 A 的总时差=$[12-(2+3+6)]=1$ 周。

66. A。本题考核的是关键工作的确定。在网络计划中，总时差最小的工作为关键工作。特别地，当网络计划的计划工期等于计算工期时，总时差为零的工作就是关键工作。在双代号网络计划中，关键线路上的节点称为关键节点。关键工作两端的节点必为关键节点，但两端为关键节点的工作不一定是关键工作。单代号网络计划中，关键工作相邻两项工作之间的时间间隔全部为零。

67. A。本题考核的是双代号网络计划时间参数的计算。以网络计划起点节点为开始节点的工作，当未规定其最早开始时间时，其最早开始时间为零。其他工作的最早开始时间应等于其紧前工作最早完成时间的最大值。

68. C。本题考核的是总时差和自由时差的计算。工作 M 的最早完成时间为 22d，最迟完成时间为第 25 天，工作 M 的总时差=$25-22=3d$，工作 M 的自由时差=$\min\{(24-15-7),(26-15-7)\}=2d$。

69. D。本题考核的是单代号网络计划时间参数的计算。

工作最迟开始时间等于该工作的最早开始时间与其总时差之和。

工作的最迟完成时间等于该工作的最早开始时间与其总时差之和。

工作最早完成时间等于该工作最早开始时间加上其持续时间。

总时差等于该工作的各个紧后工作的总时差加该工作与其紧后工作之间的时间间隔之

和的最小值。

本题的计算过程如下：

（1）工作C的最早开始时间＝3d。

（1）工作C的最早完成时间＝3＋5＝8d。

（2）工作C的最迟完成时间为10d，则总时差＝10－8＝2d。

（3）工作C的最迟开始时间＝3＋2＝5d。

70. A。本题考核的是工期优化。网络计划工期优化的基本方法是在不改变网络计划中各项工作之间逻辑关系的前提下，通过压缩关键工作的持续时间来达到优化目标。

71. D。本题考核的是时标网络计划的绘制方法。直接绘制法，是指不计算时间参数而直接按无时标的网络计划草图绘制时标网络计划。步骤为：（1）将网络计划的起点节点定位在时标网络计划表的起始刻度线上。（2）按工作的持续时间绘制以网络计划起点节点为开始节点的工作箭线。（3）除网络计划的起点节点外，其他节点必须在所有以该节点为完成节点的工作箭线均绘出后，定位在这些工作箭线中最迟的箭线末端。（4）当某个节点的位置确定之后，即可绘制以该节点为开始节点的工作箭线。（5）利用上述方法从左至右依次确定其他各个节点的位置，直至绘出网络计划的终点节点。

72. A。本题考核的是非匀速进展横道图比较法的应用。当工作在不同单位时间里的进展速度不相等时，累计完成的任务量与时间的关系就不可能是线性关系。此时，应采用非匀速进展横道图比较法进行工作实际进度与计划进度的比较。

73. D。本题考核的是前锋线比较法的应用。前锋线比较法既适用于工作实际进度与计划进度之间的局部比较，又可用来分析和预测工程项目整体进度状况。

74. A。本题考核的是分析进度偏差对后续工作及总工期的影响。如果工作的进度偏差大于该工作的总时差，则此进度偏差必将影响其后续工作和总工期，如果工作的进度偏差大于该工作的自由时差，则此进度偏差将对其后续工作产生影响。工作P的实际进度拖后8d，影响工期2d。

75. C。本题考核的是监理单位的进度监控。在设计进度控制中，监理工程师要对设计单位填写的设计图纸进度表进行核查分析，并提出自己的见解。从而将各设计阶段的每一张图纸（包括其相应的设计文件）的进度都纳入监控之中。

76. A。本题考核的是施工进度控制工作细则的主要内容。施工进度控制工作细则的主要内容：（1）施工进度控制目标分解图；（2）施工进度控制的主要工作内容和深度；（3）进度控制人员的职责分工；（4）与进度控制有关各项工作的时间安排及工作流程；（5）进度控制的方法（包括进度检查周期、数据采集方式、进度报表格式、统计分析方法等）；（6）进度控制的具体措施（包括组织措施、技术措施、经济措施及合同措施等）；（7）施工进度控制目标实现的风险分析；（8）尚待解决的有关问题。

77. C。本题考核的是单位工程施工进度计划的编制程序。单位工程施工进度计划的编制程序：收集编制依据→划分工作项目→确定施工顺序→计算工程量→计算劳动量和机械台班数→确定工作项目的持续时间→绘制施工进度计划图→施工进度计划的检查与调整→编制正式施工进度计划。

78. C。本题考核的是施工进度计划审查的基本内容。施工进度计划审查应包括下列基本内容：

（1）施工进度计划应符合施工合同中工期的约定。施工单位编制的施工总进度计划必须符合施工合同约定的工期要求，满足施工总工期的目标要求，阶段性进度计划必须与总进度计划目标相一致。将施工总进度计划分解成阶段性施工进度计划是为了确保总进度计划的完成。因此，阶段性进度计划更应具有可操作性。

（2）施工进度计划中主要工程项目无遗漏，应满足分批投入试运、分批动用的需要，阶段性施工进度计划应满足总进度控制目标的要求。

（3）施工顺序的安排应符合施工工艺要求。

（4）施工人员、工程材料、施工机械等资源供应计划应满足施工进度计划的需要。

（5）施工进度计划应符合建设单位提供的资金、施工图纸、施工场地、物资等施工条件。

79. D。本题考核的是控制物资供应计划的实施。控制物资供应计划的实施措施包括：（1）掌握物资供应全过程的情况；（2）采取有效措施保证急需物资的供应；（3）审查和签署物资供应情况分析报告；（4）协调各有关单位的关系。

80. C。本题考核的是物资供应计划审核的内容。物资供应计划审核的主要内容包括：（1）供应计划是否能按建设工程施工进度计划的需要及时供应材料和设备；（2）物资的库存量安排是否经济、合理；（3）物资采购安排在时间上和数量上是否经济、合理；（4）由于物资供应紧张或不足而使施工进度拖延现象发生的可能性。

二、多项选择题

81. ABD	82. ABCD	83. ABCE	84. BCDE	85. ABC
86. AD	87. ABCD	88. ABCD	89. ABDE	90. ABC
91. ABCD	92. ADE	93. BCD	94. ACDE	95. AC
96. ADE	97. AC	98. ABE	99. ABD	100. ACE
101. CD	102. ABE	103. BDE	104. ACD	105. ABCD
106. ABD	107. ABCE	108. ABCD	109. BCD	110. ABC
111. ACDE	112. CE	113. ACD	114. ABC	115. AE
116. ABC	117. CE	118. ABCE	119. ABC	120. ABCE

【解析】

81. ABD。本题考核的是工程材料的内容。工程材料泛指构成工程实体的各类建筑材料、构配件、半成品等，它是工程建设的物质条件，是工程质量的基础。

82. ABCD。本题考核的是影响工程质量的因素。影响工程的因素很多，但归纳起来主要有五个方面，即人（Man）、材料（Material）、机械（Machine）、方法（Method）和环境（Environment），简称4M1E。

83. ABCE。本题考核的是政府监督管理职能。政府监督管理职能包括：（1）建立和完善工程质量管理法规；（2）建立和落实工程质量责任制；（3）建设活动主体资格的管理；（4）工程承发包管理；（5）工程建设程序管理。

84. BCDE。本题考核的是办理工程竣工验收备案应提交的文件。建设单位办理工程竣工验收备案应当提交下列文件：（1）工程竣工验收备案表；（2）工程竣工验收报告；（3）法律、行政法规规定应当由规划、公安消防、环保等部门出具的认可文件或者准许使用文件；（4）施工单位签署的工程质量保修书；（5）法规、规章规定必须提供的其他文件。

85. ABC。本题考核的是内部审核的目的。内部审核的主要目的有：（1）确定受审核方质量管理体系或其一部分与审核准则的符合程度；（2）验证质量管理体系是否持续满足规定目标的要求且保持有效运行；（3）评价对国家有关法律法规及行业标准要求的符合性；（4）作为一种重要的管理手段和自我改进机制，及时发现问题，采取纠正措施或预防措施，使体系不断改进；（5）在外部审核前做好准备。选项 D、E 属于外部审核的目的。

86. AD。本题考核的是检验批的划分。对于工程量较少的分项工程可划分为一个检验批；安装工程一般按一个设计系统或设备组别划分为一个检验批；室外工程一般划分为一个检验批；散水、台阶、明沟等含在地面检验批中。

87. ABCD。本题考核的是质量控制资料。质量控制资料反映了检验批从原材料到最终验收的各施工工序的施工操作依据，检查情况以及保证质量所必需的管理制度等。对其完整性的检查，实际是对过程控制的确认，这是检验批合格的前提。

88. ABCD。本题考核的是质量数据波动的原因。质量数据波动的原因包括偶然性原因及系统性原因。当影响质量的人、机、料、法、环等因素发生了较大变化，如工人未遵守操作规程、机械设备发生故障或过度磨损、原材料质量规格有显著差异等情况发生时，没有及时排除，生产过程则不正常，产品质量数据就会离散过大或与质量标准有较大偏离，表现为异常波动，次品、废品产生。这就是产生质量问题的系统性原因或异常原因。

89. ABDE。本题考核的是抽样检验。抽样检验时抽取样品不受检验人员主观意愿的支配，每一个体被抽中的概率都相同，从而保证了样本在总体中的分布比较均匀，有充分的代表性。同时它还具有节省人力、物力、财力、时间和准确性高的优点，它又可用于破坏性检验和生产过程的质量监控，完成全数检测无法进行的检测项目，具有广泛的应用空间。

90. ABC。本题考核的是设计交底的目的。设计单位交付工程设计文件后，按法律规定的义务就工程设计文件的内容向建设单位、施工单位和监理单位做出详细的说明。帮助施工单位和监理单位正确贯彻设计意图，加深对设计文件特点、难点、疑点的理解，掌握关键工程部位的质量要求，以确保工程质量。

91. ABCD。本题考核的是设备采购方案的审查。对设备采购方案的审查，重点应包括以下内容：采购的基本原则、范围和内容，依据的图纸、规范和标准，质量标准，检查及验收程序，质量文件要求，以及保证设备质量的具体措施等。

92. ADE。本题考核的是质量管理体系文件的构成。根据质量管理体系标准的要求，工程监理单位的质量管理体系文件由三个层次的文件构成。第一层次：质量手册；第二层次：程序文件；第三层次：作业文件。

93. BCD。本题考核的是统计调查表收集数据的优点。在质量控制活动中，利用统计调查表收集数据，简便灵活、便于整理、实用有效。它没有固定格式，可根据需要和具体情况，设计出不同统计调查表。

94. ACDE。本题考核的是单位工程安全和功能检查项目。给水排水与供暖工程安全功能检查项目包括给水管道通水试验记录；暖气管道、散热器压力试验记录；卫生器具满水试验记录；消防管道、燃气管道压力试验记录；排水干管通球试验记录；锅炉试运行、安全阀及报警联动测试记录。

95. AC。本题考核的是分项工程质量验收合格规定。分项工程质量验收合格应符合下列规定：（1）所含检验批的质量均应验收合格；（2）所含检验批的质量验收记录应完整。

96. ADE。本题考核的是工程质量缺陷的成因。基本建设程序是工程项目建设过程及其客观规律的反映，不按建设程序办事，例如，未搞清地质情况就仓促开工；边设计、边施工；无图施工；不经竣工验收就交付使用等。

97. AC。本题考核的是投资控制的重点。项目投资控制的重点在于施工以前的投资决策和设计阶段，而在项目做出投资决策后，控制项目投资的关键就在于设计。

98. ABE。本题考核的是与项目建设有关的其他费用。与项目建设有关的其他费用有：建设单位管理费、可行性研究费、研究试验费、勘察设计费、环境影响评价费、劳动安全卫生评价费、临时设施费、建设工程监理费、工程保险费、引进技术和进口设备其他费、特殊设备安全监督检验费、市政公用设施费。

99. ABD。本题考核的是农用土地征用费的补偿。农用土地征用费由土地补偿费、安置补助费、土地投资补偿费、土地管理费、耕地占用税等组成，并按被征用土地的原用途给予补偿。

100. ACE。本题考核的是现金流量图的绘制。现金流量图的绘制规则如下：（1）横轴为时间轴，0表示时间序列的起点，n表示时间序列的终点。轴上每一相等的时间间隔表示一个时间单位（计息周期），一般可取年、半年、季或月等。整个横轴表示的是所考察的经济系统的寿命周期。（2）与横轴相连的垂直箭线代表不同时点的现金流入或现金流出。在横轴上方的箭线表示现金流入；在横轴下方的箭线表示现金流出。（3）垂直箭线的长度要能适当体现各时点现金流量的大小，并在各箭线上方（或下方）注明其现金流量的数值。（4）垂直箭线与时间轴的交点为现金流量发生的时点（作用点）。

101. CD。本题考核的是确定基准收益率的基础。资金成本和机会成本是确定基准收益率的基础，投资风险和通货膨胀是确定基准收益率必须考虑的影响因素。

102. ABE。本题考核的是方案综合评价方法。用于方案综合评价的方法有很多，常用的定性方法有德尔菲法、优缺点列举法等；常用的定量方法有直接评分法、加权评分法、比较价值评分法、环比评分法、强制评分法、几何平均值评分法等。

103. BDE。本题考核的是价值工程的工作程序。在方案实施与评价阶段的主要步骤包括：方案审批、方案实施、成果评价。

104. ACD。本题考核的是定额单价法编制施工图预算。套用定额单价时的注意事项有：（1）分项工程的名称、规格、计量单位与预算单价或单位估价表中所列内容完全一致时，可以直接套用预算单价。（2）分项工程的主要材料品种与预算单价或单位估价表中规定材料不一致时，不能直接套用预算单价；需要按实际使用材料价格换算预算单价。（3）分项工程施工工艺条件与预算单价或单位估价表不一致而造成人工、机械的数量增减时，一般调量不换价。（4）分项工程不能直接套用定额、不能换算和调整时，应编制补充单位估价表。（5）由于预算定额的时效性，在编制施工图预算时，应动态调整相应的人工、材料费用价差。

105. ABCD。本题考核的是投标人投标报价审核。选项E错误，投标人在进行工程量清单招标的投标报价时，不能进行投标总价优惠（或降价、让利），投标人对投标报价的任何优惠（如降价、让利）均应反映在相应清单项目的综合单价中。

106. ABD。本题考核的是工程量清单缺项的原因。施工过程中，工程量清单项目的增减变化必然带来合同价款的增减变化。而导致工程量清单缺项的原因，一是设计变更，二是施工条件改变，三是工程量清单编制错误。

107. ABCE。本题考核的是承包人向发包人提出的索赔类型。承包人向发包人提出的索赔类型包括：不利的自然条件与人为障碍引起的索赔，包括地质条件变化引起的索赔、工程中人为障碍引起的索赔；工程变更引起的索赔；工期延期的费用索赔；加速施工费用的索赔；发包人不正当地终止工程而引起的索赔；法律、货币及汇率变化引起的索赔；拖延支付工程款的索赔；不可抗力。

108. ABCD。本题考核的是进度款支付申请的内容。承包人应在每个计量周期到期后的7d内向发包人提交已完工程进度款支付申请一式四份，详细说明此周期认为有权得到的款额，包括分包人已完工程的价款。支付申请应包括下列内容：（1）累计已完成的合同价款。（2）累计已实际支付的合同价款。（3）本周期合计完成的合同价款：①本周期已完成单价项目的金额；②本周期应支付的总价项目的金额；③本周期已完成的计日工价款；④本周期应支付的安全文明施工费；⑤本周期应增加的金额。（4）本周期合计应扣减的金额：①本周期应扣回的预付款；②本周期应扣减的金额。（5）本周期实际应支付的合同价款。

109. BCD。本题考核的是进度控制的措施。进度控制的合同措施主要包括：（1）推行CM承发包模式，对建设工程实行分段设计、分段发包和分段施工；（2）加强合同管理，协调合同工期与进度计划之间的关系，保证合同中进度目标的实现；（3）严格控制合同变更，对各方提出的工程变更和设计变更，监理工程师应严格审查后再补入合同文件之中；（4）加强风险管理，在合同中应充分考虑风险因素及其对进度的影响，以及相应的处理方法；（5）加强索赔管理，公正地处理索赔。选项A、E属于经济措施。

110. ABC。本题考核的是平行施工方式的特点。平行施工方式具有以下特点：（1）充分地利用工作面进行施工，工期短；（2）如果每一个施工对象均按专业成立工作队，则各专业队不能连续作业，劳动力及施工机具等资源无法均衡使用；（3）如果由一个工作队完成一个施工对象的全部施工任务，则不能实现专业化施工，不利于提高劳动生产率和工程质量；（4）单位时间内投入的劳动力、施工机具、材料等资源量成倍地增加，不利于资源供应的组织；（5）施工现场的组织、管理比较复杂。

111. ACDE。本题考核的是划分施工段的原则。为使施工段划分得合理，一般应遵循下列原则：（1）同一专业工作队在各个施工段上的劳动量应大致相等，相差幅度不宜超过10%～15%。（2）每个施工段内要有足够的工作面，以保证相应数量的工人、主要施工机械的生产效率，满足合理劳动组织的要求。（3）施工段的界限应尽可能与结构界限（如沉降缝、伸缩缝等）相吻合，或设在对建筑结构整体性影响小的部位，以保证建筑结构的整体性。（4）施工段的数目要满足合理组织流水施工的要求。施工段数目过多，会降低施工速度，延长工期；施工段过少，不利于充分利用工作面，可能造成窝工。（5）对于多层建筑物、构筑物或需要分层施工的工程，应既分施工段，又分施工层，各专业工作队依次完成第一施工层中各施工段任务后，再转入第二施工层的施工段上作业，依此类推。

112. CE。本题考核的是等节奏流水施工和非节奏流水施工的特点。等节奏流水施工又称固定节拍流水施工，其特点包括：（1）所有施工过程在各个施工段上的流水节拍均相等；（2）相邻施工过程的流水步距相等，且等于流水节拍；（3）专业工作队数等于施工过程数，即每一个施工过程成立一个专业工作队，由该队完成相应施工过程所有施工段上的任务；（4）各个专业工作队在各施工段上能够连续作业，施工段之间没有空闲时间。非节奏流水施工具有以下特点：（1）各施工过程在各施工段的流水节拍不全相等；（2）相邻施工过程的流水步距不尽相等；（3）专业工作队数等于施工过程数；（4）各专业工作队能够在施工段上连续作业，但有的施工段之间可能有空闲时间。

113．ACD。本题考核的是双代号网络计划时间参数的计算。本题的关键线路为①→②→③→④→⑥→⑦，工作5—7不是关键工作。工作1—3的总时差＝4－3－0＝1d；工作2—5的自由时差＝0d；工作2—6的总时差＝11－4－5＝2d；工作4—7的总时差＝19－11－4＝4d。

114．ABC。本题考核的是双代号时标网络计划。在时标网络计划中，以实箭线表示工作，实箭线的水平投影长度表示该工作的持续时间；以虚箭线表示虚工作；由于虚工作的持续时间为零，故虚箭线只能垂直画；以波形线表示工作与其紧后工作之间的时间间隔（以终点节点为完成节点的工作除外，当计划工期等于计算工期时，这些工作箭线中波形线的水平投影长度表示其自由时差）。

115．AE。本题考核的是前锋线法进行实际进度与计划进度的比较。第2周末检查时，工作A拖后1周，其有1周的总时差，不影响工期，工作B拖后1周，其总时差为1周，不影响工期，工作C实际进度正常，完成任务量的40％；故选项A正确，选项B、C错误。第8周末检查时，工作D拖后2周，其总时差为2周，不影响工期，工作E拖后1周，为关键工作，将影响工期1周；故选项D错误，选项E正确。

116．ABC。本题考核的是横道图法进行实际进度与计划进度的比较。第9周末，工作全部完成，提前1周；第7周内实际完成工作量为82％－64％＝18％，计划完成工作量为72％－60％＝12％，实际完成的任务量超过计划任务量；第4周停工1周；第3周内实际完成工作量为24％－15％＝9％，计划完成工作量为30％－18％＝12％，少完成3％的任务量；第5周内实际完成工作量＝48％－24％＝24％，计划完成工作量＝48％－40％＝8％。

117．CE。本题考核的是建设工程施工进度控制中监理工程师的工作。建设工程施工进度控制中监理工程师的工作包括：（1）编制施工进度控制工作细则。（2）编制或审核施工进度计划；对于单位工程施工进度计划，监理工程师只负责审核而不需要编制。（3）按年、季、月编制工程综合计划。（4）下达工程开工令。（5）协助承包单位实施进度计划。（6）监督施工进度计划的实施。（7）组织现场协调会。（8）签发工程进度款支付凭证。（9）审批工程延期。（10）向业主提供进度报告。（11）督促承包单位整理技术资料。（12）签署工程竣工报验单，提交质量评估报告。（13）整理工程进度资料。（14）工程移交。

118．ABCE。本题考核的是确定各单位工程的开竣工时间和相互搭接关系主要应考虑的内容。确定各单位工程的开竣工时间和相互搭接关系主要应考虑以下几点：（1）同一时期施工的项目不宜过多，以避免人力、物力过于分散。（2）尽量做到均衡施工，以使劳动力、施工机械和主要材料的供应在整个工期范围内达到均衡。（3）尽量提前建设可供工程施工使用的永久性工程，以节省临时工程费用。（4）急需和关键的工程先施工，以保证工程项目如期交工。对于某些技术复杂、施工周期较长、施工困难较多的工程，亦应安排提前施工，以利于整个工程项目按期交付使用。（5）施工顺序必须与主要生产系统投入生产的先后次序相吻合。同时还要安排好配套工程的施工时间，以保证建成的工程能迅速投入生产或交付使用。（6）应注意季节对施工顺序的影响，使施工季节不导致工期拖延，不影响工程质量。（7）安排一部分附属工程或零星项目作为后备项目，用以调整主要项目的施工进度。（8）注意主要工种和主要施工机械能连续施工。

119. ABC。本题考核的是施工总进度计划的检查。初步施工总进度计划编制完成后，要对其进行检查。主要是检查总工期是否符合要求，资源使用是否均衡且其供应是否能得到保证。

120. ABCE。本题考核的是物资需求计划的编制依据。物资需求计划是指反映完成建设工程所需物资情况的计划。它的编制依据主要有：施工图纸、预算文件、工程合同、项目总进度计划和各分包工程提交的材料需求计划等。